新视界文库

NEW HORIZON LIBRARY

THE STORY OF LIFE

FROM SINGLE-CELLED ORGANISMS TO MODERN HUMANS

演化

从单细胞生物到现代人类

[英] 理查德·索斯伍德 著
朱丹 译
姚锦仙 审定

世界图书出版公司
北京·广州·上海·西安

图书在版编目（CIP）数据

演化：从单细胞生物到现代人类 /（英）理查德·索斯伍德著；朱丹译．
—北京：世界图书出版有限公司北京分公司，2024.5
ISBN 978-7-5232-1215-8

Ⅰ．①演… Ⅱ．①理… ②朱… Ⅲ．①物种进化—普及读物 Ⅳ．① Q111-49

中国国家版本馆 CIP 数据核字（2024）第 062947 号

书　　名　演化：从单细胞生物到现代人类
　　　　　YANHUA

著　　者　［英］理查德·索斯伍德
译　　者　朱　丹
审　　定　姚锦仙　　　　　**责任编辑**　程　曦
封面设计　杨　慧　　　　　**责任校对**　张建民

出版发行　世界图书出版有限公司北京分公司
地　　址　北京市东城区朝内大街 137 号
邮　　编　100010
电　　话　010-64038355（发行）　64033507（总编室）
网　　址　http://www.wpcbj.com.cn
邮　　箱　wpcbjst@vip.163.com
销　　售　新华书店
印　　刷　中煤（北京）印务有限公司
开　　本　880mm × 1230mm　1/32
印　　张　10.75
字　　数　252 千字
版　　次　2024 年 5 月第 1 版
印　　次　2024 年 5 月第 1 次印刷
版权登记　01-2019-6459
国际书号　ISBN 978-7-5232-1215-8
定　　价　59.00 元

目 录

CONTENTS

概述

成群结队的动物在非洲大草原上自由徜徉，自由自在的鱼群在珊瑚礁中追逐嬉戏，熙熙攘攘的企鹅群在南极冰川上挤成一团……今天地球上的生命是如此丰富多彩，令人惊叹。然而，我们所看到的周围这一切，仅仅是“生命”这部影片中的一帧，只有当我们真切地了解地球上曾经发生过什么，才能真正理解这一瞥。这是一本讲述从地球诞生至今所有生命形式的书。在“生命”这部电影的早期部分，包含了许许多多不同的线索。要追踪这些线索，我们需要了解物理环境如何影响生命及其变化的过程（即演化），了解生命形式间的相互影响，以及生物是如何分类的。

大约45.5亿年前，伴随着太阳系的诞生和地球的形成，这部电影拉开了序幕。直到39.9亿年前，地球经历了太空中众多小行星的猛烈撞击，但假如没有这些冲击，生命就不可能出现。在那之后1.5亿年形成的岩石中，人们发现了最早的生命迹象。在地球被行星撞击后的一段时期内，必定发生了很多特殊的化学反应，因此，有些人认为地球生命一定来自外太空。这种推测或许并不正确，但一些形成生命的必要化学成分很可能源于撞击，这加速了生命的诞生。

然而生命的故事并非四平八稳，就像我们在看一个万花筒，时不时摇晃一下，图像中的一部分就会消失，其他一些则会保留，还有一些会被改变，同时又有新的部分出现。对于地球生命这部电影来说，这些“摇晃”来自于物理环境的变化，例如与小行星的碰撞，或者是气候变化，这些改变可能会导致海平面的下降或上升，以及冰层的生长扩张和消融退缩。随着构成地球地壳的构造板块的不断运动，地球地理发生了变化，而且这种变化至今仍在不断发生（北大西洋正以每年约1厘米的速度逐渐拓宽）。属于热带气候的地区会向南北两极移动。比如南极，曾经全部被土地覆盖，有时又全部被海洋包围，这些地理变化对世界气候产生了重大的影响。除地理变化之外，影响气候的另一个重要因素是空气中“温室气体”的含量，尤其是二氧化碳的含量。在地球历史上曾经有一段时间，整个地球看起来就像一个“雪球”，就连赤道也结满了冰。

生命的独特之处在于它并不只是事件的被动参与者，正是极富变化的生命本身，成就了生命的演化。自然选择，是伴随着生命个体的死亡和一代代的繁衍而发生的。在最早出现于“原始汤”中的有机体身上，自然选择的过程就已经发生了，而这一过程如今依然存在，无论是狮子还是老鼠，橡树还是水母，自然选择从未停止过。“自然选择”理论最早是由查尔斯·达尔文（Charles Darwin）和阿尔弗雷德·华莱士（Alfred Wallace）于1858年提出的，他们的这一发现对生命的发展研究意义重大。达尔文和华莱士在各自丰富的旅行经历中，观察到了生物所具有的多样性，并分别独立地提出了“自然选择”的概念。生物学家们正是这样通过观察和鉴定模式获得灵感。

演化论的基本概念非常简单。一些生物相比于那些在某些方面与它们不同（对生活环境适应性较差）的生物个体来说，会有更多的后代存活下来。然而，生物体的基本特征是由它们本身的基因，即DNA的确切排列方式决定的，这一特点可能会导致意想不到的演化结果。一个生物个体在特定情况下死亡的可能性有多大，很可能取决于它的一些特质，在动物世界中，取决于它的行为方式，比如它是选择转身逃跑还是英勇战斗。实际上，如果坚持战斗，可能并不利于生物个体——它可能会在战斗中死亡——而是有利于其他采取避免战斗策略的个体。如果在避免战斗的个体中，至少有两个与好战个体具有相同的基因，则它们会有更高的概率将基因传递给下一代。而那些好战的动物由于没有通过逃跑的方式来保命，最终在争斗中死去。这正是在蚂蚁和某些蚜虫身上发生的事情，它们的亲属都是由几乎一模一样的基因组成，这也是牛津大学生物学家理查德·道金斯（Richard Dawkins）所提出的“自私的基因”概念的基础。我们可以认为，演化是“自私的基因”的产物，每个基因都想在下一代中实现尽可能多的自我复制。有机体是基因的载体，即使携带这些基因的一些个体没能存活下来，如这些蚂蚁和蚜虫的例子，但基因得到了传递。

蚂蚁和蚜虫有着不同寻常的遗传机制。在除细菌之外的其他大多数生物中，每个个体都是独特的，因此基因主要“关注”着携带它们的个体的生存。因此，一般来说，当一个个体具有一些比同类更有优势的微小遗传差异时，它将有更多的后代存活下来。并且在它的后代中，带来这种生存优势的基因将会在整个种群中传播开来。当环境发生变化时，一些带有生存优势的稀有基因有时会得以保存并传播开来。对抗生素或杀虫剂产生耐药性就是这样的一个例子。突然之间，环境中出现了一种新的化学物质，杀死了某种群中的大部分个体，但由于种群基因组成的多样性，总有一个或多个个体能够存活下来并进行延续。这些个体的体内具有一种不同寻常的生物化学物质，可以帮助它们抵御这种新出现的化学物质带来的伤害。当下一次人们再使用相同的化学药品时，这些具有抗药性的个体在种群中所占的比例会进一步变大。如果持续使用这种化学物质作为杀虫方式，这个种群中的个体选择过程就会继续下去，直到整个种群都具有耐药性，此时，种群中的所有个体都携带了这种提供特殊生化保护作用的基因。然而，在毒药的作用下幸存，不太可能是影响某种特定基因组成的唯一原因；在正常情况下，这种特定基因很可能存在某种生存障碍，因此一旦停止施药，种群中带有抗药基因的个体比例会再次下降，这就是为什么不应连续使用相同的农药和抗生素的原因——这种做法会导致种群产生耐药性。

因此，演化可以被看作是不同基因包的选择——通常是由携带特定基因的个体去适应不同的环境。如果个体之间没有办法相遇，进而无法配对繁殖（准确来说是基因无法流动），那么就会导致两个新物种的诞生。地理屏障是最常见的隔离方式——山峦、峡谷（对于山地物种来说）、海洋或沙漠。即使生活地点大致相同，也会有小概率形成新的物种。在这种情况下，隔离的发生可能是由于交配季节的差异，或是由于不同的小生境限制而导致的。

一旦分离成为两个物种，物种之间的基因交流就会停止，但是它们的DNA构成仍会继续分异。过去几十年的研究表明，DNA的细微结构或多或少会持续发生随机变化。这些基因的变异大部分是中性的，也就是说，它们不会使个体对环境的适应能力变得更好或者更差，但是它们会在种群中传播并保存下来，并有助于该物种遗传指纹特征的形成。基因变异的累积速率被认为是恒定的、大致可知的，因此，不同物种之间的DNA差异将反映出它们自最后一次常规杂交以来的时间，即它们从同一个物种中分化出来的时间。不同物种间的基因差异越大，突变的随机性就越大，物种的分异的时间也越长。这就是“分子钟”的理论基础。“分子钟”理论可以用来测量两个物种分异的时间（见第二章图2.1），它展示了“生命”这部电影的长度。

有关动物、植物和微生物的研究在世界各地广泛开展，来自不同地区的科学家们需要确保他们正在谈论的是同一种生物。因此，每个物种都有一个独特的学名，该名称由两部分组成，例如，人类的学名为*Homo sapiens*，犬的学名为*Canis familiaris*，雏菊的学名为*Bellis perennis*。就像是显微镜或试管一样，学名是进行科学研究的工具。它们总是用斜体印刷，其中第一个词是属的名称，同一个属下会包括其他紧密联系的近缘种（例如尼安德特人*Homo neanderthalensis*），而且按惯例，属名的首字母总是使用大写字母；学名的第二个单词是所描述物种的唯一名称，通常全部以小写字母表示。这种“双名法”是由瑞典人卡尔·林奈（Carl Linnaeus）于1758年引入的，并从此在全世界范围内使用，这让科学家们在进行信息交流时，能够知道他们正在谈论的是同一个物种——但前提是他们已经正确地鉴定了这个物种！当一个新物种被发现时，科学家们会对其进行正式描述，并以其新命名将这种描述发表在科学期刊上。这种情况如今在昆虫类群中仍然经常出现，而鸟类新种已经很少被发现了。

科学家们对不同种类的生物进行了分类。最实用也是历史最悠久的分类方法被称为“生物系统”。“生物系统”将生物按阶元（分类单元）进行层级分组；相比于来自同一等级不同分类单元中的其他物种，同一分类单元中的生物被认为在演化史中拥有更为紧密的亲缘关系。生物系统分类法使用了一系列的等级（如界、门、纲、目、科、属、种），我们可以使用这一广泛使用的等级分类来对家蝇进行分类：

界——动物界（Animalia）

门——节肢动物门（Arthropoda）

纲——昆虫纲（Insecta）

目——双翅目（Diptera）

总科——家蝇总科（Muscoidea）

科——蝇科（Muscidae）

亚科——家蝇亚科（Muscinae）

属——家蝇属（*Musca*）

种——家蝇（*domestica* Linnaeus.）

家蝇学名的最后一个单词是Linnaeus，表明该名称最初是由林奈来描述的。如果人们不确定其描述的意思（假设发现了两只不同的家蝇，而且两者都符合他的描述），则可以去查看他的原始标本，即“模式标本”。由此可见博物馆内的藏品对于维护这一国际综合命名系统的重要性。

这个命名系统的缺点，是没有一个真正客观的方法来将一组物种划分到一个特定的层级，例如一个科或一个亚科。所涉及的物种都具有某些共同的特征，研究这些物种类群的科学家会利用其特征来定义特定的层级。但是选择使用怎样的特征是主观的。由于这一缺点的存在，德国昆虫学家维利·亨尼希（Willi Hennig）于1950年提出了另一种分类形式，称为“分支系统学”（claclistcs）。分支系统学的建立基于对衍生特征的时间顺序的识别。具体来说，当在一个群体中演化出了新的特征时，所有具有该特征的物种就被称为属于同一个“演化枝”。在这个演化枝中，很可能还有另一个特征也完成了演化，而只有少数物种来自于那一分支；这少数一些物种就形成了另外一个演化枝，嵌套在第一个演化枝中。因此，演化枝没有特定的层级。分支系统学对于如何选择定义特征，有着复杂的规则以及更复杂的术语。对某一类群的分支系统分析能告诉我们很多有关其演化的信息，但如果是出于描述的目的，旧的生物系统更为实用。举例来说，分支系统学清晰地表明了鸟类是从一类爬行动物演化而来的，并且由于鸟类具有爬行动物的所有基本特征，因此严格来讲，应将其描述为爬行动物演化枝的成员！因此在本书中，我采用了分支系统学来对物种演化过程进行解释，但是在描述生物类群时，采用的仍是生物系统的理论。

第1章

特殊化学

前太古代与早太古代

45.5亿——35亿年前

大约在45.5亿年前，一颗濒死的恒星在银河系中发生了爆炸，太阳系诞生了。这颗超新星将物质和能量散布在星际尘埃和气体云中，之后大部分物质又重新聚在一起，形成了另一颗恒星——我们的太阳。剩余的其他各种物质相互碰撞并聚结在一起，形成了行星。新生地球的引力吸引了其他碎片，其中很多碎片都很大，而其中一个特别大，大到其撞击力使地球沿地轴发生了倾斜。这块超大的碎片还撞碎了其他碎块，碎片最终聚结形成了月球。这些撞击产生了巨大的热量，热到可能足以熔化地球。另一个持续的热源来自于铀等放射性元素的衰变。尽管我们不确定哪一个热源起到了最重要的作用，但它们加在一起足以使重金属（主要是铁）流向地球中心并形成了熔融的地核。到现在为止，这个地核的中心密度几乎是地球外层的地壳密度的三倍半，是位于中层的地幔密度的两倍。地壳和地幔都是固体。相对于地球的大小，地壳非常薄，就如同是贴在足球外部的一层纸。

当地球上的矿物质加热到足够高的温度时，会释放出各种气体；如今这种气体释放过程仍会在火山喷发时发生。与月球不同，地球拥有强大的引力场，足以将这些气体保留在地球外层，形成大气层。通过研究火山喷发出的气体，以及地球深处的矿物质在加热到很高温度时所产生的气体，可以帮助我们了解这些早期地球所释放气体的性质。各种研究表明，早期大气的主要成分是氮、水蒸气、二氧化碳，有可能还存在少量的甲烷、氨、一氧化碳、二氧化硫、硫化氢、氰化氢，其中部分大气成分是由闪电、小行星撞击以及紫外辐射产生的。此外，彗星也被认为是其中一些气体成分的替代来源，尤其是水蒸气。水蒸气凝结成雨，形成降水（并含有一些溶解在水蒸气中的其他气体成分），从而形成最早的海洋。小行星的撞击很可能导致早期海洋蒸发，之后又通过水蒸气凝结，重新形成新的海洋。早期大气中缺乏氧气，即使有痕量的氧气存在，这些氧气也会迅速地与存在于海洋和陆地表层的大量铁元素结合。

当在地球的液态地核中有岩石形成时，各种放射性元素，尤其是铀（U）和钍（Th），会被困在晶体中。这些元素的衰变非常缓慢，铀或钍同位素的每个原子最终都会变成不活跃的铅同位素[1]。古代岩石的形成年代是根据铅和铀（或钍）同位素的比例来确定的。缓慢的衰变速度意味着必须要经过很长一段时间，才能将一半的铀原子转化为铅，这一段时间被称为半衰期。一种铀同位素（^{238}U）的半衰期为45亿年，即经过了45亿年之后，^{238}U原始数量的一半便会衰变成稳定的铅同位素（^{206}Pb）。锆石是在熔融岩石中形成的一

1 同位素：同位素是具有不同质量数的同一化学元素的两种或多种原子之一。同位素之间的不同质量数是由原子核中不带电荷的中子数量的不同而引起的。同位素通常用标有其原子量的化学元素符号来表示。

种矿物，科学家们在锆石晶体中发现了铀及其衍生铅元素的“密封样本”。

由于地球表面没有原始岩石，这种测定铀和铅同位素比例的方法并不能用于确定地球本身的年龄。地壳由构造板块组成，分别是7个大板块和大约20个较小的板块。这些板块在地球表面移动，当它们在海洋底部相遇时，其中一个或是两个板块都可能转向地球中心。因此，自地球诞生前十亿年暴露出来的原始地球表面已经被拉回了地球内部，消失不见了。 但是，月球的原始表面仍然暴露在外，那里的许多巨型撞击坑显示，处于同一空间区域的地球，在其生命的早期也曾受到类似的轰炸。研究表明，这些撞击主要发生在大约39亿年前。

但是，太阳系的所有固体物质，例如地球、月亮，以及撞击到陨石上的小团块，都是同时“出生”的。因此，在不含钍或铀的陨石中，铅的四种同位素（包括^{204}Pb、^{206}Pb、^{207}Pb和^{208}Pb）的相对丰度也应与原始地球的一致。 在如今的地球上，^{206}Pb、^{207}Pb和^{208}Pb的比例会随着钍和铀的放射性衰变而增加。由于放射性元素衰变发生的速率是已知的，因此，可以通过比较陨石中铅的同位素组成与地球上铅的同位素组成的平均值，来确定地球的年龄。

有机分子的形成

有机分子是组成生命有机体的基石：碳原子可以与氧、氢、氮原子结合，也常与硫、磷原子结合形成有机分子。有机分子是在活细胞中由酶和其他特殊化学物质共同作用下产生的。由此我们不禁好奇：这个过程最早是如何开始的呢？

查尔斯·达尔文认识到了这个问题，因为它被人用作反驳进化论的论据。1871年2月1日，达尔文给他的朋友，植物学家约瑟夫·胡克（Joseph Hooker）写了一封信。信中写道："人们常说，产生生命有机体最初产物的所有条件，现在都具备了，而这些条件原本就可能存在。但是，如果我们设想（一个多么大胆的设想！）有一个温暖的池塘，池塘中存在各种各样的氨和磷酸盐，并在光、热、电等条件的作用下，蛋白质化合物已经由化学方法形成，随时都可以进行更加复杂的变化。在今天，这种化合物会立即被吞噬或吸收，而这在有机体演化之前，并不会发生。"

达尔文将复杂的有机物质形象地比作"原始汤"，在他看来，今天的地球生物们会消耗这些有机物质微粒，这个观点基本是正确的。但是，早期地球的环境远没有"温暖的小池塘"所描述的那么温和。早期的地球，被猛烈的火山活动所主宰，并受到小行星、陨石和彗星的撞击，以及宇宙射线和紫外线的辐射。氧气的缺乏意味着地球没有臭氧层可以屏蔽紫外线的辐射，而彼时地壳中元素的放射性强度大约是今天的两到三倍。

继达尔文之后，下一位为理解生命起源做出重大贡献的科学家，是俄罗斯的植物学家亚历山大·奥帕林（Aleksandr Oparin）。他在1924年出版的一本小书中提出，生命的起源与发展过程应该是从无机物质到更复杂的有机物（即碳化合物），再从这些有机物发展出原生细胞，最后到生命有机体。他还指出，最初诞生的生物体很有可能是异养生物，它们通过摄取有机物质，即原始汤中的复杂分子，来获得能量。这种取食方式与其他生物形成了鲜明的对比，比如大多数植物通常从阳光中获取能量，或是某些细菌会通过简单的化学过程来获取能量，这些生物被称为自养生物。

直到1953年，有关生命起源的概念才得到了进一步的发展。斯坦利·米勒（Stanley L. Miller）和哈罗德·尤里（Harold C. Urey）发表了一篇论文，描述了如何通过实验，在他们认为的与早期地球相似的条件及成分中合成出简单的有机分子。该实验使用一个强电火花来模拟闪电，令其击穿一个由氢、甲烷、氨和水蒸气组成的大气层。一周后（米勒和尤里认为，这一周时间相当于地球承受了闪电数百万年），他们发现已经形成了几种氨基酸，其中有三种是生物体蛋白质的已知成分。由此他们证实了奥帕林的观点，即只有在没有氧气的情况下，即在所谓的“还原性大气圈”中，简单的有机分子才可以形成。

然而，在地球形成早期，陨石撞击、火山喷发、宇宙射线和太阳耀斑等因素（而非闪电）很可能才是地球的主要能源来源。早期地球的大气中也不会富含氢、氨和甲烷。除了放电之外，科学家们还使用了不同的混合物和能源进行了更多的实验。这些实验表明，如果将能量施加到含有碳、氮、氧、氢等各种无机化合物的混合溶液中，则会产生各种简单的有机化合物（氨基酸、脂肪酸和糖类物质，例如葡萄糖）。如果存在游离氧，则是不会形成有机化合物的。尽管氧气是如今地球上维持生命所必需的大气成分，讽刺的是，在早期的地球上，无氧环境并不是生命的障碍，相反地，是生命诞生的必要条件。溶液必须是弱碱性的；如果是酸性的，则产生的化合物与生命过程无关。

德国科学家金特·瓦赫特绍泽（Günter Wächtershäuse）在前些

年提出了最早诞生的生物体的另一种可能形式。他认为最早的生物体，并不是像奥帕林提出的那样是异养生物，而是化学自养生物，它们通过分解化学物质来获得能量。他推测这些提供能量的化学物质，是由在地球上广泛存在的黄铁矿表面的氢与二氧化碳或一氧化碳结合产生的。他认为适合这种情况的条件今天仍然存在于深海的热液喷口周围。但是到目前为止，还没有人能够像米勒和尤里那样通过实验来证明这一推测过程。

经常有人主张地球上最早的生命来自太空，但大多数科学家都对此表示怀疑，原因是他们认为生物体很难在穿越太空和大气层的过程中存活下来。但是有机化合物却可能会伴随彗星、陨石，或银河尘埃一起降落到地球，并残存下来。在过去的几十年中，有两个证据证实了有机分子确实是在太空中形成的。科学家在一些被称为“碳质球粒陨石”的陨石中发现了类似煤的物质。但是，这种有机物质也可能是在陨石坠落到地球之后、进行陨石成分检测分析之前受到的污染。1969年9月，一块球粒陨石在澳大利亚的默奇森镇附近坠落，陨石碎片被迅速回收并进行了仔细的检测分析。在陨石碎片分析中，科学家们发现了许多氨基酸和其他有机分子，这些物质的比例表明，陨石所来自的小行星上存在着类似于米勒和尤里设想的条件，外太空中的有机分子是真实存在的。

外太空存在有机分子的第二类证据是根据对星际气体和尘埃发出的光进行光谱分析得出的。科学家们利用光谱技术已经发现了某些氨基酸的存在，例如甘氨酸等；而一些研究表明，银河尘埃中也可能存在更复杂的分子和聚合物，例如纤维素。

据计算，10%～15%的银河尘埃颗粒和彗星碎片是有机分子，这导致每年有数千吨有机分子落到地球上。毫无疑问，这种“银河雨”促进了地球上有机分子的积累，补充了地球上各种形式的能量，例如紫外线和电能，以及由小行星和陨石的撞击所产生的能量。地球能量的另外一种主要来源是火山释放的内部能量。

从分子到简单细胞

关于简单有机分子是如何形成的，现在已经有了确凿的科学证据，但是从分子到简单细胞的转变，在很大程度上仍然只是一个有根据的推测。这一推测至少可以确认为五个步骤：

1. 具有重要生物意义的简单分子（单体）的聚集；

2. 一系列单体结合，形成多分子聚合物（例如淀粉、胶原蛋白和纤维素）；

3. 形成外膜，为生命的特殊化学反应的发生提供微环境；

4. 演化出一种提供能量的机制；

5. 进行信息传递，以允许细胞复制。

科学家们已经提出了许多可以进行分子聚集的位点。当海洋遇到沙漠或火山喷发出的熔岩时，就会发生干涸和聚集现象。海洋的大片区域被泡沫覆盖，而泡沫提供了封闭空间，因此是一个潜在的聚集场所。在陆地上，黏土颗粒也是一个可能的位点。黏土颗粒由原子薄片组成，这些薄片之间的空间可以作为简单分子浓缩和组织的位置。由于早期的地球曾多次遭到小行星撞击，因此有人认为，这些有机分子只有在海底最深处才能从这些灾难性巨变中幸存，那里的海底火山喷口提供了一个富含硫和其他无机化合物的高温环境。在这种情况下，正如瓦赫特绍泽所提议的那样，黄铁矿的表面可能是合成有机分子的场所。在深深的冰帽下，未冻结的那部分溶液也可能发生了浓缩。

实际上在生物体中，所有的聚合物都是在酶的作用下形成的。如果要在细胞外不含酶的环境下合成这些聚合物，则需要特殊的反应条件（例如高压）。这些特殊的反应条件可能就存在于某些富集了简单分子的位点。也许还有其他的一些聚合物也是和银河碎片一起坠落的。

活细胞的细胞膜之所以重要，是因为它可以控制化学物质进出细胞。因此，化学反应，特别是涉及酶的化学反应，可以在细胞中发生，而在更开放的环境中则不会发生。在某些聚合物和水的混合物中会形成一些液滴，进而促进某些酶反应的发生。黏土模板也可以提供类似的“微实验室”，与此相似的还有类蛋白微球。如果将氨基酸加热到相对较高的温度（导致某些聚合物形成），就会形成这种微球；将这种材料加入水中后便会产生具有双外层结构的球形体。火山活动地区的热液喷口和温泉，可以提供此类合适的条件。

三磷酸腺苷（ATP）与水发生反应（水解反应），是大多数生物体中产生能量的基础。朝这个方向演化发展的第一个步骤，就是通过糖酵解将葡萄糖（从原始汤中）转化为ATP。对于整个演化过程中的大多数生物来说，这种生化途径一直是生物体的基础反应过程。如果没有演化出像蓝藻那样可以进行厌氧光合作用的生物（见图2.3），那么当原始汤中的葡萄糖分子耗尽，生命就会终结。在这个过程中，一种被称为细菌视紫红质的色素能够利用光能来合成ATP。在硫细菌中，硫化氢是这些生物中产生ATP所需的氢的来源，并导致了硫沉积。

接下来正如我们所知，对地球来说至关重要的下一步是发展出光合作用，这一反应可以产生氧气。在光合作用过程中，光能被各种色素尤其是叶绿素捕获，水分子（H_2O）而非硫化氢（H_2S）被用作氢的来源，进而释放出氧气。氧气的出现，发展出了产生能量的另一条新途径，即硫或其他无机物质与氧气结合，这一过程被称为“燃烧”。能够以这种方式从无机化合物的反应中获取能量的细菌，被称为化学自养生物。

一个基本的化学步骤是核酸的产生，核酸可以控制合成相同类型的其他分子（自催化）。该过程已经在实验室中通过合成特定的核酸类化合物得到了证实。生命的关键物质是脱氧核糖核酸（DNA），即著名的“双螺旋结构”，它编码了所有有关细胞功能的信息。由DNA编码的信息是产生特定蛋白质的指令，由信使RNA携带，从而完成蛋白质的组装。这些合成出的蛋白质在细胞活动中起着重要的作用。RNA很有可能是最先演化出来的，因此许多科学家使用了“RNA世界”这一说法。最初的RNA分子可能产生于富含氨基酸链（肽）分子的热酸性含硫的水环境中。

人们一度认为，完成上述的所有这些演化步骤需要花费数亿年的时间。然而新的发现表明，大约在39亿年前，小行星对地球的轰击停止后，生命的出现发生了爆发式的发展。或许，生命的发展甚至在此之前就已经开始了，只是在猛烈的碰撞中被毁灭，随后又迎来了新的开始。

第2章

快速开始

太古代中晚期

35亿——25亿年前

有三种类型的证据可以用来表明生命是何时开始的，以及某些类型的生物是何时演化的。第一种是基于化石的证据，即那些保存在岩石中的生物遗骸。在岩石中，生物的实体部分通常已经被矿物所替代。极少的情况下，化石会记录下动物的遗迹，比如蠕虫的洞穴、三叶虫或恐龙的足迹等。有时，整个生物体的形态会被保留在化石中，但更多的时候，只有一些碎片被保存下来。这些碎片第一次被发现时，常被认为代表着不同的生物体，并被赋予了不同的名字！生物体中最坚硬的部分，如树干、骨头和爪子等保存的时间最长，因此更有可能在泥土被压缩时保留其中并被记录下来。而那些缺少硬组织的生物和其他生物体的柔软部分会迅速腐烂；只有在特殊情况下，例如发生大规模的泥石流时，化石快速形成，这些柔软有机体才会得以捕获和保留下来。

第二种是基于碳的两种稳定同位素比例的证据：即^{12}C和^{13}C的比率。^{12}C的原子较轻，在进行光合作用的第一步时更常被酶捕获。光合作用是合成有机分子的基本步骤，其产生的有机分子可供大多数微生物和所有的动物、植物所使用。因此，源自生命系统（以光合作用为基础）的碳质材料将比二氧化碳含有更多的轻碳同位素原子（^{12}C）。而当海水中的二氧化碳和钙离子结合形成石灰石时，情况则恰恰相反。一种特定类型的石灰石提供了一个标准，根据该标准，可以使用质谱与任何样品进行比较。如果样品中重碳同位素（^{13}C）的比例小于石灰石中的比例，则该结果为负值。这些数值，就是生命的指纹。

第三种证据来自分子生物学，目前这一领域正快速发展。生命的演化因基因的变化而发生，因此基因之间的差异越大，两种生物在演化史上的间隔距离就越远。这种变化可以通过部分基因序列的差异得以识别。我们可以比较各种基本蛋白质的DNA序列，例如细胞色素（即进行光合作用和呼吸作用的基本色素）。DNA序列的随机变化会导致一种蛋白质取代另一种蛋白质。这些变化以一定的速度发生，序列间的差异越大，发生这些变化所需要的时间就越长。这些随时间发生的变化被描述为相关生物群的分子钟。分子钟必须根据已知的事件来进行校准，而这些事件的发生时间通常就来自于化石记录。独立确定分子钟的速度后，就可以建立系统发生树（图2.1）。系统发生树可以表明不同生物最后一次拥有共同祖先的时间，通过使用复杂的统计数据和强大的计算机程序，这个时间可以追溯到比化石记录所显示的时间要更早。由于随机变化的速率也可能会发生变化，因此此类计算的有效性需要通过不同的方式来确定，包括基于几个相关的线系进行计算，并通过与一个或多个其他基因组序列的变化得出的估计值来进行比较和检验。用于计算的基因可以是细胞核中的基因，也可以是其他含有DNA的细胞体中的基

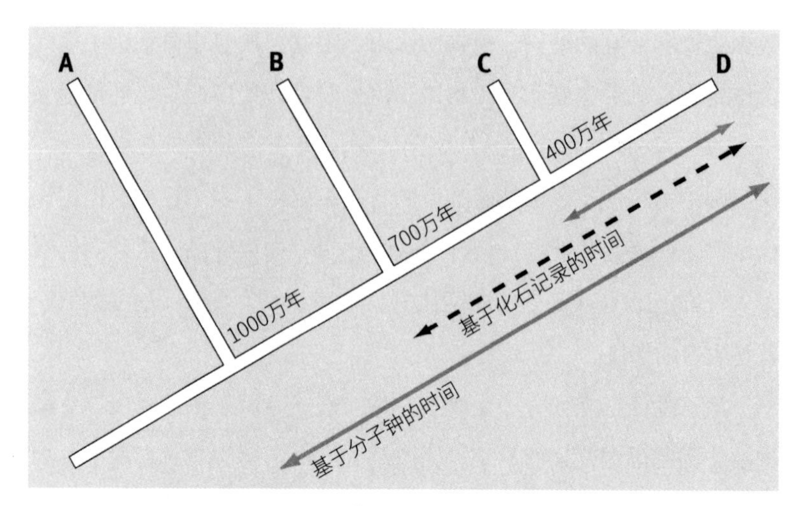

图2.1 系统发生树。分子钟由化石记录中已知的B与C和D的共同祖先的分化时间（700万年前）确定。假设分子钟的变化速度保持恒定，则可以用它来确定其他生物的分化时间（1000万—400万年前）

因，例如产生能量的线粒体等。

最古老的岩石

位于格陵兰岛西南部的伊苏阿地层，是目前仍然存在于地球表面的最古老的岩石，其历史可追溯到37.5亿年前。它们由沉积岩和火山岩构成，这些岩石都位于浅水区，但此后经历了多次的加热和压缩。在这些岩石中并未发现化石，但它们确实含有石墨形式的碳。这些岩石中较轻的碳同位素（^{12}C）的比例低于现今仍存在物质的特征值，但高于具有石灰石来源的物质。有人认为，在高温作用下，碳同位素可能会在碳酸盐和生物残骸之间重新分布。因此，伊苏阿岩石中^{12}C所占的比例很有可能正是光合作用和生命活动的证据。或者，它可能代表了“原始汤”中分子的残留，或者仅仅是无机物的产物。

在39亿年前左右，由于地球表面持续受到小行星的轰击，失去了所有的生命特征。因此，如果伊苏阿地层里的岩石确实包含有生命的迹象，那么在上一章中列出的所有复杂步骤，都必须在不超过1.5亿年的时间内完成。

早期化石

有机体分为两大类，分别为原核生物和真核生物。真核生物的细胞中含有细胞核（图2.2），这一类群包括单细胞生物，如变形虫以及绿藻（一种常出现在树干和篱笆上的绿色粉末），以及我们称之为动物及植物的所有多细胞生物。而最简单、无疑也是最早的生物并非真核生物，而是不含细胞核的原核生物，可以笼统地称为细菌。这意味着最早的化石会是细菌的化石——非常小，而且简单。这类化石的鉴定非常困难，直到1954年，斯坦利·泰勒（Stanley Tyler）和埃尔索·巴洪（Elso Barghoorn）才首次从美国安大略南部的燧石硅质岩中鉴定出细菌化石，显示这块岩石的历史可追溯至21亿年前。这一结果随后不久也由普雷斯顿·克劳德（Preston Cloud）进行了确认。

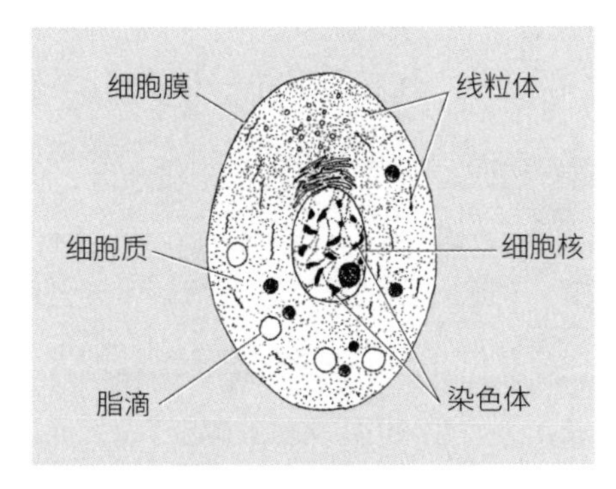

图2.2　经过染色并显示染色体的动物细胞

从那以后，有些来源

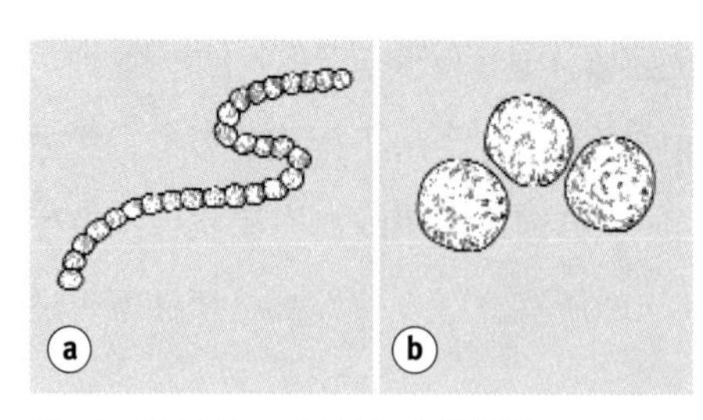

图2.3 蓝细菌：a念珠藻，b原绿藻

更早的化石陆续得到确认。人们在西澳大利亚的皮尔巴拉山脉发现了距今最古老的化石，它来自于瓦拉伍纳燧石和顶点燧石，距今约35亿年。几种不同类型的化石已经被识别出是可以进行光合作用的细菌，如蓝细菌（又称蓝藻）。蓝细菌常见于潮湿的石头上，或是盛水的容器中，以一层薄薄的绿色黏液的形式存在（图2.3）。也许最令人惊讶的是，这些古代化石中的大多数生命体仍可以与今天存在的生命形式关联起来。事实上，那些来自较年轻地层的（约28亿年前）福蒂斯丘矿床（也位于西澳大利亚）中的化石物种，甚至似乎与今天的蓝细菌没有区别。显然这一群体的演化速度非常缓慢。

叠层石结构的出现也证明了其发展速度的缓慢。叠层石化石广泛存在于像瓦拉伍纳燧石这样古老的岩石中。它们在浅水中形成小丘（图2.4），每一个小丘代表着由细菌活动产生的一层又一层的藻席。最上层由丝状蓝绿色蓝细菌组成，它们利用叶绿素进行光合作用，吸收大部分光并产生氧气。在蓝细菌的下面是紫细菌，它们含有一种不同的色素——细菌叶绿素。细菌叶绿素可以吸收未被叶绿素捕获的光，但是它们的光合作用不会产生氧气——它们是厌氧菌。在这一层之下是其他细菌，这些细菌也可以在无氧的环境下生存，并依靠上层死去的细菌来获取营养。最上层的蓝细菌会产生黏液，这些黏液可以吸附石灰石和其他矿物质的微小颗粒。最终，由于这些最上层的黏液及其吸附的颗粒屏蔽掉了太多的光线，以至于细菌在黏液中滑动而形成了新的一层。通过这种方式，数百个薄如纸的菌层形成了，并最终形成了岩石。经过切片和抛光，这种岩石展示了非常吸引人的结构特征。

在距今35亿—20亿年前的地质记录中，人们发现了各种形式的叠层石，它们无疑是由不同的细菌形成的。因此，在地球开始出现并存在生命的大多数时间里，其主要生命代表就是细菌（图2.5）。从现存的几处叠层石的遗址中，我们可以一窥当时地球的地貌形态（图2.4）。

出现这种地貌特征的两个主要地点分别是西澳大利亚的鲨鱼湾

图2.4　西澳大利亚鲨鱼湾的叠层石。这些小丘的直径通常在50～100厘米之间，高度在30厘米左右。10亿多年来，叠层石是生物对景观影响的唯一证据

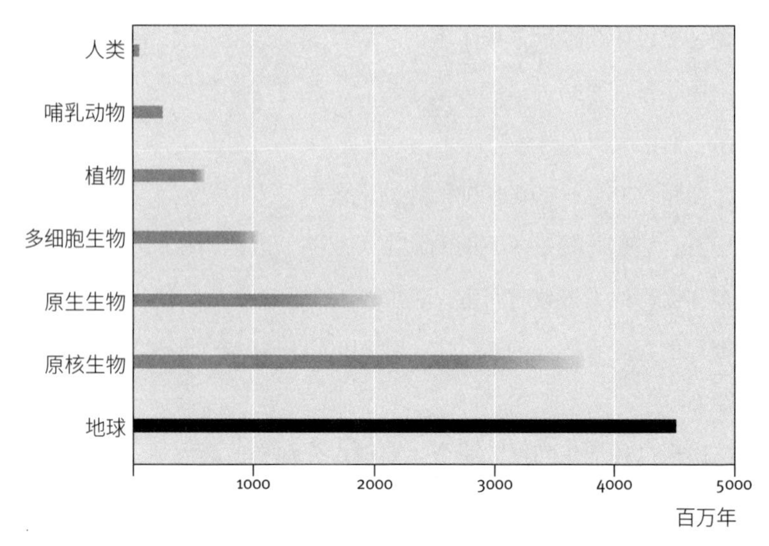

图2.5 地球上各种生物体的出现及存在情况的时间尺度图（渐变线表示一定程度的不确定性）

和红海的西奈海岸。在这两个地方，叠层石都存在于非常咸的温水中。由于水的盐度太高，海胆和其他各种软体动物无法生存；一旦这些动物存在，它们便会啃食蓝细菌，进而终止叠层石的形成。换句话说，海胆及其他以蓝细菌等细菌为食的生物的出现，结束了叠层石广泛存在的时代。

细菌世界（原核生物）

在漫长的地球历史中，细菌作为唯一的生命形式存在了相当长的时间（图2.5），直到现在，细菌的数量仍然非常庞大。据计算，无论是过去还是现在，我们每个人体内的细菌数量都超过了全世界的人口总数。在许多被我们称为严酷或荒凉的地方，从沸腾的火山温泉到岩石深处的裂缝和南极冰层，细菌仍然是那里唯一存在的生物。近年有学者声称，在距今2.5亿年前地质构造中的盐晶体中，存在孢子，而我们竟然可以从这些孢子中分离培养出活的细菌！此外，今天仍生活着的许多物种，如某些蓝细菌，即使不完全相同，也仍然与活跃在20亿年前的物种形态十分接近。

细菌的繁殖方式有两种，一是简单的分裂繁殖（即一个细胞变成两个），二是通过出芽繁殖（一个细胞从另一个细胞中生长出来）。在有利的条件下，一些物种每隔几分钟就会分裂一次，但有研究指出，那些生活在岩石深处裂缝中的菌种可能500年才能分裂一次。

分子生物学的研究表明了细菌的多样性。根据它们细胞壁的化学性质，细菌主要可以分为两大类：古细菌（或古菌）和真细菌。虽然在某些方面这些类群存在着相似之处，如细胞结构和一般的生物化学特征；但是在其他特征上，包括被膜结构和基因表达机制等，古细菌与真核生物（包括单细胞生物、动物和植物）更加相似，它们的细胞中都存在着细胞核。

古细菌（图2.6）也可以分为两类，这两类古细菌特有的生活方式极不寻常，但可能正是这种不寻常让它们得以在早期的地球上生存。其中一类古细菌可以生活在高温的富硫环境中，如冰岛和美国黄石国家公园的热液喷口及间歇泉周围。这一类耐高温菌属可以承受高达113℃的温度。另一类古细菌有两种截然不同但同样独特的生活方式。其中一组是产甲烷菌，它们通过将二氧化碳和氢结合产生甲烷（沼气）和水来获取能量。因此，它们只能生活在无氧的环境中，例如湖泊及海洋沉积物、污水处理厂，以及某些动物的内脏

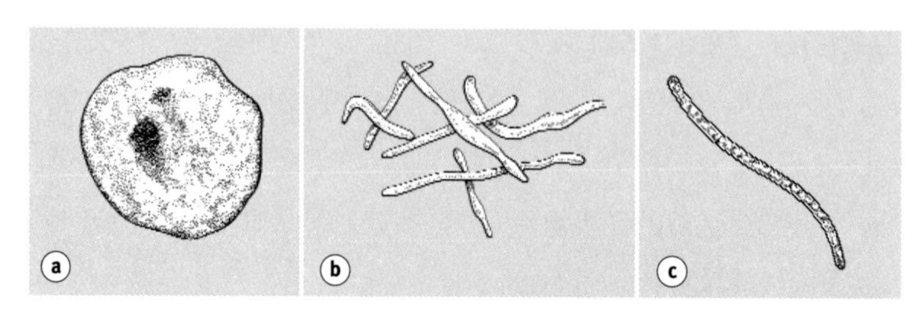

图2.6　古细菌类：a热原体纲；b盐杆菌属；c硫化叶菌属（引用自Tudge，2000）

中。它们是来自无氧世界的幸存者吗？第二组是嗜盐微生物，它们生活在高盐溶液中，比如在沙漠的湖中。盐杆菌就是嗜盐微生物的一个代表，它利用细菌视紫红质进行光合作用，因此这类细菌呈紫粉色。这种类型的光合作用的出现，很可能早于基于叶绿素的光合作用。

在构成远古地球生命的细菌世界中，存在着许多种类的真细菌：包括生活在叠层石中的紫细菌和蓝细菌；而其他的，如古细菌，则需要生活在高温和无氧的热液喷口等环境中。许多细菌可以在无氧环境下生存，它们具有独特的新陈代谢方式。现在，有一些细菌生活在植物和动物的体内及表面，其中一些会引起疾病。

生活在一起的细菌群落成员之间常常有着紧密的联系。首先，它们可能会交换基因，这对细菌的演化非常重要。其次，一些生活在无氧环境中的细菌可能会形成所谓的“聚生体”：聚生体中的一种细菌使用环境中存在的某些化学物质来维持其生命过程，比如硫；然而在这个过程产生的代谢物对其自身有毒，却是“共生”联盟中第二种细菌的食物来源；如果第一个物种产生的代谢物没有被清除，那么它就无法生存——聚生体中的物种之间存在着功能上的相互依赖。在一个聚生体中可能同时存在着几个不同的物种。此外，细菌也会与其他更复杂的生物体结成这类共生关系。

生命从何而来？

生命可能起源于无机分子聚集的任何一个地方。但一些系统发生树（图2.7）表明，生活在高温环境下的各种古细菌在系统发生树中具有最深的分支，其中包括通过硫代谢而生存的物种。所以，生命可能就是在深海热液喷口或火山边缘温泉这样的环境中演化而来的。如果真如前面提及的那样，最早的生物体通过在黄铁矿表面将二氧化碳或一氧化碳与氢结合来获得能量，那么这些富硫高温环境将为这种化学反应的发生提供合适的条件。

另一种更为被广泛接受的观点，最初由奥帕林提出，他认为最初的有机体是依靠原始汤中的葡萄糖等有机化合物生存的。根据这

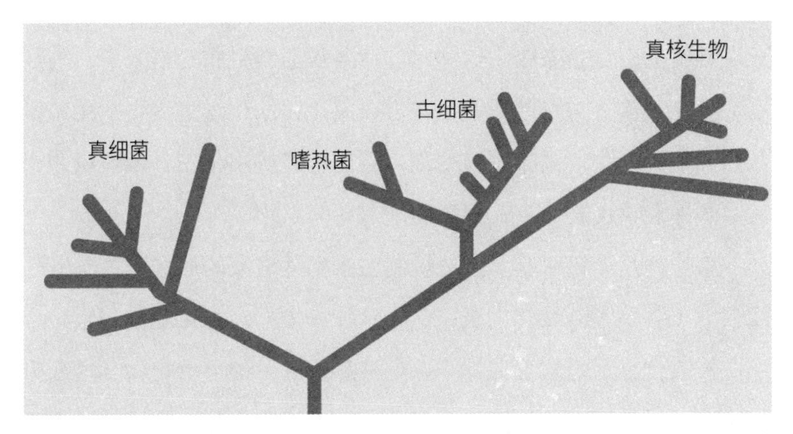

图2.7 真细菌、古细菌和真核生物之间关系的通用系统发生树（通过比较rRNA序列绘制，引用自Woese等人，1999）

一理论，适合生命产生的条件应该是在水中，又或是在土壤中（这与黏土颗粒相关）或是出现泡沫和气泡的区域，但由于紫外线的辐射，似乎并不可能出现在海洋表面。最近一项试图建立系统发生树中RNA组成的分析研究，其结果更倾向于这种假设，而不是热液喷口的环境。研究发现，在所有生命的共同祖先中，某些成分的比例与生活在高温环境中的生物所具有的特征并不相同。

条带状铁建造的形成和氧气的上升

条带状铁建造分布在世界许多地区，它们是铁矿石的主要储量来源。条带状铁建造由红色的氧化铁层和灰色的燧石层交替组成，它们都是在距今20亿—17.5亿年前的时间内形成的。来自加利福尼亚大学的威廉·舍普夫（William Schopf）将这一过程称为"地球生锈"。早期的海洋中含有大量未被氧化的溶解亚铁元素，这些铁来自当时的火山活动。当铁元素被氧化时，氧化物的颗粒沉到海底，形成独特的暗红色条带。这些暗红色条带通常只有几毫米厚，与燧石交替在一起，这可能反映了在形成氧化铁的化学过程中发生了剧烈的季节性变化。关于季节变化，目前已经提出了三种可能机制，其中两种会导致氧化铁在夏季沉积。

第一种是无机机制。这一机制主张生锈现象的形成取决于紫外线辐射（夏季紫外线辐射更高），紫外线辐射会导致亚铁与水结合形成氢氧化物。当岩石在地壳深处被加热时，该氢氧化物会转变为氧化物。另外两种机制直接或间接地依赖于生物体。其中一种涉及某些细菌，最近的研究已经发现了相关的实例。这些细菌是化学自养生物，它们利用光合作用分解碳酸铁并沉淀出氢氧化铁。另一种机制，是溶解在水中的游离氧直接氧化亚铁离子。这些游离氧可能是由蓝细菌光合作用产生的。化石证据表明，蓝细菌在这个时期处于活跃状态，因此第三种机制一定在条带状铁建造的形成过程中发挥了一定的作用。这三种机制可能都是有效的，因为在这些沉积物中蕴含的氧气量很大，大约是今天大气中氧气含量的20倍。

这种生锈过程会使大气和水体中的氧气含量维持在极低水平，并且很可能伴随出现强烈的季节性波动。此时存在的细菌可能不得不在有氧呼吸和无氧呼吸之间转换。现在仍有很多物种保有这种能力，其中一种是沼泽颤藻（*Oscillatoria limnetica*），威廉·舍普夫在皮尔巴拉的燧石中发现了与其非常相似的物种，距今大约有35亿年的历史。

一旦大量的铁在海洋中被氧化和沉积，光合作用产生的氧气就会开始在大气中积累。据此可以追溯到最后的条带状铁建造的形成时期，即大约20亿年前。

氧气的意义

当氧气成为大气的重要组成成分时，就会在距离地球表面大约15～50千米的平流层中形成臭氧层。臭氧层吸收了来自太阳的大部分紫外线辐射，这些辐射对许多有机分子和生命都具有破坏作用。水也会吸收这种有害的紫外线辐射——通常只在最上层几米的清澈的水中会达到对生物体有害的辐射水平。因此，臭氧层对那些生活在陆地或接近海面（或湖泊）的生物来说尤为重要。

氧气的出现使得有氧呼吸成为可能，生物体在进行有氧呼吸时，一个葡萄糖分子会产生36个ATP分子，ATP分子可以为生物体提供能量。而生物体在进行无氧呼吸时，只能产生2个ATP分子。因此，有氧呼吸的效率更高，这对很多生物体的生命活动来说是必不可少的。此外，有氧呼吸在生态群落的结构组成中也很重要，因为它使得食物链得以拓展和延长。图2.8展示了一种生物捕食另一种生物，而另一种又以其他生物为食，以此类推直至食物链的顶端。食物链的最底端通常是最常见的、可以通过光合作用进行自养的生物。通常我们认为影响食物链长度的一个因素是能量的流动，每次食物从一个生物体传递到另一个生物体时，都会损失一些能量。因此，从每个葡萄糖分子中获得的能量越多，可以形成的食物链也就越长。通常情况下，在有氧气的栖息环境中，食物链大约由五到六个环组成。而在厌氧环境中，食物链则很少可以超过两个连接环。

由于氧离子的活性很强，所以它具有较强的毒性。比如氧气是导致生物体衰老的主要原因，不过为了保护自己免受氧气活性带来的伤害，大多数生物体的细胞已经演化出许多特殊的生化适

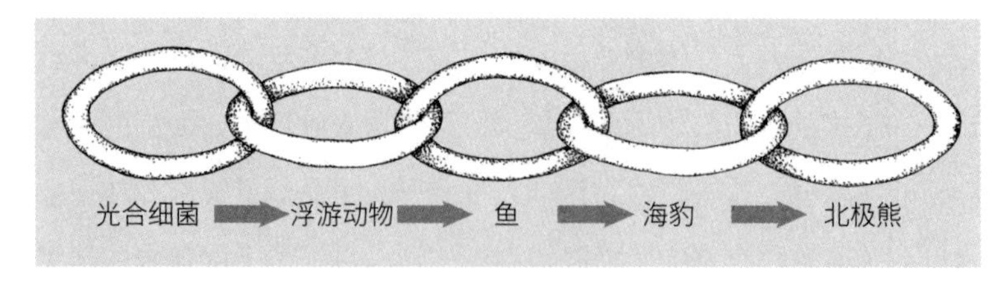

图2.8　食物链：食物链底端/开始的光合作用生物（即自养生物）是主要的生产者，第二个环节是初级消费者。所有的消费者都是异养生物（以其他生物为食）。在图示的食物链中，北极熊是居于顶端的食肉动物，即顶级消费者

应性。然而，对于当时存在的厌氧生物来说，氧气的到来将会是一场巨大的灾难，很可能导致了厌氧生物的第一次大灭绝。对当时存在的古生物来说，那些可以产生氧气的生物体是第一批大规模的污染源。

第3章 具核细胞

元古宙

25亿——6亿年前

细胞核的出现和发展是真核生物的基础特征，它代表了生命演化中最伟大的一步（除了生命的出现本身以外）。细胞核可以理解为细胞的控制中心，它通过双层膜结构与其他细胞物质分隔开，并包含了几乎所有的细胞DNA，这些物质携带着重要的遗传信息。在细菌（原核生物）中，环状的双链DNA通常附着在细胞膜上；当细菌繁殖时，DNA链会进行复制，因此每个子细胞都与亲本完全相同。在真核生物中，DNA以数个片段的形式存在于许多染色体上。当细胞分裂时，这些染色体会形成致密的结构，这些结构经过适当的染色便可以在显微镜下观察到。在无性繁殖（克隆）过程中，每条染色体内的DNA都会分裂产生两条相同的“姐妹”染色单体；之后每条染色体的两条姐妹染色单体分离并移动到细胞的两极，细胞分裂进而形成两个新的细胞。因此，每个细胞都具有与“亲本”相同数量的染色体和相同的DNA——这个过程被称为有丝分裂（图3.1a）。

在真核生物中，还有另外一种细胞分裂形式：减数分裂，这是

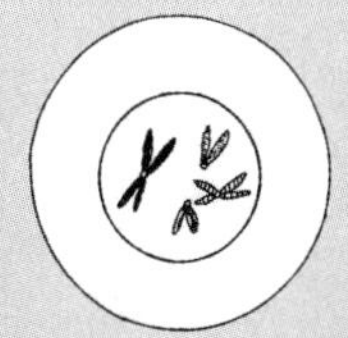

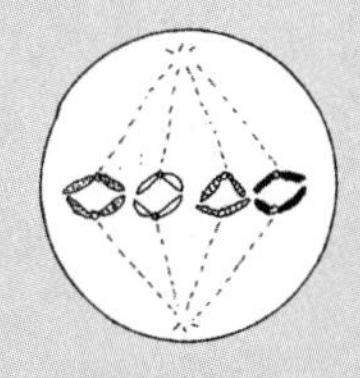

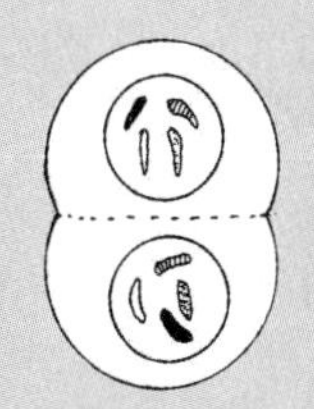

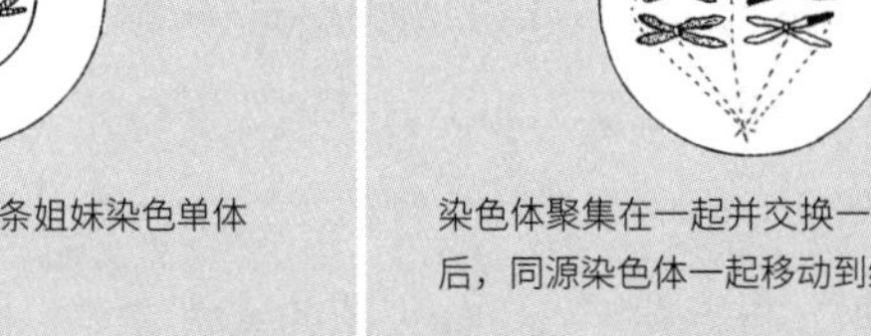

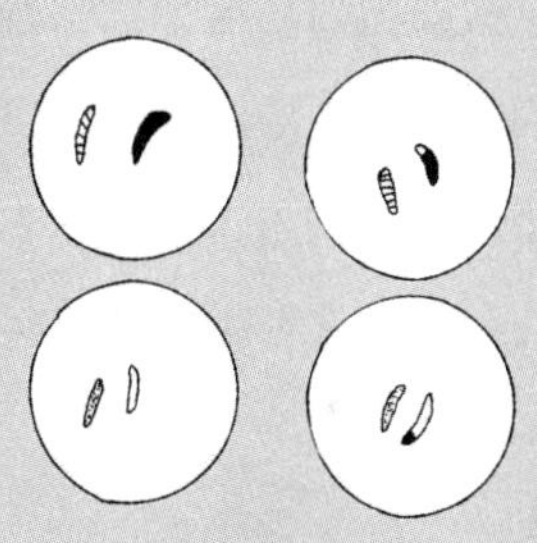

图3.1　两种细胞分裂形式的简化示意图：a有丝分裂和b减数分裂。在杂交过程中遗传物质的交换意味着每个染色单体都略有不同，并确保了生殖细胞具有不同的遗传组成

有性生殖的基础（图3.1b）。真核细胞内染色体的各种重排，导致每个亲代细胞产生四个生殖细胞。这些生殖细胞各具有亲代细胞数量一半的染色体（n），但是当它们在有性生殖过程中融合时，染色体会重新恢复到原始数量（2n），并形成受精卵（合子）。这种生殖方式可能会发展出一个新的生物体，其DNA组成与其父母双亲均不相同。因此，与无性繁殖（如细菌的繁殖方式）相反，动植物的有性生殖确保了物种的每个个体都会略有不同，并且通过在这个几乎无限的变种中进行选择而发生演化。因此，减数分裂为演化出许多不同类型的生物体提供了可能。不难想到，减数分裂的发展必定导致了生命演化速率的跃阶变化。

除细胞核以外，真核细胞还包含有不同的细胞器（图3.2）。其中某些细胞器，比如细胞骨架、纤毛和液泡通常被认为是从原始真核细胞本身的组成部分中演化而来的；而线粒体和含有叶绿素的质体是从其他进入真核细胞中的生物体中演化而来。当两个生物体互惠共存时，这种关系就是共生关系；如果其中一种生物生活在另一

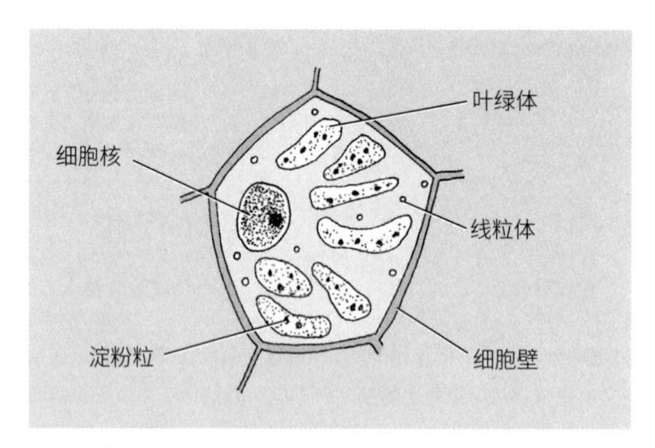

图3.2　植物细胞横截面示意图

个生物体内，这种关系则是内共生关系。下一节将会介绍真核细胞的内共生理论（SET）。

细胞——生物体的混合物

几乎所有的真核细胞都含有线粒体，它是产生能量的地方，即“细胞的熔炉”。线粒体被双层膜包围，一层来自原始宿主（原真核生物），另一层来自它们起源的细菌。这些细菌所携带的大部分DNA已经转移到宿主细胞核，但仍有少量保留在线粒体中。在大部分情况下，线粒体DNA几乎完全通过母系遗传，这让它成为分子系统发育研究中特别有意思的部分。所有的线粒体很可能都来自属于变形菌类群的一种自由生活的真细菌（图3.3）。这种细菌很可能与立克次氏体很相似，它一直生活在另一种生物体中。其中一种立克次氏体是导致人类疾病——落基山斑点热病的原因。

植物、海藻和某些单细胞生物所呈现出的绿色是由叶绿体中含有的叶绿素所导致的。这些质体来源于蓝细菌，像线粒体一样，叶绿体只保留了它们的部分DNA。虽然叶绿体通常被两层膜包围，但在许多绿色生物中，叶绿体有四层膜。这里涉及了三种生物体：原始的质体（蓝细菌），含有该质体的单细胞生物体（藻类），以及现在同时包含这两者的第三种生物体，

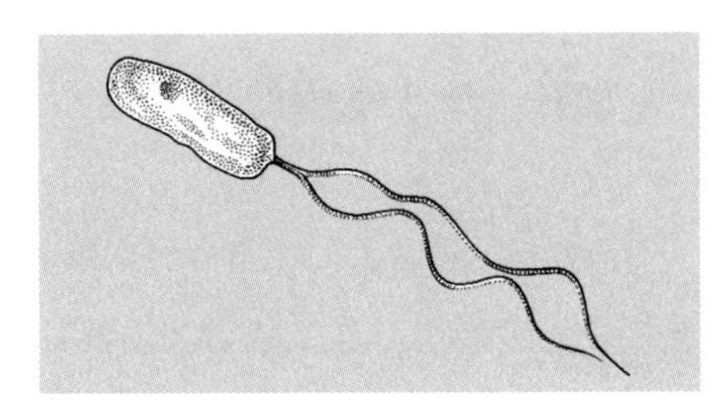

图3.3　阿尔法变形杆菌（*Rhizobium*）（参考自Tudge，2002）

因此叶绿体可以说是“二手”的[1]。叶绿体的原始质体似乎都来自同一个物种，因此所有质体的系统发生树有着共同的祖先（单系）。然而，“二手”叶绿体似乎来自几种不同的藻类，即多系统起源。

什么是原真核生物？大多数基于分子系统发育的解释表明，真核生物与古细菌最为接近（图2.5）。原真核生物必须能够吞噬真细菌，使其成为自己的内共生体，这个过程被称为吞噬作用，而它的细胞膜也必须要能适应正常的温度。

所以真核生物是由内共生产生的：它们所有的细胞（当然也包括人类的细胞）都是由至少两种细菌组成的复合物，这种细菌构成在绿色植物中则是三种，除了某些缺乏线粒体的单细胞生物。这些单细胞生物似乎并不是从未拥有过线粒体，而实际上是已经失去了它们。这些单细胞生物代表了通往其他真核生物演化途径上的一个阶段。它们的存在表明，有核细胞在不存在线粒体的情况下也可以继续进行繁殖。

最早的真核生物是单细胞生物，这些生物体统称为原生生物。我们通常将具有叶绿体的原生生物称为藻类，而那些不具有叶绿体的则被称为原生动物。

化石，原生生物的多样性？

1992年，科学家们在距今21亿年前的岩石中发现了据称是最古老的原生生物化石。它们被称为卷曲藻（Grypania），由卷曲的管状

1 叶绿体是二次内生作用形成的。——译者注

结构组成。卷曲藻化石和其他丝状化石在较新的岩石中（约12亿年前）比较常见，但是除了一些横纹之外，几乎没有什么其他细节可供辨认。因此，它们是真核藻类还是复杂的蓝细菌，仍然存在相当大的不确定性。

大约从17亿年前开始，出现了大量的球形化石。最早出现的球形化石很简单，但是来自较年轻的沉积层的化石则往往显示出精致的细胞壁，具有刻纹或者带有棘状突起（图3.4）。它们通常被解释为原始藻类的囊孢。然而，不同于一些细菌微体化石，这些球形化石不容易被归入现代种群，并且由于对它们的真实性质无法确切判断，人们称其为疑源类[1]（acritarchs）。最古老的化石样本尺寸很小，直径只有几分之一毫米，但是在大约距今11亿年之前，更大的化石样本出现了。其中有一种名为丘尔藻（Chuaria），直径可达1厘米，是迄今为止化石记录中发现的最大的原生生物，它甚至比现存的大多数单细胞藻类都要大得多。虽然疑源类化石，尤其是较大尺寸的化石，在大约9亿年以前之后的地层记录中变得稀少，但是最近在印度和中国的发现表明，丘尔藻一直到距今5.7亿年前还生存在地球

图3.4 疑源类（参考自Lipps 1993）

1 疑源类是指亲缘关系不明的具有机质壁的单细胞微体化石。——译者注

上。在加拿大萨默塞特岛的一种名为“Hunting Formation”地质岩层中（距今12亿—7.5亿年前），发现了一块疑似为红藻的化石。在距今11亿—9亿年前出现的这种明显的原生生物的多样性，可能与减数分裂的演化，即性别的演化有关。

多细胞生物

某些原生生物在分裂时，仍然会聚集在一起形成一个群体（图3.5）。尽管如此，这个群体内的成员都还是独立的个体，能够独立生存。相比之下，除了原生生物以外，所有的真核生物都是由许多相互依赖的细胞组成的多细胞生物。这代表了下一个重要的演化过程，这一演化过程的早期阶段可以在某些海绵中观察到。它们可以被挤压通过细密的丝质薄纱，但如果将过滤后的细胞留在海水中，海绵就会重新生长。

由于海藻展现出的各种各样不同程度的复杂性，科学家们对能否将它们视为真正的多细胞生物尚有争议。但毫无疑问的是，多细胞植物，如苔类和藓类，直到很晚才演化出来。分子研究表明，另外两种主要的多细胞群，真菌和动物，具有共同的起源。它们共同的祖先可能生活在这个时期，虽然这一猜测还尚有不确定性，但与领鞭毛虫门（Choanozoa）相近的原生生物

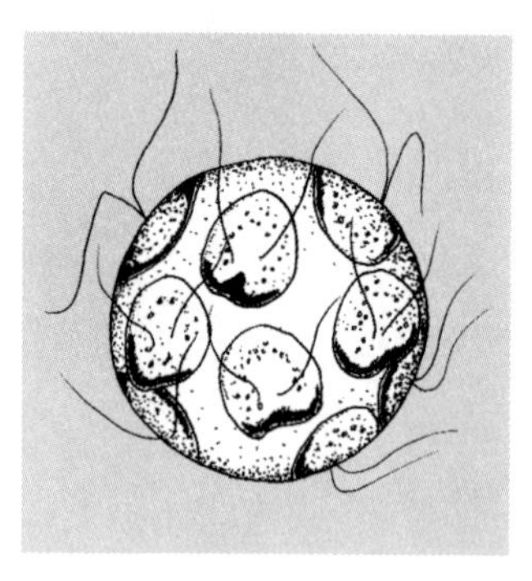

图3.5　藻类群体：似团藻属（参考自Ward和Whipple, 1959）

通常被认为是海绵、其他动物，甚至真菌的祖先。领鞭毛虫类包括领鞭毛虫（choanoflagellates，图3.6）和一些以前被归类到真菌中的单细胞生物。

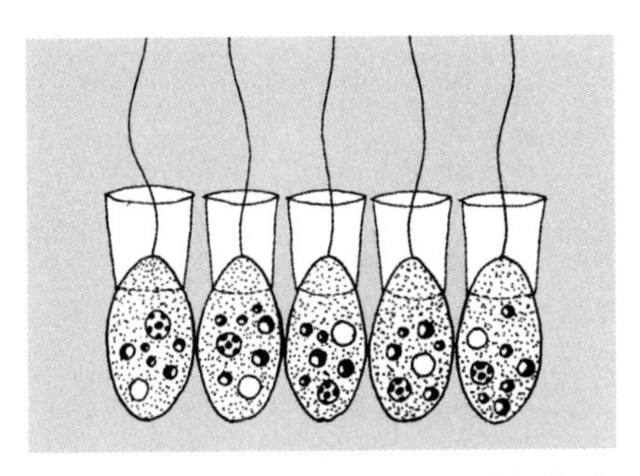

图3.6 领鞭虫线性群体：项链领鞭虫（*Desmarella*）（参考自Ward和Whipple，1959）

地球上的早期动物在出现之后，经历了许多重要的演化步骤，那些处于不同演化阶段的动物，到今天仍然存在（图3.7）。最简单但可能并不是最原始的动物的细胞有两层，但是其他大多数动物体内的细胞则有三层。继细胞形成之后，细胞的中间层逐渐演化成了一个空腔（即体腔）。这个空腔很重要，它为消化系统和循环系统等器官提供了运作的空间。在空腔内，各个器官可以独立发展运动，逐渐演化得盘曲、折叠，长度甚至比动物的身体还要长得多，并实现更复杂的功能。反之，如果没有空腔，这些器官就会受到体壁运动肌肉的挤压，而无法实现其功能。例如，一个较长的肠道可以有许多不同的区域，而每个区域对消化过程的贡献都有所不同。

体腔在胚胎中的发育方式有两种：一种是通过前端发育（原口动物，如蚯蚓、昆虫、甲壳纲动物、软体动物等），一种是从后端开始发育（后口动物，如海星、海胆、鱼、鸟、哺乳动物等）。最近的分子研究表明，这两种发育方式的差异是在距今6亿年前或者更早的时候开始出现的。由此可知，动物的演化和早期多样化的基本形成大约发生在距今11亿—6亿年前，不过到目前为止，还没有化石

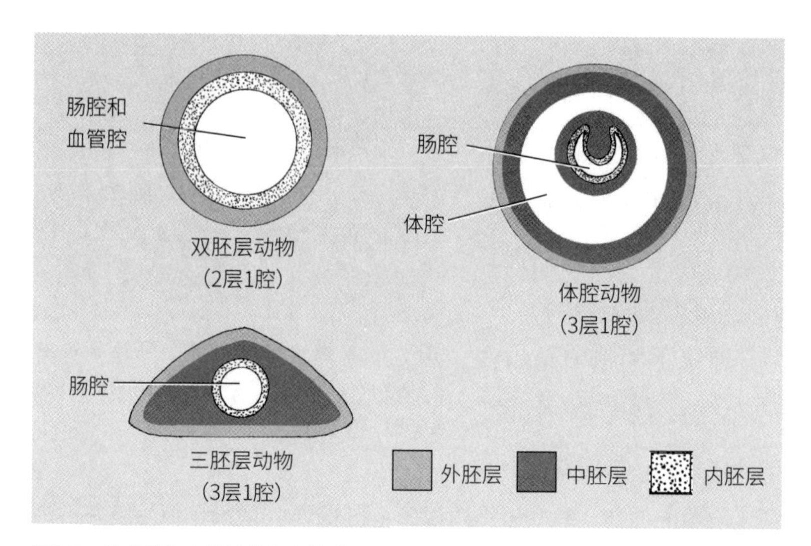

图3.7　组成动物身体结构复杂性的三个主要体层

记录可以证明这一推测。在新物种明显爆发之前的隐藏的演化时期被称为“导火索时期”。在这种情况下，有化石记录证明明显的新类型物种爆炸性出现，是发生在寒武纪（从5.45亿年前开始）（见第5章）。但是，物种爆发的导火索是什么？在物种大爆发之前的5500万年或更久的时间里，地球的环境又是什么样的呢？

动物演化的发生地

传统观点认为，动物的演化是在富含氧气，并且可以从阳光中获得充足能量的海洋中开始的。彼时海洋中有着丰富的细菌和藻类，它们不断地进行光合作用产生能量。不管是活着的还是已经死亡的细菌和藻类，都为动物提供了丰富的食物来源。早期动物的生命周期形式包括生活在水中的分散的幼虫和生活在海底沉积物上的成虫（底栖生物），类似现在的海绵。这一演化方式在许多现在仍然存在的动物身上可以得到体现，这些动物的幼虫仍然过着浮游生活。然而，9亿—6亿年前的环境是极其恶劣的，当时的海洋条件也远谈不上对浮游生物的生存有利。

在距今9亿—6亿年前之间，地球共经历了四次广泛而持久的冰川作用，其发生的原因尚不明确，但有人认为是由于二氧化碳的水平下降导致的。因为在那之前的时期（距今11亿—9亿年前），疑源类的藻类和其他进行光合作用的生物吸收了大量二氧化碳，并且在它们死后，大量的碳被带到了海洋的沉积物中。因此，当时的地球上出现了“逆向温室效应”，即由于大气中的二氧化碳水平较低，导致大量的太阳热量被辐射回太空，进而带来了雪和冰的形成。而这些冰雪，会进一步增加被反射回太空的太阳热量，从而形成了反馈效应。“雪球地球”一词很好地描述了这种情况，因为当时海平面上的冰层甚至延伸到了热带地区。沉积物中碳同位素的比例表明，海洋表层水的生物活性降到了非常低的水平。在此期间，火山不断向大气中排放二氧化碳和其他“温室气体”。人们认为，当这些气体的浓度达到一个临界水平（这个临界值是现在大气中二氧化碳等气体含量的许多倍）时，当时的气候变化过程突然发生了逆转，进而导致了温度的相对快速上升。

热液喷口存在于海底，在这一区域内，富含矿物的过热水从地壳深处喷出。因此，在“雪球地球”时期，海底热液可以为生命提供一个温暖的栖息地。在这里，生命不是从阳光中获取能量，而是从热能中获得；它们进行呼吸时交换的气体形式也不是氧，而是硫和氢。地球上存在的最壮观的海底热液喷口是在洋中脊上升起的巨大的岩石烟囱。从这些“黑烟囱”中喷出来的水，温度高达400℃，但是其外部和邻近区域的温度要低一些。生活在这些高温烟囱周围的细菌，超嗜热微生物，能够承受高温，事实上它们的生存也依赖于高温。例如，火叶菌（*Pyrolobus fumarii*）可以在113℃的环境中生存，而在80℃以下的环境中却不能繁殖。由于丰富的化学物质和矿物质，这些化学自养古细菌得以大量繁殖。例如，在1克岩石中可以发现1亿个甲烷嗜高热菌（*Methanopyrus*）。这些古细菌的繁殖速度惊人，在100℃的环境中，它们的数量每50分钟就会增加一倍！在大西洋中存在着和太平洋中相同的物种，这表明这些原始生物在数亿年里都没有发生变化。

如此密集的细菌种群使得一群色彩鲜艳的独特动物可以生存和繁衍。自从1977年海底热液喷口被发现以来，人们已经发现了大约400个新物种。这些新物种属于许多不同的类群，其中一些物种还有着来自于大约5000万年前的化石记录。在这些物种中，尤其以多毛纲蠕虫、类蚌类软体动物和原始形态的藤壶（图3.8）等种类最为丰富。后两种可以产生水流，从中过滤出微小的生物为食，在它们身体内部或者表面通常可以发现明显的共生细菌。螃蟹是这里相对较少的捕食者之一，但是正如我们已经发现的那样，生存在无氧环境下的生物所形成的食物链通常比较短。

海床上还有另一种更为宽广的，处于无氧环境下的栖息地：黑硫层。它们就存在于大多数海洋沉积物表层的下方，无论是海滩还是深海软泥。在黑硫层中，除了丰富的化能自养菌（它们以硫为基础进行呼吸）之外，还有种类繁多的动物类群。这些动物大多数体

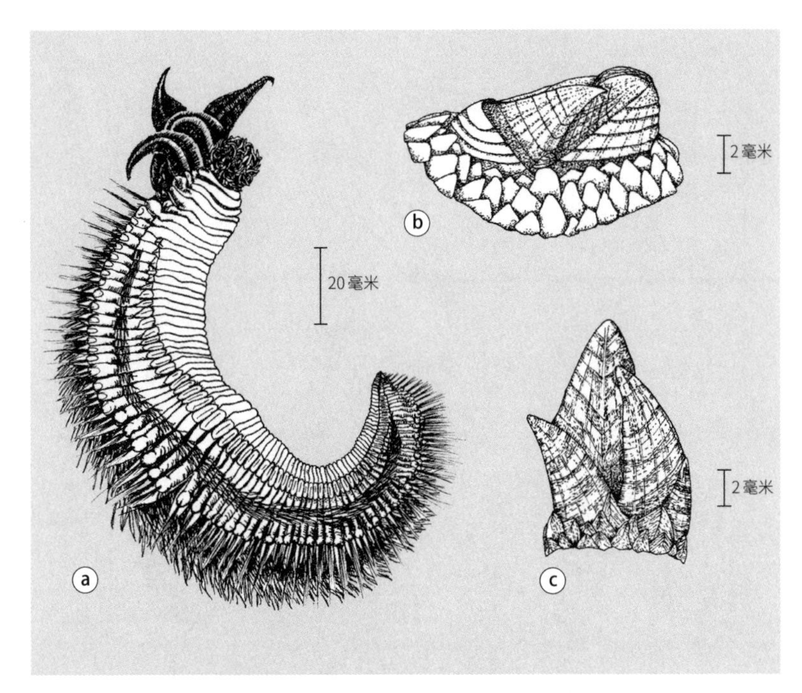

图3.8 一些生活在热液喷口的动物：a“庞贝蠕虫”（多毛纲），*Alvinella pompejana*，未知的科的代表；b和c，两个原始藤壶，b为*Neobrachylepas relica*，有“活化石”之称，c为*Neoverruca brachylepadoformis*，两组藤壶之间的“缺失物种”（参考自Desbruyères和 Segonzac, 1997）

壁中都没有体腔，它们代表了演化树的基部，大约出现在距今6亿年之前（大约是前寒武纪最后一个冰期的末期）。这些物种大多鲜为人知，包括某些线形动物（线虫动物门）、颚虫（颚胃动物门）、扁形虫（扁形动物门）和动吻虫（动吻动物门）（图3.9）。它们通常是厌氧生物，并且是小型底栖生物。

现在我们已知的是有氧动物通常还会具有某些厌氧代谢途径，但是厌氧动物却并不具有有氧代谢功能。传统观点认为是厌氧动物

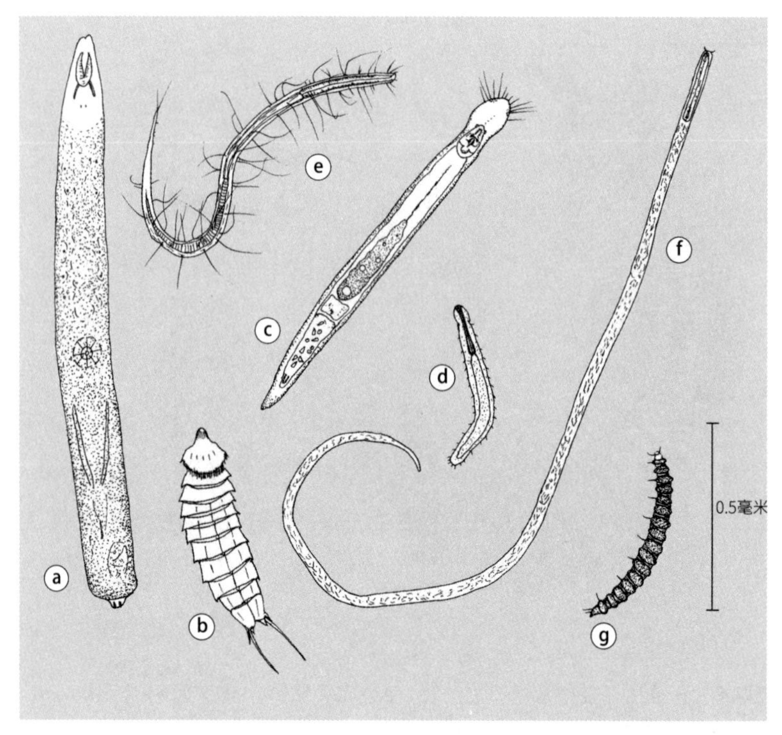

图3.9 一些小型底栖生物：a扁虫（扁形动物门）、b动吻虫（动吻动物门）、c颚虫（颚胃动物门）、d腹毛动物门、e～g线形动物（线虫动物门）（参考自Platt，1981，有改动）

失去了利用氧气进行代谢的能力。但是，在“雪球地球”时期，如果动物的演化过程是在无氧环境（热液喷口和/或那些黑色的硫化层）中发生了较大的发展，那么实际上无氧条件很可能才是原始条件。也许从生命的诞生之日起，在海底这片富含硫的栖息地中，处处存在着一条连续的线索，揭示着生命的变化。

第4章

水母、珊瑚虫和蠕虫？

晚元古代

7亿—5.45亿年前

今天的地壳（岩石圈）是由七个大型的构造板块和许多较小的构造板块组成的，这些板块是不断移动的。其中一些板块的“背”上连着大陆，并在中间层地幔中较深的液态岩石层对流作用的推动下，在全球范围内移动。当板块在深海中相互远离时，液态岩石（岩浆）向上流动并凝固形成洋脊。在其他一些地方，两个板块之间可能会相互碰撞，从而造成断层线（如圣安德烈亚斯断层）。两个板块相遇并发生碰撞时，一个板块插到另一板块之下，这个过程就是俯冲，下插板块就是俯冲板块。如果发生俯冲的板块“承载”着大陆，那么这些板块就会弯曲并上升形成山脉（喜马拉雅山脉就是这样形成的）。大多数火山活动发生在板块的边缘附近，但是一些海底山脉和火山岛常出现在板块的中间地带。这是因为这些海底山脉和火山岛的形成起源于“热点”，这些热点位于地幔中特定的固定位置。当板块慢慢移动并移过热点时，一连串的火山被“打穿”，形成火山链。通常火山岛链只有一端是活跃的，即当前处于热点上方的板块端。夏威夷群岛，以及一直延伸到堪察加半岛的海底山脉——天皇海山，就是热点效应的真实例子。这一景象很好地展示了太平洋板块在过去的7500万年中的移动轨迹。

这种“大陆漂移”学说是近几十年来才被广泛接受和理解的。尽管有许多证据支持板块构造学的观点，但是关键的突破是通过研究岩石磁性取得的。当岩石在洋脊下凝固时，其中的铁矿物质就会呈现出一定的磁取向和强度，从而反映出它与磁极之间的地理关系。由于一些无法解释的原因，地球的磁场以大约十万到一百万年的不规则的间隔发生一次翻转。也就是说，指南针的指针方向发生了反转，在一段时间内指南针的“北”指向了南极。当板块相互远离时，这些偏移在海底产生了一系列交替的磁性条带，对称地分布在洋脊的两侧。通过对磁性条带上的岩石样本进行年代测量，我们可以发现过去2亿年间磁极反转的频率。这些数据可以告诉我们，在这一时期内海洋是如何进行扩张的，但是比这一时期更古老的海床大部分都俯冲到了地球内部。既然构造板块漂移已经众所周知，我们就可以通过一系列信息来确定各大陆在地质年代中的位置。这些信息基于对构成大陆地壳的一部分的含铁火山岩和沉积岩的确切磁化方向的研究，以及比较曾经相互连接但是现在已经漂移分离开的大陆的磁化方向。除此之外，古代山脉的特征、海底沉积岩的性质以及它们所携带的化石，也可以作为提供解释的信息来源。我们可以通过测定沉积岩在海底沉积的深度，来判断某一区域曾经是热带地区还是极地地区。过去的世界地理地图就是通过这样的方式绘制出来的。

在过去的12亿年里，构造板块曾发生了两次移动，使覆盖在其表面的大陆聚集在一起形成超大陆。第一个超大陆被命名为罗迪尼亚超大陆，第二个超大陆被称为泛大陆。板块的进一步运动导致超大陆分裂，再次形成几个独立的大陆。这个过程中的各个阶段，对全球环境带来了截然不同的影响。当大陆发生碰撞时，地壳由于受到巨大的挤压，被推升形成山脉；与此同时，大陆本身变得更窄，进而增加了海洋的面积，导致海平面下降。而当大陆分离时，地壳由于张力被拉伸，这缩小了海洋的面积，导致海平面上升。任何时候的海平面高度都取决于两个因素：首先是地壳被推到海洋上方的程度，你可以想象这就像一个躺在浴缸里的人坐起来了一样；其次是大陆冰原的面积大小。这些变化过程的各种组合导致了整个地球历史上海平面的持续变化（图4.1）。

由于陆地上的气候受到距离海洋远近以及近海洋流的环境温度（无论是暖流还是寒流）的影响，因此大陆的大小和形状对其环境有着深远的影响。例如，当超大陆形成时，大部分陆地远离海洋，因此会经历极端的大陆性气候（夏季炎热干燥，冬季寒冷）。一块

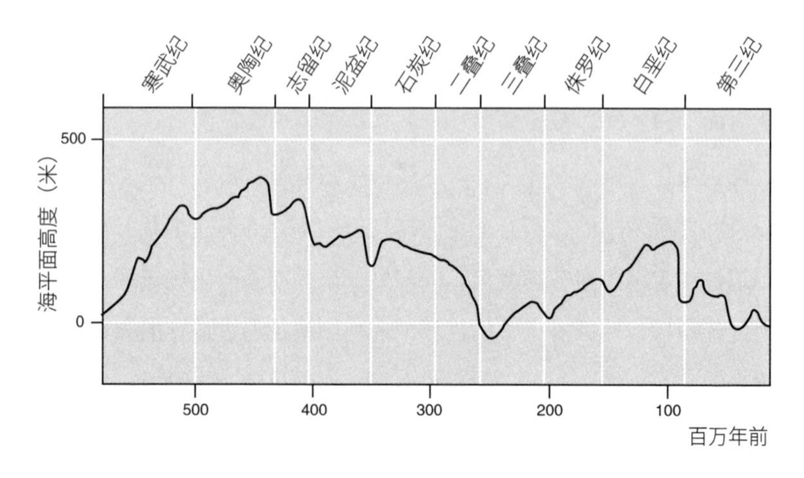

图4.1　全球海平面变化示意图（主要参考自Elliott，2000）

特定土地的纬度总是随着它所在板块的移动而变化。现在位于热带的一些地区过去曾处于两极的位置。显然，地理位置会对当地气候产生强烈的影响，但全球整体气候却在很大程度上取决于大块陆地在极地地区的分布情况。此外，正如我们在前一章介绍的，大气中化学成分的变化，特别是二氧化碳的比例的变化，也对气候有着深远的影响。

泛大陆主要由两个部分组成：冈瓦纳古陆和劳亚古陆。澳大利亚、印度、非洲、南美洲和南极洲属于冈瓦纳古陆；北美洲、格陵兰岛、欧洲和亚洲大部分地区属于劳亚古陆。

大约从7亿年前开始，早期的超大陆就已经开始发生分裂。在接下来的1亿年里，随着造成“雪球地球”的大冰期时期的结束，海平面的高度出现了剧烈的波动。似乎，在最初的分裂之后，位于南半球部分的冈瓦纳古陆，在向北偏移的过程中进行了重组。大约从5.9亿年前开始，可能出现了一段气候相对温和的时期，在支离破碎的大陆之间出现了许多海洋。这一出现是否为生命提供了新的机会?

埃迪卡拉生物世界

1946年，雷金纳德·斯普里格（Reginald Sprigg）在调查南澳大利亚埃迪卡拉山的古老银铅矿时，发现了许多类似于水母的化石。他意识到，这些也许是已知的最古老的动物化石。但是，直到大约十年后，在进行了进一步的发掘采集后，这些化石的意义才被充分地认识到。在埃迪卡拉山发现的动物群具有与大多数已知动物不同的特点，它们来自前寒武纪晚期。在此之前，人们认为这一时期内

图4.2 埃迪卡拉动物（部分）（参考自Glaessner，1984，有修改）

不存在肉眼可见的化石。在过去的50年里，世界多地都发现了类似的化石，包括纳米比亚、中国、俄罗斯，北欧和纽芬兰等。这些化石均被发现于埃迪卡拉时代（距今5.9亿—5.45亿年前）的岩石中，发掘地址多位于泛大洋[1]的边缘位置。在这些地点发现的许多生物都是相同的。埃迪卡拉动物群分布广泛，其主要组成动物大致可以分为三种不同的形态（图4.2）。

1 指史前巨型海洋。——译者注

其中一些埃迪卡拉生物，如埃迪卡拉水母（*Eoporpita*）、始银币水母（*Eoporpit*），比较接近水母及其相关的动物。它们都是圆形的，并且带有一系列放射状的分裂。它们的这种结构被称为辐射对称，就像轮子一样，任何一条穿过中心点的线都会把它们分成对称的两半。因此，这类生物没有左侧或右侧之分。它们中的大部分可能是自由漂浮的生物，但可能也有一些依附在海底斜坡上。据研究，这两种生物都可以通过它们的丝状触手捕获小颗粒（如原生生物、小动物等）来进食。有些触手很大，甚至有餐盘那么大。

查恩盘虫（*Charniodiscus*）和其他叶状生物的体积可能更大，部分可以达到1米甚至更长。它们与现存的海鳃（又名海笔）有一些相似之处，一些可能依附在海床的岩石上生活，也有一些可能是四处漂浮。查恩盘虫很可能以滤食海水中的营养物质为生。

最多样化的一类埃迪卡拉生物可以简单地描述为“蠕虫状”生物。这类生物是左右对称的，也就是说，它们的身体包括左右两侧以及中间线。三种广泛分布的类型是斯普里格蠕虫（*Spriggina*）、狄更逊水母（*Dickinsonia*）和金伯拉虫（*Kimberella*）。斯普里格蠕虫的头部比较独特，并且其身体形态像蚯蚓一样，可以分为许多节。狄更逊水母是扁平、有棱纹（凹凸状）的椭圆形生物，与多毛纲蠕虫有些相似。在距今约5.55亿年前的岩石中发现了保存较完好的金伯拉虫标本，从标本形态推测，金伯拉虫可能具有三层体细胞（见图3.7）。

这一时期除了真实存在的动物化石外，还有许多动物在泥土中挖洞留下的足迹化石，以及曾有类似于珊瑚虫等的生物生活其中的管状化石，其中一种被命名为克劳德（Cloudina）的管状化石最为常见。另外在细粒沉积物中还发现了疑源类和其他可识别的藻类遗骸。因此，埃迪卡拉世界的生物种类繁多。它们是如何生存的？它们又与后来演化的生物体之间有着怎样的联系呢?

由于证据和认知的不足，人们对于这些问题的答案存在着很大的争议。可以确信的是，随着进一步的研究和发现，这些疑惑将会一一得到解答。由于埃迪卡拉动物群都没有骨骼结构，它们的化石成因也就成了一个谜团。据推测，这些化石的形成可能与当时存在的相当特殊的物理条件有关。因此，在那之后的化石记录中，这些动物之所以变得如此罕见，并不是因为这些动物不存在，而很有可能是因为形成化石的条件发生了变化。另外一种有关埃迪卡拉化石的独特性的解释是，当时还没有演化出腐生的生活方式（以生物尸体为营养物）。但是考虑到细菌和原生生物的多样性，这种推测似乎不太成立。还有一个观点是，如果没有骨骼结构，那么埃迪卡拉动物群对捕食者几乎没有任何的防御能力。因此，当演化出爪子和颚的捕食者出现后（见第5章），这些动物也就走向了灭亡之路。根据这一观点，埃迪卡拉动物群世界被认为是一个温和世界，在这里，大型的凝胶状动物以细小颗粒为生，或是从共生的藻类——“埃迪卡拉花园”——获取需要的营养物质。与这一理想化的观点相对的是，现代水母及其近亲生物可以通过其身体上的刺细胞（即刺丝囊）进行自我防御——这些刺细胞对其他较大型的生物体是致命的。此外，在某些克劳德管状化石的两侧还发现了一些洞，看起来像是被一些“无聊”的捕食者制造出来的。

然而也有人认为，埃迪卡拉动物群是一种非常独特的生命形式，它们与后来出现的动物之间毫无关系：这是一个演化的死胡同。该理论的主要代表人物是德国古生物学家阿道夫·赛拉赫（Adolph Seilacher）。他认为埃迪卡拉动物群具有的所谓与其他已知动物明显的相似特征具有误导性，埃迪卡拉动物群并没有留下任何的“后代”。他提出，埃迪卡拉动物群应该包括一个名为文德生物（Vendobionts）的新群体（这些化石发现于前寒武纪的最后一个地质时期，文德期之后）。他认为，文德生物的体壁是由比海笔、水母和许多蠕虫更坚硬的材料构成的，而这也就是它们可以形成化石的原因。查恩盘虫和其他类似的生物并不是附着在海底生活，而是经常躺在表层的泥土或细沙上，从与其共生的可以进行光合作用的藻类中获取营养。事实上，查恩盘虫的这一生存特征和它们与现代动物的关系并不矛盾。这种生活方式并不是一个演化异常的死胡同，相反地，动物和藻类之间的这种共生关系在今天仍普遍存在。例如在珊瑚礁中，形成珊瑚礁的珊瑚虫和巨型贝类都与某些藻类存在共生关系。

在下一章中我们将看到，下一个地质时期的许多化石最初似乎代表着与后来的动物群完全不同的动物形态。但是随着我们不断获得相关知识，这些化石动物的真实身份得以揭示，并且可以与公认的动物演化树联系起来。这一研究变化似乎同样适用于埃迪卡拉动物群。一些解释认为这种类似蠕虫的动物是原始的节肢动物，另一些观点则认为它们可能是早期的环节动物。分子系统发育学研究结论是，生活在这一时期的动物实际上是节肢动物和环节动物共同的祖先，因此它们同时具有两个动物类群的特征。如果这一结论是对的，那么埃迪卡拉动物群便不是演化的失败尝试，它们中的一些很有可能存活到了寒武纪。实际上，这一推测似乎已经得到了证实：

剑桥大学的西蒙·莫里斯（Simon Morris）已经在寒武纪时期的布尔吉斯页岩中发现了类似于查恩盘虫的生物化石。

地质记录显示，在大约距今5.45亿年前，海底的沉积物发生了突变，这清楚地反映了当时环境的变化。大量出现的贝壳状的小化石，代表着一个新时代的开始。

第5章

爪、锉和壳

寒武纪与奥陶纪

5.45亿—4.38亿年前

在整个生命史中，寒武纪–奥陶纪是不同动物形态数量增加最迅猛的一个时期。海洋动物的数量变化如图5.1所示，图中用来表示动物数量的度量单位是分类阶元“目”。属于同一目的动物包含相似的特征，例如不同种类的蟹属于一个目（十足目，Decapoda），而木虱则属于另一个目（等足目，Isopoda）。但是两者又同属于一个更大的分类阶元“纲”，即甲壳纲。在这一时期内物种的突然爆发被称为“寒武纪大爆发”。然而，正如前面提到的，分子研究表明，在寒武纪之前演化出现的主要动物类群之间存在着许多根本性的差异。此外，现在已经发现的化石记录中也有一些证据可以用来支持这一观点。这一时期开始前的一段时期（前寒武纪）通常被认为是“导火索时期”，引发了寒武纪中后期的生命大爆发。

但是，是什么保证了导火索一定会被点燃进而引发生命大爆炸呢？一个直接的原因似乎是动物们演化和生长出了骨骼，这促进了后续一系列不同的演化过程，包括爪的形成，可进行撕咬或研磨的口器（如现代螃蟹的口器）的演化，或是可以钻孔或锉吸的口器

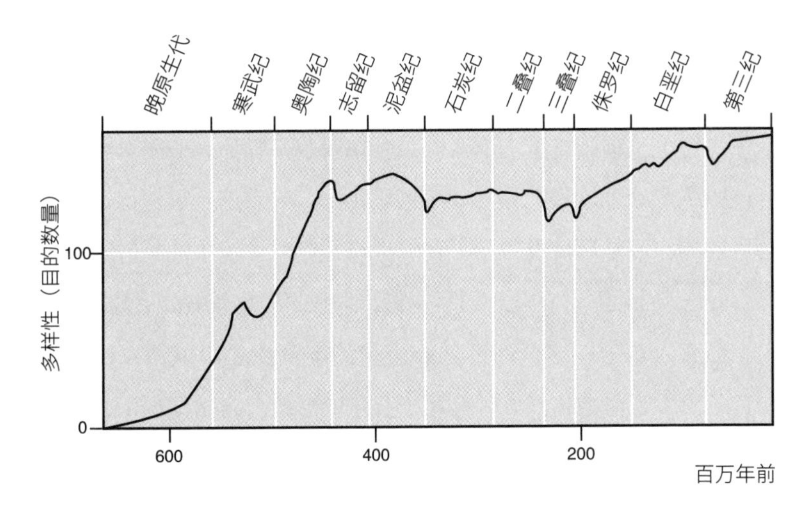

图5.1　不同历史时期海洋生物多样性（根据化石记录绘制，纵坐标单位：分类阶元“目”的数量，参考自Sepkoski, 1981）

（如现代蜗牛的口器）的演化。这些演化为动物的捕食和取食其他生物提供了重要工具。在第4章中提到，在克劳德管状化石的矿化管外壁上，有明显的由其他生物钻孔留下的痕迹。这一发现表明，用于钻孔的骨骼结构在“导火索时期”就已经发生了演化。这些演化让动物获得了不同的防御能力，比如起保护作用的类似盔甲的外壳，或者是可以使动物快速移动的各种肌肉系统。肌肉必须要固定在某个坚实的物体上，才可以进行有效的收缩和拉伸，进而发挥作用。因此，动物快速运动能力的获得，需要某种形式的骨骼支持。我们对历史上的生命的理解和研究，很大程度上依赖于化石。在化石研究中，我们也许应该注意到，尽管强壮的骨骼和结实的外壳相对来说更容易形成化石，但是有一些动物（比如虾）的骨骼被保存下来的概率却很低，而这些骨骼对生活在当时的动物们来说，依然起到了有效的保护作用。

不过是什么引发了骨骼的发展呢？在寒武纪时期，一些动物、原生生物（单细胞生物）以及藻类开始吸收矿物质，并将其转化为身体组织，这个过程被称为“生物矿化”。导致这一过程出现的最有可能的原因是环境发生了变化，也许是当时环境中的氧气水平上升，促进了生物矿化的生理过程，最终导致了矿化骨骼的形成。

也有人认为，这个时期化石记录的丰富性之所以得以快速增加，是由于当时的自然条件有利于石化的形成。自然情况下，生物的骨骼比其他柔软部分更有可能得以保存并形成化石，因此这一论点也是基于生物矿化的出现。

矿物质的吸收——生物矿化

有机体吸收矿物质的过程主要分为生物诱导和生物控制两类。生物诱导矿化是指由生物的生命活动与周围环境相互作用而引起的矿化过程，细胞的条件变化导致矿物质沉淀的发生。因此，以这种方式形成的生物矿物质的类型反映了周围的环境条件。另一种被称为生物控制矿化，顾名思义，这种矿化过程取决于细胞内的特殊条件，并且在细胞内或细胞基质中生成矿物晶体。在这个过程中存在着精确的生物控制，在一定程度上可以不受环境的影响，例如，细胞对外界环境中某种相对稀少的化学物质的摄取量可能会不同。温度往往影响矿化的程度：大多数生活在温暖水域中的海洋生物会比生活在寒冷水域中的沉积更多的钙矿物质。因此，与温带或热带海域的鱼类相比，北极地区鱼类的骨钙化程度较低。

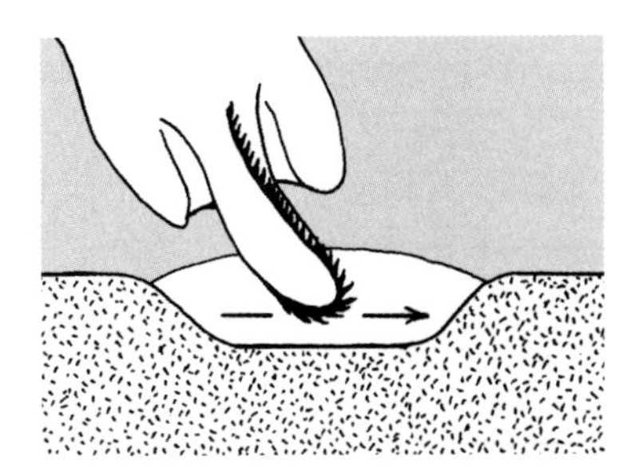

图5.2 软体动物的齿舌（锯齿状）钻进另一只动物外壳（参考自Younge 和 Thompson，1976）

各种各样的化学物质通过不同的吸收过程进入生物体中。其中最常被吸收的物质之一是碳酸钙，它可以形成方解石和文石等矿物成分，并广泛分布在骨骼结构中。尽管很少有动物使用磷酸钙，它却是大多数脊椎动物骨骼的主要组成成分。二氧化硅存在于许多原生生物、某些无脊椎动物（如海绵）和一些植物中（如蕨类），正是由于二氧化硅的存在，让蕨类植物折断的茎足够尖锐，甚至可以割破人的手。铁的氧化物，特别是来自磁铁矿和针铁矿的氧化物，通常具有特殊的功能：比如对磁场做出反应，或是为像软体动物的齿舌等类似的口器提供特别坚硬的尖端（可用于锉或钻等取食功能）（见图5.2）。

新时代的来临

这个时期（寒武纪，距今约5.45亿—5.05亿年前）岩层中的化石记录与较早形成的岩层相比，有着很大的不同。这种变化的第一个迹象是出现了许多小壳化石（图5.3），这些带有硬壳的生物非常小，通常只有1毫米甚至更小。其中有些生物，比如*Aldanella*，似乎是一种微小的蜗牛；而另一些生物则非常令人费解：它们可能只是动物的一部分。钙化蓝细菌首次被发现，但这一群体实际上早在生命起源之初就存在，总体上几乎没有发生演化——寒武纪存在的蓝

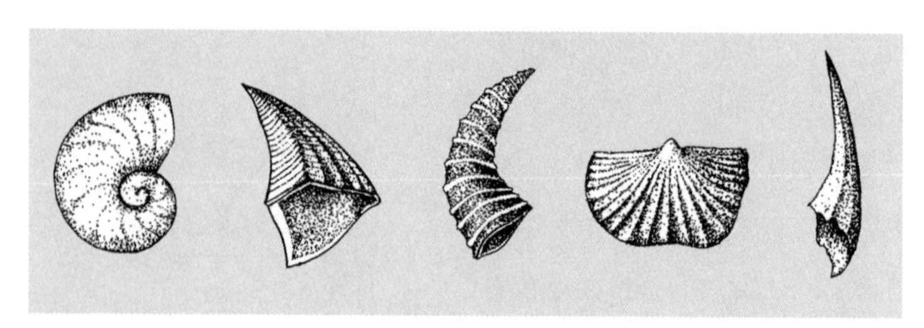

图5.3　寒武纪早期存在的小壳化石示意图（尺寸大概在0.7～2.0毫米）（参考自Clarkson, 1998）

细菌与现生的并没有太大区别。与这种长期存活的物种形成鲜明对比的是海绵状的古杯类动物（Archaeocyathids）（图5.4）。古杯类动物首次出现在寒武纪初期，但在中寒武纪时变得罕见，而在寒武纪结束时完全消失（很可能已经灭绝）。

到了寒武纪中期（距今约5.3亿年前），海洋中的动物类群变得更加丰富多样，寒武纪大爆发表现为不同的生物形态的爆发式出现（有时被描述为“造型差异度”）。在接下来的奥陶纪（距今5.05亿—4.38亿年前）时期，海洋动物的这种生物差异度继续增加（图5.1），然后被一系列的物种灭绝事件所中断，最终趋于稳定。然而，尽管奥陶纪时期之后生物物种的基本类型没有增加，生物数量的增加却是肯定的（图5.17）。

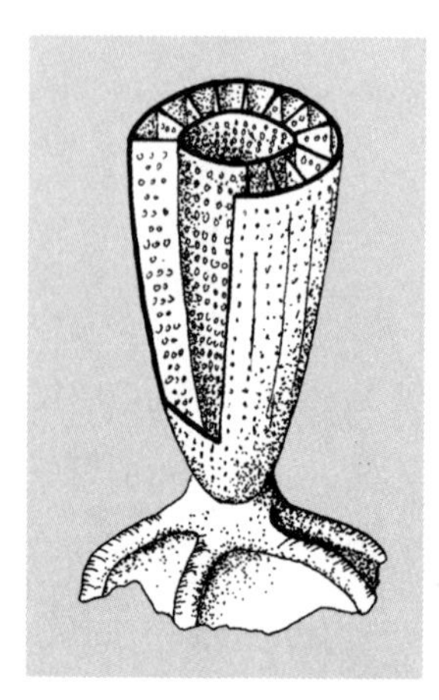

图5.4　海绵状的古杯类动物示意图（高约4.0厘米）（参考自Clarkson, 1998）

为了寻求并揭示导致“寒武纪大爆

发”（即物种多样化）的原因，科学家们开展了各种研究和尝试。从生物因素来看，也许其触发因素来自于生命内部，即可能是受到一种新型基因的影响——HOX基因簇[1]。这些基因及其衍生物在生物的发育过程中起着重要的作用，它们控制着身体不同位置上的不同结构的生长：如眼睛生长在头部，后腿出现在尾部附近等。这为动物形态的全新组合提供了可能。然而，这些基因似乎在体腔（图3.7）出现之前就与体腔一起发生了演化，而分子系统发育（基于分子结构研究物种之间的生物系统发生关系）表明，这可能可以追溯到前寒武纪的融合期。至于直接的触发因素，我们需要回到环境因素的作用上来。

在寒武纪初期，海平面很低，但是海水中富含磷元素。这一时期出现的许多体型较小的小壳化石生物的外壳不仅由碳酸钙构成（这是整个演化史的普遍规律），而且还含有磷元素。在一些化石中，钙磷复合物被认为是构成生物体外壳的物质；而在另外一些化石中，人们认为在形成化石的过程中，钙磷复合物取代了碳酸钙。磷是自然界一种重要的营养物质，富含磷的水体会变得“富营养化”——进行光合作用的浮游生物会大量生长繁殖，当这些浮游生物死亡并腐烂时，水中的氧气会被迅速耗尽，进而导致好氧生物无法生存。今天，“富营养化”条件的出现，往往是污水的排放和其他富含磷和氮的废物造成污染的结果。在富营养化的水体中，水体首先会变绿，进而出现鱼群大量死亡。也许在前寒武纪的某些地方，这种富营养化的环境有利于某些小型厌氧动物的生存。在这之后，

1 同源异形基因，负责调控生物形体的基因。——译者注

海平面上升，水域富营养化的条件消失，而钙质的古杯动物门动物变得普遍。寒武纪后期，可能是由于富营养化条件的再次出现，导致了这些海绵状动物近乎灭绝。不管出于什么原因，从这个时期开始，生命以各种各样的生物形式蓬勃发展起来。而且根据某些估计，这种大爆发未来也不会再出现了。

新的生命形式

三叶虫（Trilobites，图5.5）在很长一段时间内都是化石动物群中最具有代表性的成员，它们从寒武纪早期（距今约5.45亿年前）开始出现，一直存活到二叠纪末期（距今约2.48亿年前）才逐渐灭绝。在这两亿多年间，有成千上万不同的物种在不同的时期出现、消失，但要说到“三叶虫的时代”，那一定是寒武纪和奥陶纪。三叶虫一般长约5厘米，但是个体大小却相差悬殊，其长度从1毫米到0.5米多不等。在分类学上，三叶虫属于节肢动物门，该门的动物具有外骨骼和有分节的附肢。现在常见的节肢动物门成员包括鼠妇（三叶虫表面上与鼠妇有相似之处）、螃蟹、虾、昆虫和蜘蛛等。三叶虫具有许多特殊的特征，顾名思义，它们的身体纵向分为三个部分（中间的轴部和两侧的肋叶），横向又可以分为三个主要区域（即头、胸、尾），中间又分为许多节段。三叶虫身体上有许多附肢：除了一对口前的触角和一对长在尾端的尾须之外，身体的每个节段都有成对的附肢——即一些相同的基本双分支结构（图5.6a）。其中，上半部分的附肢通常被称为鳃，不过人们认为它除了呼吸功能外还具有其他功能，如三叶虫在游泳时，桨状的鳃能够起到一定作用。每个附肢的下部，即腿部，是用来行走的。附肢的基部，尤其是头部的附肢，通常带有坚硬的刺，几乎可以肯定这些是用来夹持和磨碎食物的颚。三叶虫的独特之处还在于其眼睛的晶状体是由矿物方解石构成的，其整个外骨骼也是如此；而其他所有动物的晶状体通常都是由蛋白质构成的。三叶虫的眼睛是复眼，通常有许多小眼面，小眼面的数量可多达数百个。我们用相机透过三叶虫化石的眼睛看到东西，发现大多数三叶虫物种的正面和侧面视力都特别好。这是因为方解石的晶体都沿特定的方向排列，这是生物控制生物矿化精度的一个典型示例。

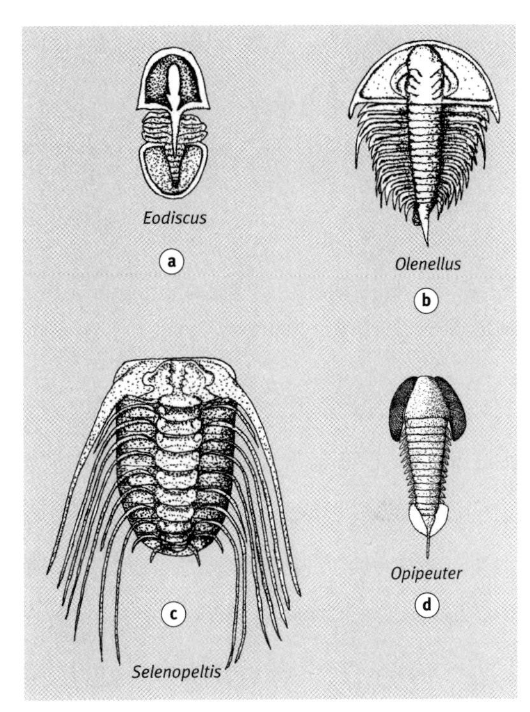

图5.5　寒武纪和奥陶纪部分三叶虫示例图（大小范围约0.5～5厘米）。（其中a和b参考自 Benton 和 Harper，1997；c 和d参考自Clarkson，1998）

大多数三叶虫生活在海床上，身体的突出部分就像一只雪鞋，把其身体重量分散在软泥的表面。虽然三叶虫中有一部分是掠食者，比如拟油栉虫属（*Olenoides*），但更多的三叶虫是食腐动物，

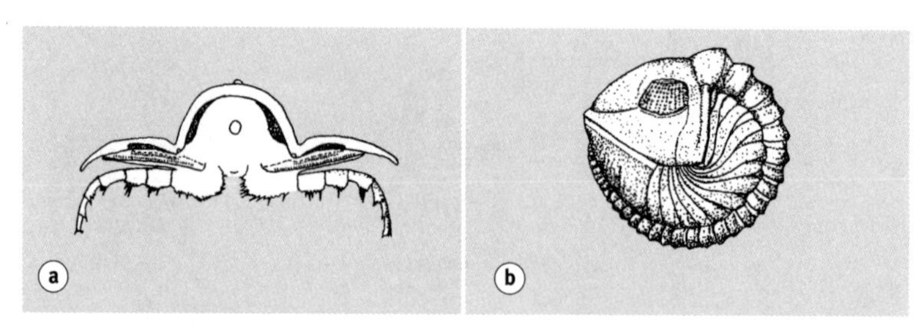

图5.6　a三叶虫的横截面（参考自Whittington，1975）；b三叶虫处于“卷起”状态时的形态（参考自Clarkson，1998）

它们的生活方式很像今天海洋中的水虱。三叶虫，尤其是拟油栉虫属的成员，多在富含硫磺的黑色页岩中被发现。这意味着，除非它们游到较高的水域，否则它们一定是生活在缺氧水域的黑色淤泥中。伦敦自然历史博物馆的理查德·福泰（Richard Fortey）提出，像今天的某些贻贝一样，这些三叶虫也是从其鳃上共生的厌氧硫细菌那里获得呼吸所需的氧气。这种共生关系，就像所有共生关系一样，必须非常精确：如果细菌产生的氧气超过三叶虫所需，多余的氧气就会使这些厌氧菌自己中毒；反之，如果细菌产生的氧气过少，三叶虫就会死亡。这种类型的关系——一种有机体产生的废物对它自己而言是有毒的，而对另一种有机体反而是“生命的气息”——正是细菌联盟形成的基础。

当三叶虫沿着海床爬行时，它们的背部被厚厚的外骨骼构成的盔甲牢牢地保护着。但是如果它们翻过来，将其下表面暴露在外，它们将会非常脆弱。然而，三叶虫化石记录显示，三叶虫中的一些物种可以像现代的鼠妇或球马陆一样，将身体卷起成球状（图5.6b），进而保护自己。在奥陶纪之后，那些无法卷曲身体的三叶虫开始变得稀少了。

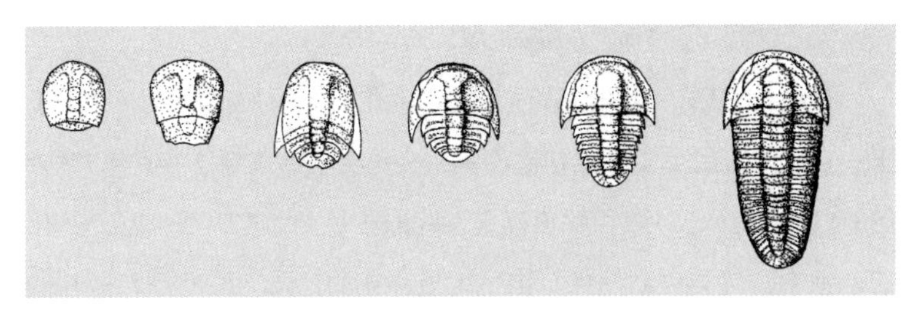

图5.7 从幼虫到成年阶段的三叶虫形状的变化（参考自 Clarkson, 1998）

三叶虫坚硬的外骨骼不能随着它的生长而伸展，因此，就像所有其他节肢动物一样，三叶虫也会蜕皮，脱落旧的外壳，并在新皮肤还很柔软有弹性的时候迅速扩张，长出新的外骨骼。三叶虫的具体结构特征会随着蜕皮的过程而发生变化（图5.7）。处于幼虫阶段的三叶虫体型非常小，其中一些可能作为海洋上层水域的浮游生物过着浮游生活。这是许多现代节肢动物幼虫的生活方式，如螃蟹和龙虾，而它们成年后则会生活在海底（成为底栖动物）。当然，也有一些三叶虫，比如瞪眼虫属（*Opipeuter*，图5.5d），即使成年后也过着浮游生活。

广翅鲎（Eurypterida，俗称海蝎子）（图5.8）也是节肢动物，与三叶虫一样，现在已经灭绝。广翅鲎出现在奥陶纪，作为掠食者，它们很可能是利用前腿上有力的爪来捕捉猎物的。一些广翅鲎的标本有2米长，是有史以来发现的最大的节肢动物。如此大型的掠食者的存在表明彼时的食物链已经延伸，可能最

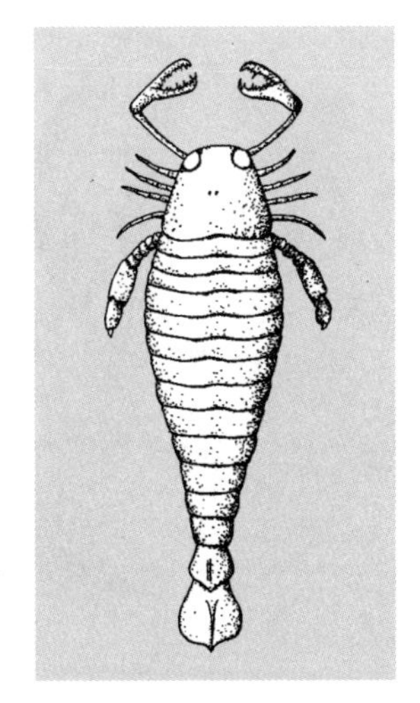

图5.8 海蝎子中的一类，翼肢鲎（*Pterygotus*，身体长约2米（参考自Clark-son，1998）

长已经延伸到了五个环节（参见第2章，图2.8）。

在这一时期，有两类软体动物作为化石记录被很好地保存了下来：它们是腹足类（海螺状生物）和头足类。鹦鹉螺（参见第8章，图8.9）、章鱼、乌贼和鱿鱼都是现存的头足类动物，在大部分的化石证据中，这类生物都显示出了大量存在的记录。鹦鹉螺和菊石的外壳呈螺旋状（图8.8），而其他生物，包括在寒武纪晚期和奥陶纪发现的生物，其外壳都呈锥形。在许多情况下，这些生物通过水管（一种肌肉管）喷水来实现快速推进。所有的头足类动物都是掠食者，它们通常是用角质喙撕碎猎物。在三叶虫身体侧面常发现的咬痕，很可能就是这些头足类动物造成的。几乎可以肯定的是，它们是海洋中的主要捕食者，其中有些种类的外壳可长达3米。

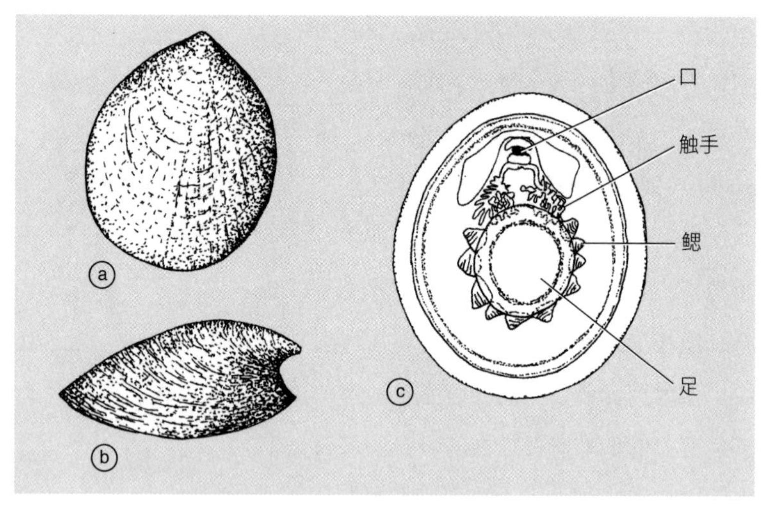

图5.9 现存的单板动物，新碟贝（*Neopilina*） a和b外壳形态图（参考自Clarkson, 1998），c从下而上看的外壳形态图（参考自 Meglitsch 和Schram, 1991）

大多数海螺（腹足动物）以藻类为食，它们用齿舌（一种像细锉刀一样的口器）来刮取食物。有些海螺是掠食性的，它们会在其他动物的壳上钻孔（图5.2）。在前寒武纪的克劳德管状化石和一些寒武纪的腕足类动物身上都发现了这种钻孔的痕迹。其他种类的软体动物也在来自寒武纪的化石中被发现。特别有趣的是单板类动物（图5.9），它们的身体肌肉像蠕虫（环节动物）和节肢动物一样被分割开来，因此它们的结构可能暗示了软体动物的起源。直到20世纪50年代在深海发现这一物种之前，人们一直认为它们早已灭绝。大范围的火山爆发、冰川作用、小行星碰撞等各种事件曾导致地球上间歇性的物种灭绝，而深海被认为是最不容易受到影响的区域。因此，人们可以在深海中发现一些活化石的例子。还有一类软体动物，双壳类（包括贻贝、蚶、扇贝、牡蛎等），在奥陶纪末期变得普遍。它们有两个外壳，有些外壳是完全相同的，而有些形状却大不相同。它们生活在沙子或泥土中，或者依附在岩石上，主要通过过滤水流来获取食物。

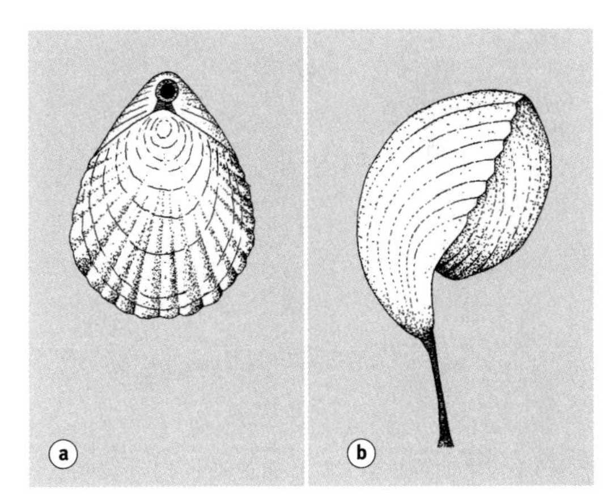

图5.10 舌形贝：a下表面，b侧视图展示了该生物附着到某些基质上的肉茎（参考自Clarkson, 1998）

在寒武纪和奥陶纪的海域中，腕足类（图5.10）生物非常丰富。它们有两个壳，表面看起来非常像双壳软体动物（双壳类在寒武纪和早期奥陶纪很罕见）。在某些情况下，这些壳是铰接的，但还有些物种的壳是由肌肉连接在一起的。腕足类生物通常依附在岩石上或埋在沙子或泥土中，从水流中捕获微小的颗粒食物（如原生生物、细菌）。摄食过程通过一种被触手覆盖的器官（触手冠）完成，同时这也是它们的呼吸器官。这种结构与软体动物的结构完全不同，这表明这两种类群具有完全不同的身体结构，腕足类生物和生活在相同栖息地的双壳类生物表面上的相似性是趋同演化的一个例子。趋同意味着两组不相关的生物，因为遵循相似的生活模式，进而演化出了相似的适应能力，从而看起来非常相似。虽然在这一地质历史时期中腕足类生物的数量非常丰富，但此后其数量就变得越来越稀少了，只有少数几个种类存活至今。其中一种生物，舌形贝（*Lingula*），与寒武纪出现的物种非常相似。因此，在多细胞生物中，这种动物保持着约5亿年的生存记录。而到目前为止，智人至多仅存在了300万年。舌形贝对缺氧环境以及半咸水环境的耐受能力，无疑对它的生存起到了重要作用。

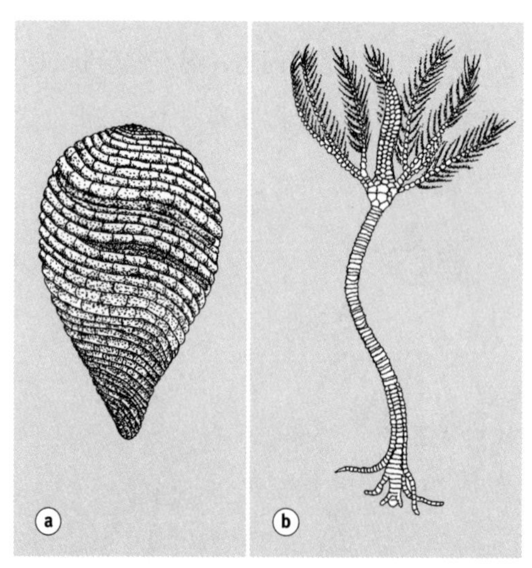

图5.11 早期棘皮动物：a螺旋形生物（参考自Fortey, 1982）；b海百合（Dictenocrinus）（参考自 Clarkson, 1998）

另一类经常被发现的化石生物是棘

皮动物（Echinodermata），字面意思是“多刺的皮肤”。至今仍然生存的棘皮动物有海胆、海星、海百合和海参等。然而，在寒武纪的岩层中并没有发现这些生物的化石记录。其中一种奇特的螺旋形生物（图5.11a），似乎在寒武纪的中期就已经灭绝了；海百合（图5.11b）的生物种类和分布则是在奥陶纪突然变得非常丰富和广泛。海百合一直是海洋动物群的主要组成部分，直到二叠纪末期之后，它们的丰富度和多样性才开始有所下降。

礁石

海洋中的礁石之所以特别引人注目，原因有两个。首先，礁石提供了更多的“生态空间”。在原本只有岩石或沙子及其表面的水流的区域，礁石提供了一个复杂的三维结构——大量的额外表面层，上面还存在着许多裂缝和小洞穴。在现代珊瑚礁中，前礁暴露在海浪中，而礁后区则受到保护。因此，礁石为生物提供了广泛的栖息地，其间的生物多样性之高也就不足为奇了。其次，只有在热带和亚热带海域才会有真正巨大的礁石生长在海面附近，而构成这些礁石的生物体遵循的生长方式是负责为其他生物的生长环境提供骨架结构。这种类型的礁石在全球范围内消失，而这一现象通常被认为是全球变冷的标志。礁石主要由造礁生物（几种动物和钙质藻类）的骨架、石灰石，以及其他陷于其复杂结构中的颗粒组成。

礁石形成的化石记录种类非常多样化，各种各样的生物在不同的地质时期依次成为主要的礁石建造者。首先出现的是建造叠层石的蓝细菌，它们可以形成几米高的微生物丘。在寒武纪初期，礁石是由石质海绵状的古杯类动物结合在一起组成的（图5.4），它们通常约有5厘米高，但也有一些可能比这个高度的三倍还要高。与现代珊瑚不同的是，它们并没有形成真正的群落，而是通过它们的鞘的突起结合在一起。有证据表明这些生物之间可能存在竞争，一些个体的生长速度及体型超过了其他个体。大约2000万年后，这些造礁动物逐渐灭绝了。

在大约5500万年后的奥陶纪中期，造礁生物再次出现（与此同时蓝细菌继续形成叠层石）。这是一个相当复杂的造礁生物群落，包括一种带有钙质覆盖物的红藻（珊瑚藻）、石质海绵（层孔虫类）、两种珊瑚（凹凸状和扁平状）和各种苔藓动物（苔藓虫）。大约3300万年之后，在奥陶纪末期，礁石数量变得非常有限，许多珊瑚和苔藓虫家族似乎已经灭绝。其可能的灭绝原因将在后面的内容中进行讨论。

来自布尔吉斯页岩和其他地点的奇特的动物群

以上讨论的动物都具有坚硬的骨骼，因此相对容易形成化石。这些生物的特征细节被保存了下来，而这些化石记录足以将它们归类到仍然存活的动物类群中去。然而，大部分的软体动物，尽管有一些小的矿化部分可能形成了化石，其整体却很少得以完整保存。因此，这些生物的整体生物形态成谜，除非有一些幸运的发现。牙形石就是一个很好的例子。人们在从寒武纪到三叠纪的地质结构中发现了大量的牙形石。但是直到20世纪80年代，尤安·克拉克森（Euan Clarkson）在爱丁堡附近发现了另外一些化石，人们才意识到牙形石的牙齿结构相当于一种类似鳗鱼的动物的牙齿，该生物属于脊索动物（Chordates，脊索动物包括脊椎动物）（图 5.12）。当化石之间的关系尚不清楚时，它们通常被称为“疑问化石”，这真实地反映了对它们的研究状态。如果能得到更多的细节，是否所有的“疑问化石”都可以与现存的动物关联起来，或者至少接近它们的祖先系谱？又或者它们代表着演化的死胡同，是偶然出现的失败的演化方向？目前，对于这些问题的研究，仍然存在着相当大的争议。第一种观点由西蒙·莫里斯提出，并在他的著作《创造的熔炉》（*The crucible of creation*）中进行了阐述。第二种观点是斯蒂芬·古尔德（Stephen Gould）在他的著作《奇妙的生命》（*Wonderful life*）中提出的。从图5.13中的两棵演化树可以大致总结出这两个观点之间的争论。古尔德树有许多主要的分支，这些分支在早期的演化史中逐渐消失，而没有任何近亲幸存下来。古尔德解释说，这些分支的消失不是因为它们糟糕的设计，而是环境的突然变化导致的。西蒙·莫里斯则认为，大多数（即使不是全部的话）出现问题的分支都是主要演化

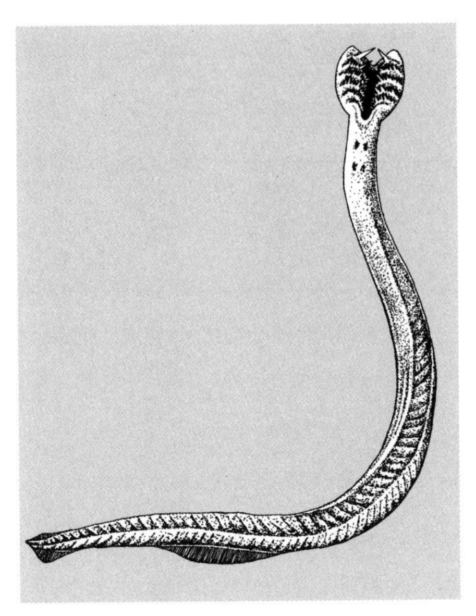

图5.12　一种牙形动物（约55毫米长），其单独的“牙齿”部分被称为牙形石（参考自 Hoffman 和 Nitecki, 1986）

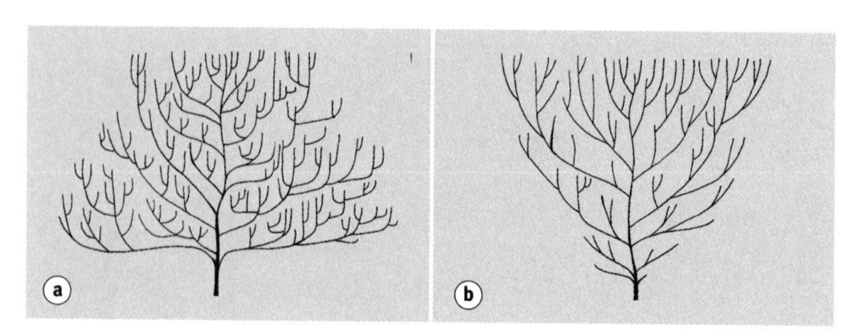

图5.13　根据两种观点得出的演化树：a西蒙·莫里斯的观点和b斯蒂芬·古尔德的观点

分支上最短的侧支。如果正像我们所相信的那样，蚯蚓（环节动物门），贝类（软体动物门）和舌形贝（腕足动物门）都曾经有一个共同的祖先，那么就有希望在化石记录中找到这个共同祖先的存在证据。某些化石似乎兼具多个主要动物群体的某些特征，而我们也不应该对这些化石感到惊讶。它们代表的是演化道路上的一个结点，而不是死胡同。

在一些地质遗址中，因为一些不同寻常的石化条件，至少有一些软组织被保存了下来。对这些得以保存的软组织材料进行细致的检查以及做出合理的解释，是能够解决上述两种观点差异的唯一方法。不列颠哥伦比亚省的布尔吉斯页岩，以其详细地保存记录了中寒武纪的化石而闻名。最近科学家们在其他地点也发现了类似的地质记录遗址，特别是中国南部的澄江。剑桥大学的哈里·惠廷顿（Harry Whittington）及其研究小组对布尔吉斯页岩动物群进行了深入的研究。他们研究的早期成果之一是让人们对三叶虫的解剖学结构及其功能有了更加深入的了解。此外，他们还发现了一些非同寻常的化石。这些化石看起来非常奇怪，因此在首次发现时，被归入了疑问化石的行列。发现者对这些化石的困惑可以从对其的命名中窥见一二，比如怪诞虫（*Hallucigenia*）和奇虾（*Anomalocaris*）。现在，通过对来自几个不同地方的其他材料的进一步研究表明，这些曾经的疑问化石，尽管通常需要被放置在独特的位置，但是已经可以被归结到现有的化石分类中去了。

常见的寒武纪化石中通常包括某些微小的钙质板块，其中一种被称为哈氏虫（*Halkieriids*）。它们显然是某种东西的一部分，但是是什么呢？约翰·皮尔（John Peel）和西蒙·莫里斯在北格陵兰岛发现了一些引人注目的标本，并为这些物种的归属找到了答案。这些标本表面看起来像披着盔甲的蛞蝓，在它们的背上有几百个像屋顶上的瓦片一样排列的鳞状骨片。它们身体的两端各有两个壳体，其中至少有一个壳体酷似腕足类动物（图5.14a）。然而，细小的骨板也可以看作是类似多毛纲蠕虫的皮肤骨板或骨片。如果这一推测合理，并且可以得到分子证据的支持，那么我们就能够认为腕足类和多毛类有一个共同的祖先——这个“缺失的环节”就是哈氏虫。在布尔吉斯页岩中发现的另一种奇怪的化石，被命名为威瓦西虫（*Wiwaxia*）。它们的身体上也覆盖着一些小的骨片，不过有些骨片形状是长而尖的（图5.14b），而且它们没有矿化，在其身体的两端都没有发现壳类结构。这些尖锐的骨片可能是用来抵御捕食者的，有些被折断了，就好像被攻击过一样。矿化骨片和未矿化骨片之间的差异并没有太大的相关性，因此有人提出，威瓦西虫与哈氏虫之间具有一定的关联。但是由于威瓦西虫没有外壳，所以在某种程度上，它与多毛纲的蠕虫亲缘关系更为接近。

可能和现在一样，在寒武纪和奥陶纪的海洋中，背部带有尖刺也是一种常见的生物防御机制，这似乎也是怪诞虫的自我保护策略（图5.14c）。最初根据怪诞虫的化石绘制其形态时，它的尖刺被误认为是向下生长的，是某种形式上的腿，但是现在人们已经意识到这是一个倒置的视图。然而，我们仍然不能确定哪一端是它的前端，哪一端是后端。其中，管状突起的部分是腿部，这种管状腿通常被称为叶足。如今有两种动物具有叶足，微小的熊虫（缓步动物门，Tardigrada）和天鹅绒虫（有爪动物门，Onychophora）。前者主要生活在苔藓和其他地方的水膜中，包括从极地到热带所有的地域。而天鹅绒虫相对来说并不那么常见。它们一般生活在高湿度的栖息地中，特别是在热带和亚热带雨林的落叶中，但另有两种天鹅绒虫被发现居住在洞穴中。现代研究表明，在演化树中，这些寒武纪叶足动物可能是节肢动物和多毛纲蠕虫的祖先。研究发现，特别是澄江化石层中发现的叶足类化石记录表明，寒武纪时期的海洋中，似乎生活着数量丰富的叶足类生物，不仅有怪诞虫，还有与现代天鹅绒虫非常相似的埃谢栉蚕（*Aysheaia*）（图5.14d）。

节肢动物是现存的主要动物类群之一，即使是令人瞩目的奇虾（图5.14e）也可以看作是节肢动物演化的早期阶段。很显然，奇虾是一个掠食者：身体前面那对可怕的关节附肢是用来捕捉猎物的。如在三叶虫中发现的那样，奇虾身体上的瓣状延伸可能代表了节肢动物身体上半部分演化的前身。这些化石现在已经不显得那么独特了，因为人们已经在一些其他标本上观察到了类似特征。另外，这些标本也具有与现存的类群相同的其他结构特征。有些动物的化石很显然与怪诞虫相似，但是它们的四肢又很像叶足类（如天鹅绒虫）。因此，这些动物并不是在演化过程中走了弯路，而是处在介

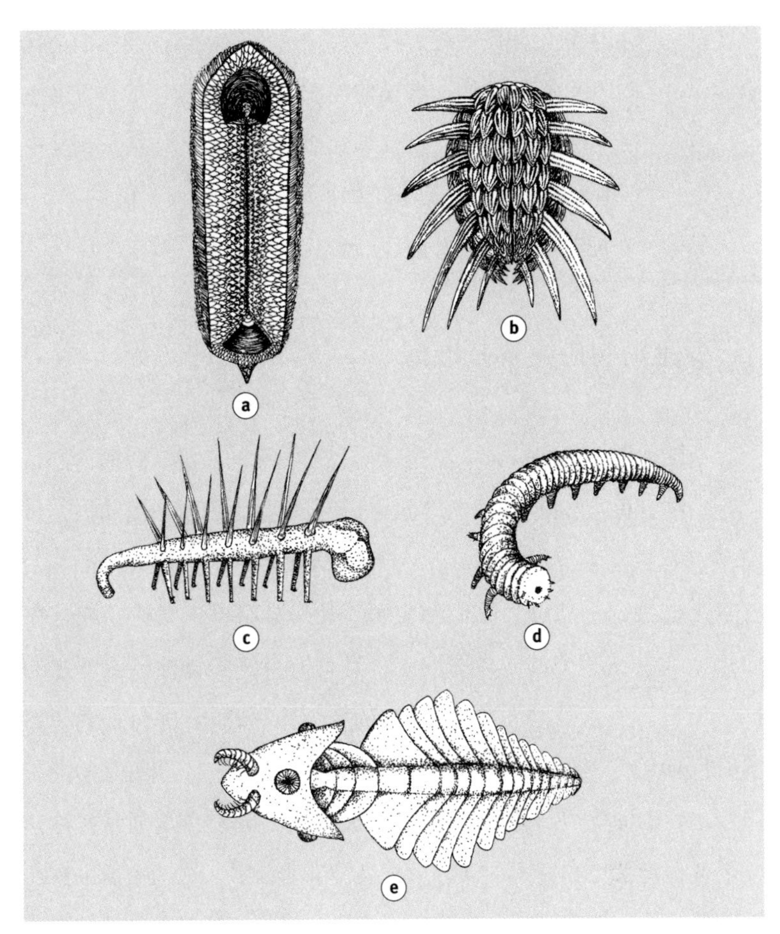

图5.14　部分布尔吉斯页岩动物：a哈氏虫；b威瓦西虫；c怪诞虫；d埃谢栉蚕；e奇虾（a和c参考自Conway Morris, 1998；d和e参考自 Clarkson, 1998；b参考自Hoffman 和 Nitecki, 1986）

于叶足类和节肢动物之间的基本节肢动物演化路线上。

通过对现代节肢动物（如马陆、甲壳类动物、蝎子等）、叶足动物、环节动物和软体动物的研究，我们可以推测出这些类群的演化图谱。研究中我们假设演化过程中存在这些动物类群的早期演化阶段，并且如果我们去推测这些早期类群的外观特征，就会发现它们具有与威瓦西虫、怪诞虫、奇虾等其他生物相似的特征。据此可以认为这些动物群化石显示了现代无脊椎动物的某些演化根源。

那么，脊椎动物的起源又是什么呢?

脊椎动物的关系和祖先

脊椎动物（Vertebrate），也就是我们熟悉的鱼类、两栖动物、爬行动物、鸟类和哺乳动物，与其他一些不太为人所知的动物，如海鞘（被囊动物亚门Tunicate，旧称尾索动物亚门Urochordata），具有某些共同的特征。它们的主要特征是具有脊索结构：或是在幼年，或是在整个的生命周期中，具有一个位于背神经索下方的棒状结构。也正是因为这一关键特征，它们被统一称为脊索动物（Chordata）。脊椎动物的另一个特征是它们的咽壁，也就是紧接在口腔之后的消化道部分，具有一系列的狭缝，这些狭缝通常被称为鳃裂或咽鳃裂。和脊索一样，在高级脊椎动物中，这些特征只在胚胎阶段出现。这些鳃裂也出现在箭虫及其相关的类群中，但是这些动物并不具有真正的脊索，因此这类动物被归为与其结构特征相似的半索动物门（Hemichordata）。在演化史上的这一时期（大约距今5.4亿年前），科学家们推测同时存在半索类动物和原始的、可能是蠕虫形态的脊索动物。

在这一时期沉积的黑色页岩中出现的化石，看起来像淡淡的铅笔线（图5.15），这些化石被称为笔石。尽管从奥陶纪到泥盆纪，这些生物的数量丰富，但是直到最近，人们仍然不能确定它们在动物学上的确切亲缘关系和生活方式。1989年，在新喀里多尼亚附近海域250米深处发现了据称是活化石的东西，这使我们对笔石及其生活方式有了更清晰的了解。这一发现证实了它们属于半索动物门，羽鳃纲（Pterobranchia）。这些化石代表了动物分泌的物质，每个动物个体称为“个虫”。我们现在可以看到，在形成化石的过程中，“房子”仍然存在，但是没有迹象表明有软体生物幸存下来。每一块笔石代表了一个群居性半索动物的家，每一个动物都生活在一个囊状的管中。这些囊状管被粘合在一起，每个管的入口则是位于笔石一侧的凸起部分。在每一个种群的末端通常有一根棘刺。现在我们已经了解到，这些动物会离开它们各自居住的管子，沿着群落爬上它们觅食的棘刺用触须滤食水中的颗粒（图5.16）。在外出觅食的过程中，这些动物还会分泌额外的物质，因此会略微增加棘刺的高度。当笔石被发现时，它们通常会大量存在，但一般不会出现很多其他类型的化石。从这一观察结果以及结合笔石通常出现在黑色页岩中，我们可以得出这样的结论：许多笔石像它们的“后裔”一样，生活在海洋深处的海水中，虽然不一定生活在海底。现代羽鳃类的群落结构比大多数笔石更为简单，其中一些具有被认为是浮游生物的结构，可能是曾经生活在海洋上层水域的浮游生物。

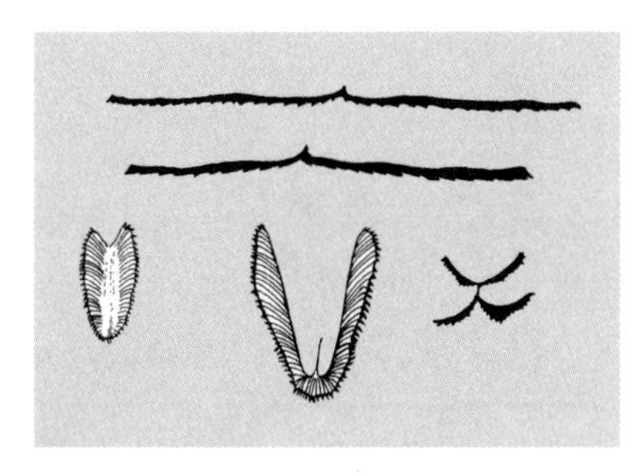

图5.15　笔石类化石（参考自Fortey, 1982）

前文中已经提到了牙形石化石，这是一种通常具有许多尖齿复杂结构的齿状化石。经过多年的观察和推测，牙形石被认为是来自一种类似鳗鱼的生物（图5.12）。通常，它约有5厘米长，但是最近发现了一个8倍于该尺寸的化石。牙形石的确切亲缘关系目前尚不确定，但一般认为它们属于原始脊索动物。

在中国澄江的下寒武纪和中寒武纪的布尔吉斯页岩中发现了被认为是真正的脊索动物的化石。人们在志留纪（4.38亿—4.08亿年

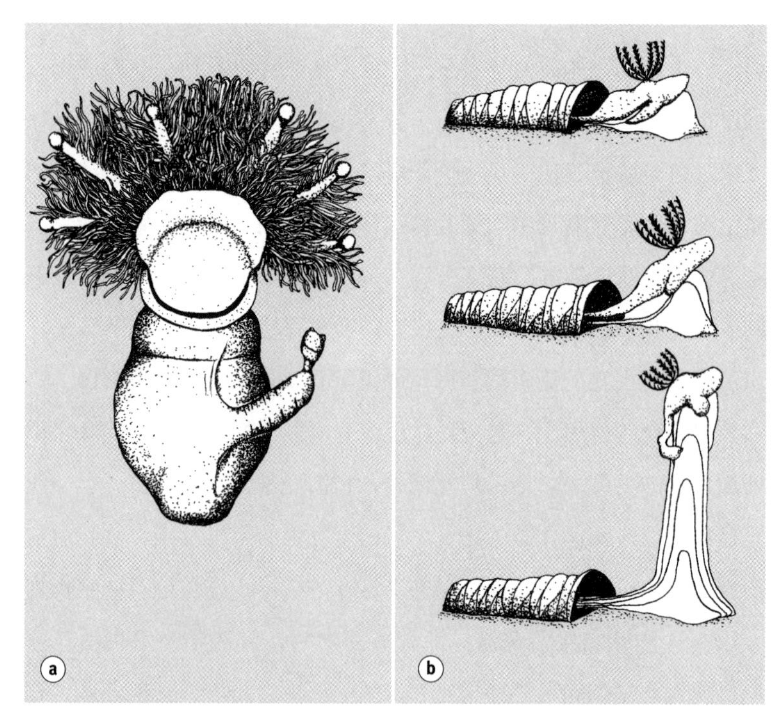

图5.16　现存的羽鳃类分支（头盘虫）：a单个动物；b该图表明了动物在从其囊状管中爬出进行的一系列“短途旅行”过程中，向棘刺增加分泌物的机制（a参考自Parker 和 Haswell, 1897, 以及 McIntosh； b参考自Dilly, 1993）

前）的沉积物中发现了大量华夏鳗（*Cathymyrus*）化石。这一化石显示出了鳃裂的迹象，并且其身体的V形肌肉块等其他特征，使其被归类为最原始的脊索动物，即头索动物（Cephalochordata）。这其中就包括文昌鱼，一种被广泛研究的细长形动物，现已在许多温带海域的小深度沙层中都有发现。在布尔吉斯页岩中，人们发现了一种非常类似的化石，被称为皮卡虫（*Pikaia*），但其鳃裂并不明显。我们可以期待对来自澄江等地的这些化石和其他尚未发现的化石进行进一步的研究，从而对脊索–半索生物演化分支基部动物的结构和习性有更多的了解。1999年，在澄江河床发现了两种真正的脊索鱼化石，即昆明鱼（*Myllokummingia*）和海口鱼（*Haikouichthys*）。它们被归类为无颌总纲（Agnatha），在志留纪（距今4.38亿—4.08亿年前）的沉积中，发现了大量的无颌总纲动物。但在这段时期开始之前，许多类型的化石都消失了。

奥陶纪物种大灭绝

通过对化石记录的研究可以发现，在一些相对较短的时期内，原本大量且丰富的物种形态灭绝了或是变得非常稀少（图5.17）。生命的万花筒被强烈地震动了一下。当然，我们在这里是用地质术语来表示时间：这些时期可能长达几百万年，不过灾难发生的实际时间可能要短得多。有迹象表明，第一次物种灭绝在距今9亿年前发生，当时疑源类的多样性开始下降，可能与当时大规模冰川作用有关。在化石记录中，我们还能看到另外五次“大灭绝”，其中的第一次发生在奥陶纪末期（约4.41亿—4.38亿年前）。所有这些灭绝都是由环境的重大变化造成的（如小行星撞击、彗星影响、大规模的火山活动、冰川作用、海平面的变化等）。人们曾一度认为这些灭绝是定期发生的，也提出了一些常见的地外原因，但如今看来，大灭绝似乎更有可能是由于不同的原因在不同的时间起了作用，这些可能性将在每一章的末尾加以讨论。

灭绝的动物并不是那些适应能力差的动物。事实上，它们很可能是那些最能适应现有环境，却无法适应变化挑战的物种。能够幸存下来的动物有以下几种可能性：一些是因为这些动物拥有灵活的适应力；另一些则是因为新环境碰巧对它们的生存没有那么不利；还有一些是偶然的，因为它们生存在受环境变化影响较弱的环境中。灭绝事件并不局限在大规模灭绝时期，实际上它们一直都在发

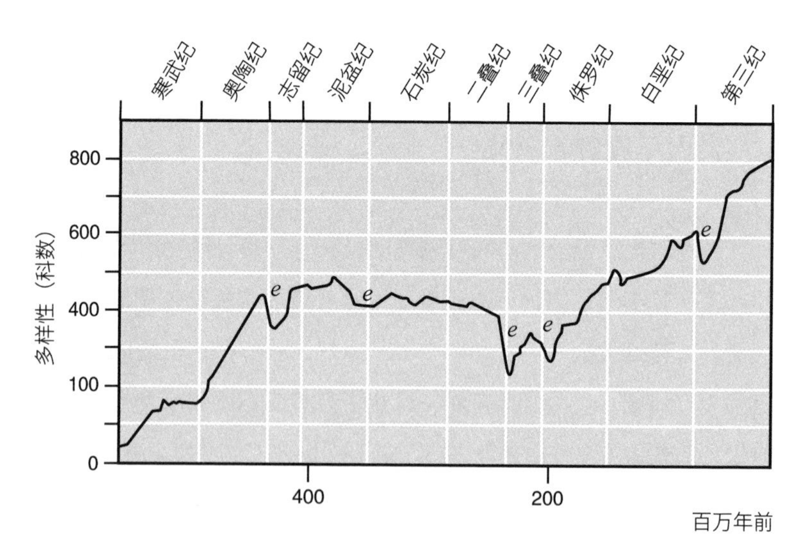

图5.17　海洋动物种类的多样性不断增加，根据化石记录中科的数量绘制，其中重大的生物灭绝事件标记为“*e*”。（参考自Sepkoski，1981）

生，只是规模相对小得多。同样，它们通常也是由于某些环境变化造成的，但在这些情况下，环境变化可能是生物学上的：例如有其他一些生物体直接或间接地对灭绝的物种产生了不利的影响。竞争替代原理的重要性是一个有争议的问题，但它在今天确实存在，正如过去几个世纪中，水手或移民将山羊、老鼠和猫等物种引进到某些海岛上，导致了许多当地本土物种灭绝的发生。一般来说，当两种动物混合在一起时，物种的总数就会减少。根据化石记录，南北美洲大陆桥的开放以及它们的动物群的融合过程中所产生的影响之一，就是物种总数的减少。对在某特定空间下具有直接竞争关系的生物体，竞争替代原理可能也很重要，这种竞争关系主要发生在植物类群中，但也包括像藤壶这样的非移动性动物。因此，我们可以设想，生命的万花筒一直在被窥视着，并偶尔或多或少地被剧烈摇晃，进而衍变出整个生命变化速度的光谱。其中，最有力的摇晃带来的结果就是物种大灭绝的发生，它为本书的章节组织提供了总体框架。

在寒武纪和奥陶纪的化石组合中，其中有12个明显的化石群的数量在这一时期的最后阶段大大减少。例如，腕足类、头足类和笔石类动物，约有一半的属从化石记录中消失，而三叶虫和牙形石类的消失比例也较高。彼时，冈瓦纳古陆正在作为一个大陆整体向南极移动，引发了一段时期的极端冰川期。大陆上冰原的形成带来了海平面的显著下降。然而最近的研究表明，奥陶纪灭绝其实是一系列事件共同作用的结果。灭绝的第一个阶段，也是次要阶段，可能是由于北部超大陆——劳亚古陆中的某些组成部分相互靠近，彼此之间距离减少造成的。动物群的地域特征性减弱，而在每一个单独的构造板块群中变得更加相似：一方面是包含北美洲和欧洲的构造板块，另一方面则包含亚洲的不同地区的构造板块。这一变化被认为是代表动物群的融合导致生物整体多样性的减少的情况之一。这种物种混合被认为是由动物营浮游生活的幼虫阶段在不断缩小的海域间移动引起的。

生物多样性减少的主要阶段，通常归因于冈瓦纳古陆大范围冰川作用后全球气温的下降以及海平面下降的综合影响。今天的撒哈拉沙漠，当时却是位于南极（图6.1）。即使是没有直接被冰河作用影响的动物群，也会受到寒冷的气候以及位于大陆块上的浅海（即陆表海）的干涸的影响。

冈瓦纳冰原一度因为“某些尚未完全了解的原因”相对迅速地融化，海平面因此而上升，生物灭绝的最后一个阶段便是由此引起的。这些变化造成了缺氧条件的出现，进而导致了黑色页岩的沉积。这些页岩标志着下一个时代，即志留纪的到来。

第6章 沙、泥和浅海

志留纪与泥盆纪

4.38亿—3.62亿年前

在志留纪和泥盆纪，大陆板块的主要运动形式是缓慢地彼此靠近。冈瓦纳古陆是一个整体，在南极上方移动。后来冈瓦纳古陆离开极点，直到泥盆纪结束时才再次移动回来（图6.1），因此，现在构成中非、南非和南美洲的大陆板块都曾经越过了极点。冈瓦纳古陆的北部边缘被广阔的浅海包围，在一段时间内，这些浅海与现在包括中国在内的大陆（即位于北部的大陆之一）相连，这些大陆块合在一起形成了劳亚古陆。北美大陆和北欧大陆结合在一起，形成了阿巴拉契亚山脉、苏格兰和挪威的“加里东造山带”。在泥盆纪，这些年轻的山脉被侵蚀，河流携带着丰富的沉积物进入广阔的三角洲，最终在那里沉淀下来，形成了“老红砂岩”。在志留纪，海平面特别高，如今天的北美洲在当时，约有三分之二的陆地区域都位于浅海之下。北欧和北美大陆在当时都或多或少地分布在赤道上。在此期间，冈瓦纳古陆和劳拉古陆的所有组成部分一起移动，从而缩小了它们之间的海洋面积。

考虑到地球的构成方式，以及季节性干旱和洪水的证据，化石

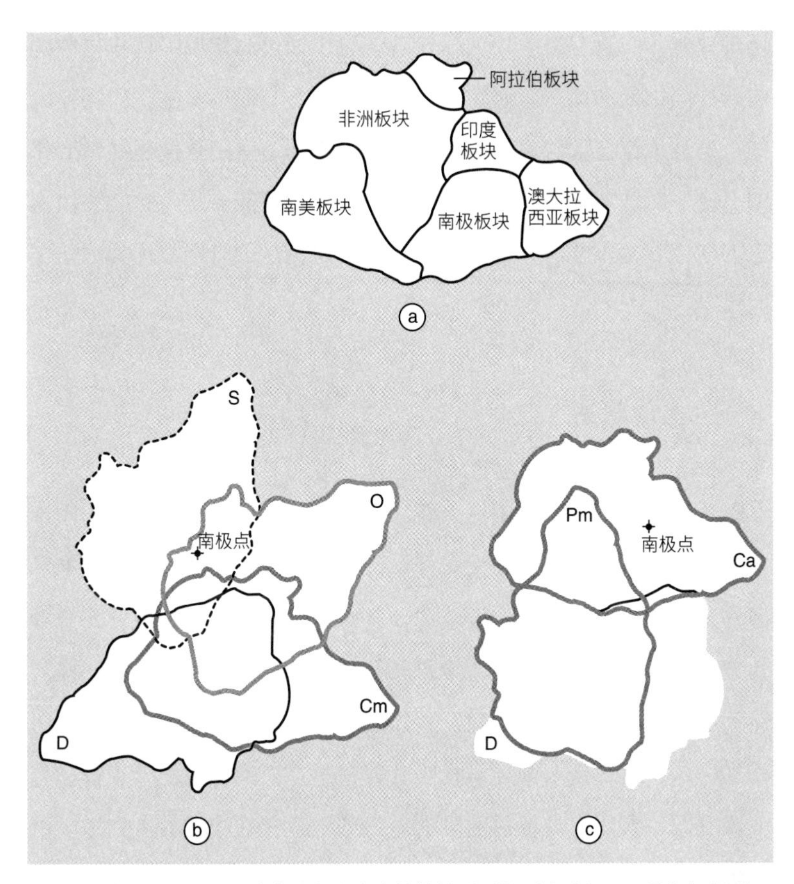

图6.1　该图显示了冈瓦纳古陆在六个连续的地质时期（寒武纪—二叠纪）相对于南极的位置变化。如图位置大约是中间时期其所在地位置。在这2.5亿年中，冈瓦纳的形状并不是恒定的：a表示冈瓦纳古陆与现在的陆地板块之间的关系；b寒武纪（Cm），奥陶纪（O），志留纪（S）和泥盆纪（D）时期的冈瓦纳古陆运动；c泥盆纪（D），石炭纪（Ca）和二叠纪（Pm）时期的冈瓦纳古陆运动

记录中发现的许多生物很有可能生活在温暖的浅海（图6.2）、潟湖、三角洲，甚至是洪泛平原中。关于最初发现化石的地点是淡水

还是咸水，一直存在争议。尽管现在可以通过测定相关沉积物中锶的两种同位素的比率来确定淡水还是咸水，然而事实是，如同今天的三角洲一样，随着离岸距离和时间的不同，水的盐度是经常变化的。有了对地球环境和栖息地的了解，人们可能会认为鱼类在演化上的地位非常重要——事实上也确实如此：这一时期被称为“鱼类时代”。

鱼类的辐射

从迄今为止的生命历史来看，生物演化的速度显然不是一成不变的，有寒武纪的物种“大爆炸”，也有奥陶纪的物种“大灭绝”事件。我们已经注意到，一个“大爆炸”事件通常是在重要的“导火索时期”之后发生的，就像幕布升起之前演员在后台就位一样。这种物种爆发被称为“辐射”，即在一个种群中某物种的数量大量增加，这在化石记录中经常发生，尤其是在灭绝时期之后。曾经有一段时间，人们认为辐射的类群是那些与适应性较差的祖先相比更具竞争力的群体。然而，更详尽的化石记录研究表明，环境的变化经常导致一个类群的灭亡，而许多年后，另一个类群才开始占据主导地位。一般来说，当一组生物体适应环境，能够占据许多空缺的生态位（常被比喻为“谋生的方式”）时，辐射就会发生。在早期的演化历史中，我们可以设想那些从未被占领过的生态位被占领的情形。这一理论似乎正适用于本时期出现的鱼类辐射。在受奥陶纪灭绝严重影响的类群中，可能只有头足类软体动物在灭绝前后占据了相似的生态位。

图6.2　志留纪海域示意图，展示了无颌类和棘鱼、鹦鹉螺、舌形贝、三叶虫、水母、海百合、珊瑚、海星、海葵、海蝎子、贝类（软体动物）、海生蠕虫和成群的牙形动物（右上角）

许多在辐射中演化出的、具有不同身体形态的物种最终都消失了。有趣的是，在此期间演化出的大约15个主要鱼类类群中，只有5个类群的成员存活到了今天，并且有3个类群仅包含少数物种，而所有四足脊椎动物的祖先都可以追溯到其中一个类群。因此，除了软骨鱼类（鲨鱼、鳐鱼等）之外，几乎所有现存的鱼类都属于同一个亚群（真骨下纲，Teleostei），它仅代表着演化出的34种不同的身体形态中的一种，而这些不同的身体形态则是前面提到的15种主要的鱼群在不同的时间演化而来的。

无颌鱼

最早出现在化石记录中的鱼没有颌，通常被称为无颌类（Agnatha）。最近的发现表明，这类鱼可能早在寒武纪就已经开始演化了，而在奥陶纪发现了其中两种类型的化石。从志留纪开始，无颌类开始频繁出现在化石记录中。在本章所涵盖的时期中，共发现了6个不同的类群（图6.3），其中很多类群似乎在各个时期都有着丰富的数量，但在泥盆纪末期之后这些生物就没有再被发现过了。此外，还有两种无颌类生活至今——盲鳗和七鳃鳗：它们最早出现在石炭纪，但相关的化石记录比较少。虽然如今这些物种是寄生或腐生的，但人们相信大多数无颌纲动物是滤食者，即它们可以从水流中过滤出微小的食物颗粒。大部分无颌类动物的身体形态组成中，有着巨大的盔甲和扁平的头盾，这表明它们过着一种底栖的生活方式，即生活在海底、湖泊或河流底部的泥土或沙子上，甚至有时其身体的大部分被掩埋在泥沙中。两个来自该族群的成员（缺甲鱼类Anaspida和花鳞鱼类Thelodonti）没有头盾，它们可能生活在中上层的海洋水域中。

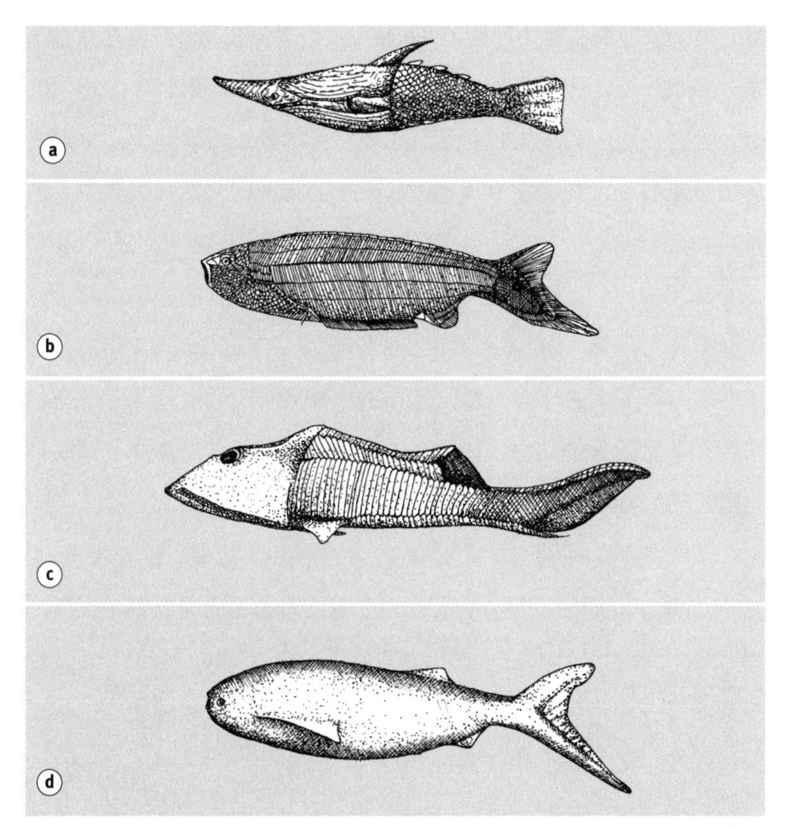

图6.3　一些无颌类：a异甲鱼；b缺甲鱼亚纲；c骨甲亚纲；d花鳞鱼纲（参考自Janvier，1996）

有颌鱼的演化

在中国志留纪早期的岩石中发现了可能代表有颌鱼类的最早的化石证据，但它们直到泥盆纪初期才频繁出现在化石记录中。这些鱼属于盾皮鱼（Placoderms），其特征是有两块盔甲，一块覆盖头部，另一块覆盖身体的前部（图6.4a）。盾皮鱼在泥盆纪时期数量丰富，分布广泛，种类繁多，迄今已经发现并确认了超过200个不同的属，但是没有一种盾皮鱼存活到了下一个时期（石炭纪）。早期的盾皮鱼主要生活在潟湖等浅水区，后来的物种则生活在海洋中，通常是在礁石的附近。它们可能是掠食性的，体型较小的物种以小型无脊椎动物为食，但也有一些种类会捕食体型较大的猎物。邓氏鱼（又被称为恐鱼，Dunkleostethus）和霸鱼（Titanichthys）可能是这一时期体型最大的动物，身长可达6米，嘴巴张开可长达半米。它们一定是非常凶猛的动物，能轻易吃掉迄今为止仍然是海洋“顶级掠食者”的海蝎。

虽然志留纪岩石中发现的某些鳞片可能是软骨鱼类（Chondrichthyes）的鳞片，但无可争议的鲨鱼祖先化石最早发现于泥盆纪（图6.4b），但它们的形态直到下一个时期（石炭纪）才开始变得非常多样化。据推测，它们的生活方式和大多数现代物种很相似，并且捕食比自己小的猎物。

另一类生活在这一时期的鱼，其大多数在鳍的前部长有坚硬的刺，但现在没有一种幸存下来。在这一时期明显演化的另外两种鱼类被称为硬骨鱼，并且它们至今都有许多“后代”存活，包括我们人类！其中辐鳍鱼（Actinopterygii）就是一个典型的例子（图6.4c），尽管这类硬骨鱼在志留纪和泥盆纪时期物种数量并不多，但是正如前面所提到的，如今发现的绝大多数鱼类都是来自这个类群的分支成员。

第二类是肉鳍鱼（Sarcopterygii），顾名思义，它们鳍的基部为叶状肌肉质（图6.4d）。这一类鱼特别受到关注，因为正是这一

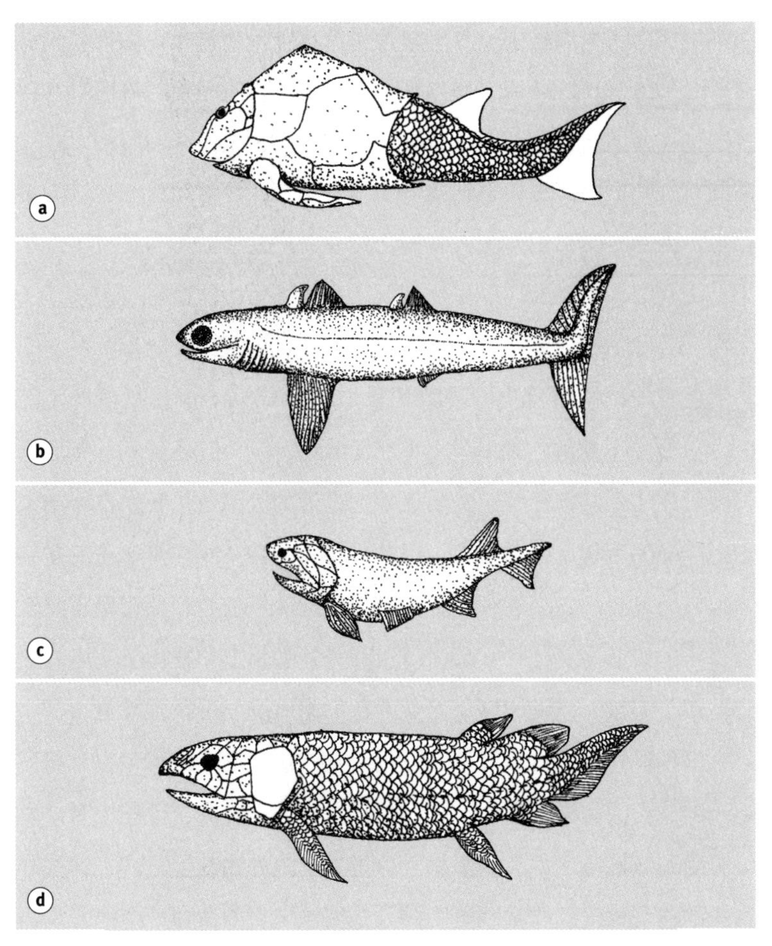

图6.4　一些生活在泥盆纪时期的鱼类：a盾皮鱼；b早期的鲨鱼（裂口鲨）；c一种辐鳍鱼；d长鳍鱼（双鳍鱼）（a 参考自Cowen, 1995；c 和 d参考自 Janvier, 1996）

类群的成员演化出了四肢并且进入到了陆地生活。所有的四足动物（包括两栖动物、爬行动物、鸟类和哺乳动物）都是从它们演化而来的。在泥盆纪时期，这些鱼的种类最为丰富，所有五个亚群的成员都出现在化石记录中。其中一种是现代肺鱼的祖先，这种鱼可以靠呼吸空气生存。这使得澳大利亚的某些物种能够在缺氧的死水环境中生存，而生活在非洲和南美的肺鱼则会在旱季开始时挖出特殊的洞穴并在里面休息，直到雨季来临。虽然在泥盆纪这一类群大量存在，但当时的它们似乎大多数仍然是海栖生物。大约又过了一亿年，化石记录中才出现了生活在洞穴里的肺鱼，这些化石记录下了生物生活习性的演变。

还有一种肉鳍鱼亚群是腔棘鱼（*Latimeria*）所属的亚群（图6.5）。这个亚群的物种最早出现在泥盆纪时期，但直到1.4亿年后的三叠纪才达到其物种多样性的顶峰。最近的腔棘鱼化石来自于结束于距今6500万年前的白垩纪。因此，当人们1938年在南非东海岸某当地市场发现刚死去不久的、捕捞于附近深海的腔棘鱼时，将它誉为真正的“活化石”。从那以后，在马达加斯加和非洲南部之间的其他四个海域，以及印度尼西亚附近的海域均发现了腔棘鱼，其中最大的种群发现于科摩罗群岛附近。它们比该类群的大多数有化石记录的成员的体型都要大。它们生活在深海峡谷中，可能相对来说没有受到环境变化太大的影响。除了捕食之外的其他时候，这些腔棘鱼的移动速度都非常缓慢，并且往往倾向于停留在一个地方。与其他现存鱼类的不同之处在于，它们的鳍的运动十分有趣，表现出与爬行的两栖动物以及大多数哺乳动物行走时相同的肢体运动序列，即

图6.5　腔棘鱼（参考自Millot, 1955）

一侧的前鳍与另一侧的后鳍同时向前移动。

从鳍到四肢

长时间以来，肉鳍鱼一直被认为是两栖动物和其他四足动物的祖先。过去人们认为，肉鳍鱼中有一部分可能是两栖的，它们用鳍把自己拖到泥盆纪中期的泥滩上。然而，最近的研究表明，最接近四足动物的仍然是水栖鱼类。其中一种是在泥盆纪晚期发现的潘氏鱼（*Panderichthys*，图6.6a）。它既没有背鳍也没有臀鳍，体型非常适合生活在浅水中，并能在藻类和其他水生或半水生植物中穿行。

化石记录中最早发现的第一批四足动物，很可能也是水生动物，如棘螈（*Acanthostega*，图6.6b）。这一物种及其相关物种被发现于泥盆纪晚期，并仍保留着鱼类的尾鳍。然而，在它们身上已经发生了许多重要的演化过程，比如成对的鳍变成了有着八趾（前）和七趾（后）的足。虽然肉鳍鱼的前鳍更为强壮，但是棘螈更长的后肢似乎发挥着更大的杠杆作用。这种特征表明，该类动物正朝着“后轮驱动”的行走方式发展，这也是大多数四足动物的特征之一。此外，与鱼类不同，棘螈的骨骼结构也发生了各种变化，更符合四足动物的形态。所以，就像演化史上经常发生的那样，似乎生物为适应某一栖息地所需要的关键演化步骤通常是在另一个栖息地中进行的。在这个例子中，生物在水生栖息地中演化出了为适应另一个栖息地，即陆地环境所需要的适应能力。到了泥盆纪晚期，四足动物肯定已经登陆并开始在陆地上生活了。在世界各地的泥盆纪

图6.6　a两栖动物的前身潘氏鱼；b早期的两栖动物棘螈（参考自Carroll, 1995）

晚期的岩石中发现了许多可能是两栖动物的物种，但是在此之后，化石记录出现了两千万年的缺口。

陆地的挑战

对于在海洋中生存并演化的生物来说，陆地环境存在着哪些挑战呢？陆地环境与海洋相比，根本的区别在于空气和水的特性。生命起源于水，原因是水可以屏蔽有害的紫外辐射。但在氧气含量足够高到能形成臭氧层屏障之前，这些射线对直接生活在陆地表面的生物来说是致命的。这会推迟占据陆地的进程。

在陆地上生活面临的一个主要障碍是脱水的风险，一旦脱水，生命赖以生存的水介导过程将不再发挥作用。正如人们从搁浅在海滩上的水母身上看到的那样，如果没有适当的适应机制，海洋生物很快就会在陆地上干涸并死亡。如果只是让皮肤变得防水，那么有机体在呼吸时所必需的氧气和二氧化碳的交换过程会被阻止，导致窒息死亡。所以适应性的演化使得呼吸时的气体交换可以在生物体内部进行，即在体内演化出一个可以保持湿度的腔室进行气体交换。对于脊椎动物来说，这个腔室就是肺。在陆栖节肢动物（如昆虫、蜘蛛、螨虫和蝎子等）中，气体通过被称为气孔的小孔进入和离开身体；在昆虫、螨虫和一些蜘蛛体内，这些气孔形成了一个细小的管道网络，也就是气管，通向身体的各个部位。在蝎子和其他蜘蛛体内，气孔会通向容纳书肺的腔室中。书肺，顾名思义，由许多纤细的板状结构组成，在其表面可以进行气体交换。书肺通常被认为是从书鳃演化而来的，书鳃即海蝎和帝王蟹（另一古老的海洋节肢动物）进行呼吸作用时发生气体交换的器官。书鳃向书肺的演化，就是一个"在一个栖息地演化而来的结构（书鳃），可以为另一个栖息地提供预适应元素（书肺）"的例子。前面提到从鳍演化而来的腿，可以看作是这一现象的另一个示例。植物的叶子和茎上有可以打开和关闭的孔（即气孔）。通过对呼吸作用的适应，陆地生物的表面就可以通过使用蜡和油脂变得不透水。一般来说，栖息地越干燥，生物体表面就越防水。

登上陆地的动物已经有了一个内循环系统——血液循环系统——来将呼吸的气体从浸于水的鳃中运进运出，以及运输营养物质和代谢废物等。在许多陆生动物中，这些系统与新演化的或改良的封闭的呼吸表面和功能相关联，并行使和以前一样的功能。但是对于昆虫和其他有气管的动物来说，血液系统对其呼吸气体的运输并不重要。

生物体仍然需要不时地补充水分，这通常是通过饮水（动物）

或通过根部吸水（植物）来实现的。但是卵和种子却不能通过这些方式摄取水分，因此生物体演化出了很多不同的适应能力来避免脱水的发生。两栖动物会回到水中产卵，爬行动物和鸟类会用充足的羊水来维持它们相对短暂的产卵期，而大多数哺乳动物则将幼仔留在母亲体内充满水的“池塘”环境（羊水）中。许多昆虫的卵产在水、土壤或潮湿的落叶中。通常，如果卵被产在更暴露的环境，那么它们会有各种防水机制，并且孵化期较短。孵化期较长的卵通常会被产在植物表面，甚至在植物内部，毫无疑问，这些植物可以提供适宜的湿度来保证卵的孵化。而植物的种子在被浸润之前几乎不会进行任何的代谢作用。

有些动物，如蚯蚓和鳗鱼，它们虽然生活在陆地上但几乎没有演化出这些适应性。事实上，它们依赖于通常存在于土壤或植物和动物体内的水膜。在干燥的条件下，蚯蚓会在土壤深处挖洞，并把自己打成一个紧密的结，以减少暴露在外的表面积。除非物体的表面上覆盖着一层薄薄的水膜，否则蛞蝓和蜗牛不能在该表面上移动较远的距离。

高等植物演化出了某些“血管”，在大多数叶子上，它们以叶脉的形式呈现。通过叶脉，植物可以从根部输送水，并积极从叶子输送食物。叶脉通常集中在茎和枝干内。在苔藓中发现了这些叶脉的最原始的形态。尽管苔藓对干燥环境有很强的抵抗力，但它们需要潮湿的环境才能生长，而且像演化树中的其他早期植物一样，它们的生殖细胞在繁殖过程中也需要依靠水膜来运动。

就用于动物新陈代谢的能量而言，最廉价的含氮废物是氨，但氨对生物体来说是有毒的，因此必须从动物体内迅速地“冲洗”出去。氨通常是水生动物的废弃物。在一定的代谢成本下，它可以被转化为尿素，而在更高的成本下，它可以被转化为尿酸。后者（尿酸）可以以晶体形式储存，因此是毒性最小但最昂贵的选择。动物会产生这三种废物中的哪一种，在很大程度上取决于水的可用性。由于不参与肌肉活动，植物代谢产生的有毒废物较少，但它们产生的有毒废物往往被转化为较复杂的物质，储存在植物的特殊储存器中。通常这些所谓的次生植物物质的存储还可以起到另一个作用，即起到对食草动物的化学防御作用。

在水中，生物体的非矿化组织实际上是失重的。原生质，即细胞的基质，其比重与海水大致相同。这就是为什么我们可以漂浮在海水中的原因（肺部的空气可以有效地平衡骨骼的重量）。然而，在空气中，重力发挥它的吸引力作用，有机体会遇到所谓的自重问题。它必须有骨架，用以固定身体的各个部位，使其位于适当的位置。那些非常成功地登上陆地的动物类群，是两种将矿化骨骼成功地连接起来的动物类群，即节肢动物和脊椎动物。这是另一个例子，用以证明预先存在的适应性在新环境中是可用的，甚至是必不可少的。大型生物可以在骨骼相对较轻的情况下生活在海水中。巨藻（*Macrocystis*）的长度可以超过50米，但它的茎长只相当于拥有同样高度的红杉树树干的一小部分。巨型乌贼没有真正的矿物骨骼，但它几乎有大象那么重。虽然鲸鱼有一定的内部骨架，但这不足以支撑它们在陆地上的重量，因此长时间搁浅的鲸鱼几乎会把自己压碎。动物的体型越大，自重的问题就越严重，因为体重与体积成正比，即体重与长度的立方成正比。但是一块骨架的强度与它的横截面成正比，因此骨架的强度只与长度的平方成正比。所以体型较大的动物需要相应更厚、更重的骨骼。但是骨骼越厚，移动骨骼所需要的肌肉也就越多，因此动物就会变得更重。这种平衡性可能决定了陆地上动物体型的上限，这也是为什么大型动物的四肢移动相对缓慢，并倾向于保持四肢伸直，从而减少弯曲带给骨骼的任何压力的原因。它们的步幅很长，这使它们能够相当快地覆盖地面。因此，目前已知的最大的动物蓝鲸是海洋生物也就不足为奇了。蓝鲸可重达120吨，而人们估计最大的恐龙约70吨重，一头巨大的雄性非洲象也不超过6.5吨。

我们已经注意到，身披盔甲和快速移动是对抗掠食者的两种替代策略。一些海洋生物，比如鱿鱼，演化出了速度优势，而其他生物则演化出了盔甲。海洋的浮力作用使得海洋动物有可能在拥有非常重的盔甲的同时仍然保持相对灵活的运动状态。已发现的菊石化石，其最大直径超过了2米，它们和今天的鹦鹉螺，以及行动迅速的乌贼，都属于同一种群，即头足类软体动物，而它们还保留甚至加强了它们的盔甲，即软体动物的壳。

陆地和水生栖息地的另一个差异在于光线的强弱，由于水会过滤光线，所以根据水中存在颗粒的多少，光线会在一定水深时减少到零。所以在海洋中，对光合生物来说，最佳的生存场所是靠近阳光的地方。在表层水以及海面上，生物体进行光合作用的速率最高，因此进行光合作用的细菌和原生生物会停留在这个层位，从而形成了浮游生物的主要组成部分，随之降低了下层的光照强度。而在陆地上，光合作用的速率不会随离地面的高度而发生实质性的变化，但是生长位置较高的植物可以获得最多的光，其树荫还会遮蔽生活在其下的植物。因此，在陆地上进行光合作用的生物体，为在光竞争中胜出，会演化得更高。但这种演化需要树木中所有结构的发展，换句话说，即需要树状结构的演化。因此，微生物仍然是海洋食物链的主要生产者，而在陆地上的大多数地方，这一角色由树木来扮演。

许多海洋或水生生物实际上一生都生活在水里，不会附着在岩石或任何其他基质上。相比之下，在陆地环境中，所有的生物体实际上（或用隐喻的说法）均是“根植”于土壤或另一种生物体中，而空气仅仅是作为一种媒介，它们可以通过飞行或风运输或在两者的共同作用下快速移动。水中的生物密度（单位体积数量）通常要比空气中的生物密度大得多，这使得滤食（当其他有机体或它们的产物越过其身边时被捕获）成为一种可行的生活方式。前面几章中提到的许多海洋生物都是滤食动物。有些生物体，比如海百合和珊瑚只是伸展出它们的触须，其他生物，像贻贝和藤壶会在它们的食物捕捉器官中产生适度的水流。毫不奇怪，这些滤食动物没有能够适应陆地生活。事实上，唯一采用这种生活方式的陆生动物就是结网的蜘蛛。为了弥补空气中食物颗粒的低密度性，它们以蛛网的形式将身体大大伸展，与海洋动物相比，它们捕捉的食物颗粒比较大。蜘蛛结的网的面积通常是它伸直所有腿后所能覆盖的面积的2000倍！

在海洋和水生环境中，滤食的生活方式导致许多固着动物经常发生空间竞争，如生活在海岸线岩石上的贻贝和藤壶。在陆地环境中，很少有动物能通过等待来获取食物，即使是擅长埋伏狩猎的“猎手”，适当的行动也是必不可少的，因此在陆地上几乎没有既能自由生活又能保持不动的动物。唯一的例外是某些以植物为食的昆虫，如瘿虫和介壳虫，它们依赖植物的汁液来获取食物。寄生虫，尤其是体内的寄生虫，通常具有相对固定的阶段，但是它们也依赖于宿主的体液流动。因此，与大部分海床相比，在陆地上，是光合作用者，即植物，在争夺地表空间。

除了有机食物颗粒之外，水中还携带着矿物质营养。因此，生活在水中的光合作用生物可以从整个生物体的表面来吸收所需的矿物质。而在陆地上，这些矿物质主要来自土壤，这也是内部运输系统发挥作用的另一个原因。生活在其他植物上的植物（即附生植物，如凤梨科植物）无法接触到土壤，因此它们往往依靠昆虫来为它们提供矿物质营养，尤其是氮。它们要么诱捕这些昆虫，要么与它们建立起一种特殊的共生关系，例如，演化出一些可以供蚂蚁居住的复杂的房室。

陆地生境和水生生境的最后一个主要区别在于温度波动的范围和速度。这是由于水的比热较高，而空气的比热较低导致的。每一个阳光明媚的日子，我们都会在海边体验到这种感觉。白天，海水比较凉爽（甚至变冷），但是空气相对会比较温暖，尽管两者接收到的日照量是一样的；而到了晚上，海洋散失的热量很少，所以与迅速冷却下来的空气相比，海水感觉上去会更加温暖。温度较差明显地展示出了这种效应：在一个晴朗的夏日，位于英格兰的某草坪顶部的日温度较差可以达到30℃；陆地上的日温度变化幅度几乎与从北极到热带海洋的平均温度的总变化幅度差不多。而海洋温度的年变化幅度很小：英国海域的海洋温度年变化量约为9℃。总而言之，陆地上的温度变化，无论是在空间上还是在时间上，都比海洋中的温度变化要大得多。考虑到降雨模式和土壤的变化，这意味着陆地上出现微气候的规模远比海洋中的小得多。换句话说，陆地生态系统总体上比海洋生态系统更加零碎，即陆地上有着更为多样化的微生境。

如果我们比较一下陆地上和海洋中发现的不同种类的多细胞生物的数量，就可以看出温度的影响（见图6.7a）。到目前为止，在陆地上发现的多细胞生物占大多数，这主要是由于昆虫和开花植物，为了适应陆地上微生境的多样性，演化出来了各种各样不同的种群。从演化的角度来看，在动物类群中，这种物种的多样性主要体现在不同的体表特征，如图6.7b所示（其中物种按其所属门进行分类），34个类群生活在水环境中，只有2个类群中的大部分成员生活在空气中，而只有1个类群（脊索动物）可以同时生活在两种环境中。水生动物演化出的大部分生物，其体型特征均不能适应陆地生活。与动物不同，由于植物是在陆地上演化而来的，因此所有植物物种都是陆生的。

岸上的碎片，一块垫脚石？

节肢动物是第一批迁移到陆地栖息地的动物。不幸的是，目前与之相关的化石记录相对较少，但是从距今4.2亿年到3.75亿年前的各种矿床中，人们已经发现并且鉴别出了其中各种类群的成员。也许最令人惊讶的是，它们中的大多数可以很容易地被归类到现存的节肢动物群体中。它们身体形态的多样性（图6.8）表明，其演化起源需要到更早的时期去寻找。在奥陶纪晚期的土壤化石中发现了一些洞穴，这些洞穴中被认为曾经生活着一种千足虫。由于这

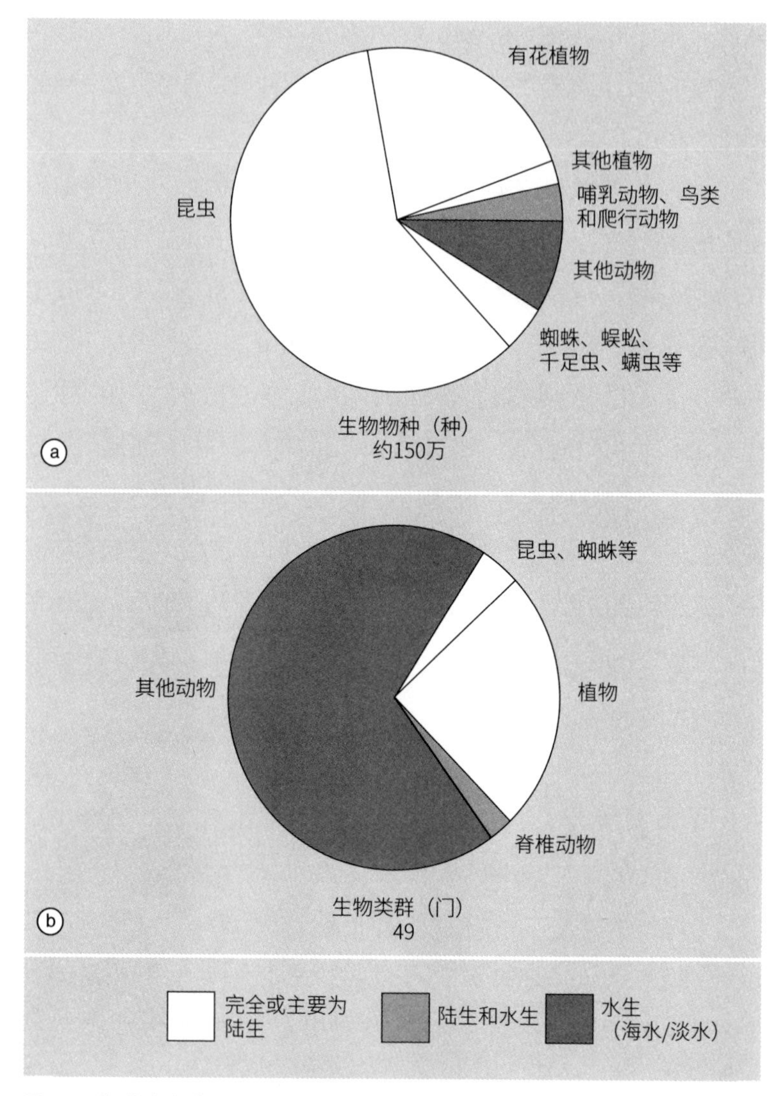

图6.7　海洋或陆地上生活的动植物：a多细胞生物的多样性（由物种的数量表示）和b差异性（具有根本不同的身体结构特征的物种数量，以物种所属的门的数量表示）（a参考并修改自Southwood, 1978；b物种所属的门参考自Margulis和Schwartz，1998）

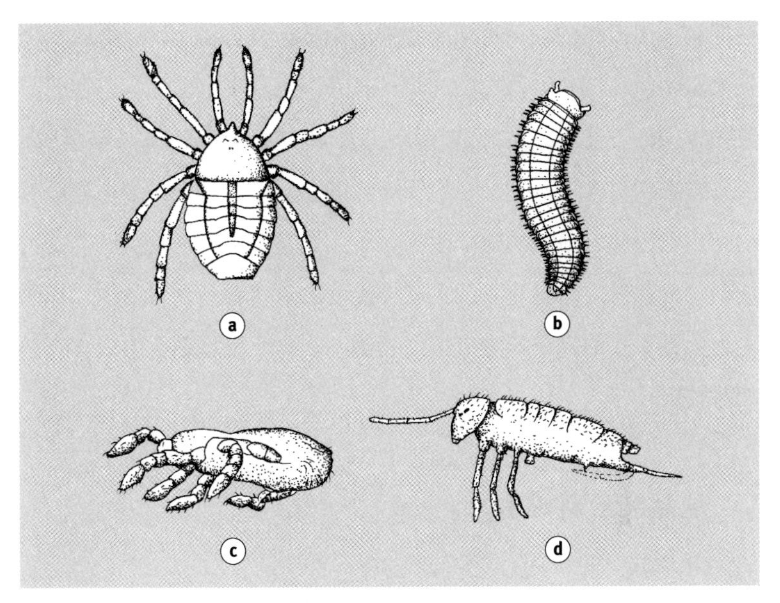

图6.8　在志留纪和泥盆纪发现的陆生节肢动物群中的一些成员：a角怖目动物；b千足虫（石炭纪）；c螨（泥盆纪）；d跳虫（弹尾目）（近期）（a参考自Dunlop, 1996；b参考自Shear, 1997；c参考自Hirst, 1920）

些动物与现存动物的特征很接近，人们可以比较有把握地判断出它们的进食习惯。跳虫（弹尾目，Collembola）、蛀虫（缨尾目，Thysanura）、螨虫和千足虫都是食腐动物，以死亡和腐烂的物质以及生活在碎屑上的真菌为食。蜈蚣、蜘蛛和类似蜘蛛的角怖目动物（Trigonotarbida）都是食肉动物。其中角怖目动物已经灭绝了，它们有着巨大的下颌，而且不像蜘蛛那样会吐丝。它们都不以植物为食，那个时期的陆地上植被很稀少。然而，海藻、丝状藻类和动物在海洋、湖泊和河流等水体中生长繁盛。潮汐、风暴和洪水会在海岸上留下成堆的水生生物的残骸。这些堆积物刚好提供并满足了那些拥有水生祖先的动物生活所必需的潮湿环境。如今，这类动物仍然大量生活在这些堆积物的内部及其底部。事实上，许多现存的节肢动物仍然不能很好地抵抗水分流失，例如，大多数弹尾目动物如果暴露在相对湿度高达50%的干燥环境中，那么它们将会在几小时内死亡。因此，最初的陆地生态系统应该是以来自水生生境的藻类或动物的残骸为基础建立的，其中主要的消费者是食腐动物，它们也为为数不多的几个捕食者提供食物。在这个生态系统中，食物链相对较短。

从黏液层到树木

在奥陶纪，潮湿的河岸、海岸泥滩以及类似的栖息地可能被蓝细菌和其他简单的藻类占据。这些藻类形成了一层薄薄的绿色黏液层，就像今天我们在被瀑布溅落打湿的岩石上可能发现的黏液层那样。此外，温泉周围还可能聚居着一些五颜六色的细菌，但是除此之外，这片土地一片荒芜。在奥陶纪末期或者志留纪早期，植物王国的第一批成员开始在陆地上演化。因此，严格意义上的植物（不包括海藻、其他藻类和真菌）是生命可被归类的五或六个界中的最后一个，也是唯一一个在陆地上完成演化的生物群体，其生命历程长达5亿年之久。

最早的植物生长在靠近土壤表面的地方，类似于今天的苔类植物和藓类植物。在阿拉伯地区发现的奥陶纪岩石中的一些孢子确实与苔类植物的孢子相似。最早的整株植物化石来自于距今约4.25亿年前，它属于通常被称为莱尼蕨类（Rhyniophytes）的植物组群（图

6.9）。这类植物的枝条平均分成两部分，高几厘米，有的顶端有孢子体。它们有导管和气孔，但没有叶子。莱尼蕨类物种的数量似乎在距今约4.1亿年前的志留纪末期达到了高峰（图6.10）。但是在泥盆纪，来自另一个种群，工蕨类（Zosterophylls）的植物数量，超过了莱尼蕨类的物种数量（图6.11）。工蕨类植物的孢子体（孢子囊）同时出生在芽的两侧和尖端。当它们的孢子脱落时，会沿着确定的分割线脱落，孢子囊顶端横向开裂成两瓣，并且在某些情况下，分成的两瓣的形状也不相同。在距今约3.98亿年前，工蕨类植物的多样性最为丰富，之后它们逐渐被三枝蕨类（Trimerophytes）取代（图6.12）。三枝蕨类的茎部含有的输水导管（即木质部）远多于其他的早期植物类群；它们可以长得更高，有些可高达3米。这类植物的一个最重要的特征是在主枝上长出了侧枝，其中一些侧枝还具有顶生子实体，这一特征的出现也是向高等植物演化的关键步骤。在泥盆纪中期，这种混合的植物群落定居在泥滩和其他类似的地方，这些地方会出现类似草甸的外观特征，其中较高的三枝蕨类植物就生长在其他较矮的植物群落中。一旦在某一地点生根，所有这些植物似乎都是通过沿土壤表面或靠近土壤表面生长

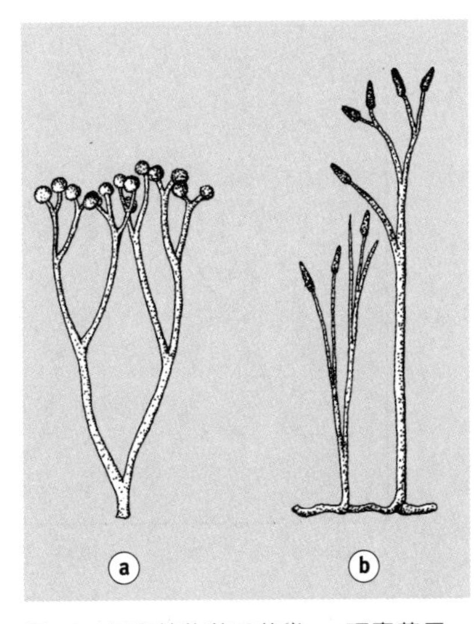

图6.9　早期植物莱尼蕨类：a顶囊蕨属；b炫丽蕨属（参考自 Cowen, 1995）

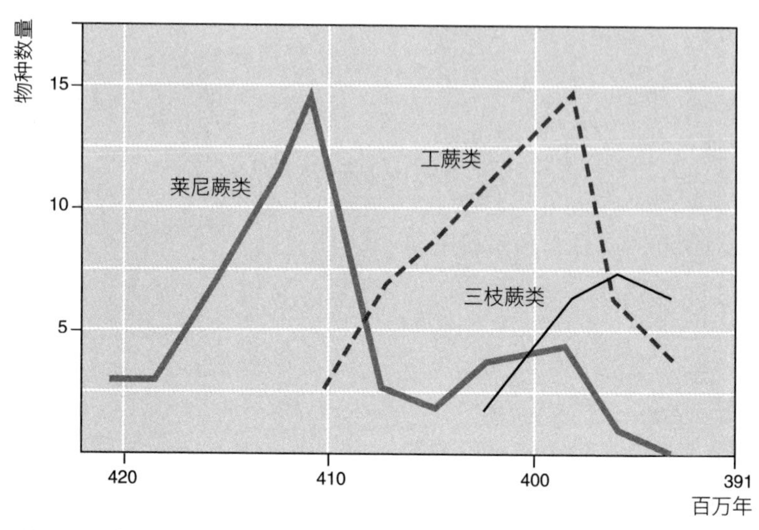

图6.10　志留纪晚期和泥盆纪早期三类早期植物在物种水平上的多样性变化（参考自Edwards 和 Davies, 1990）

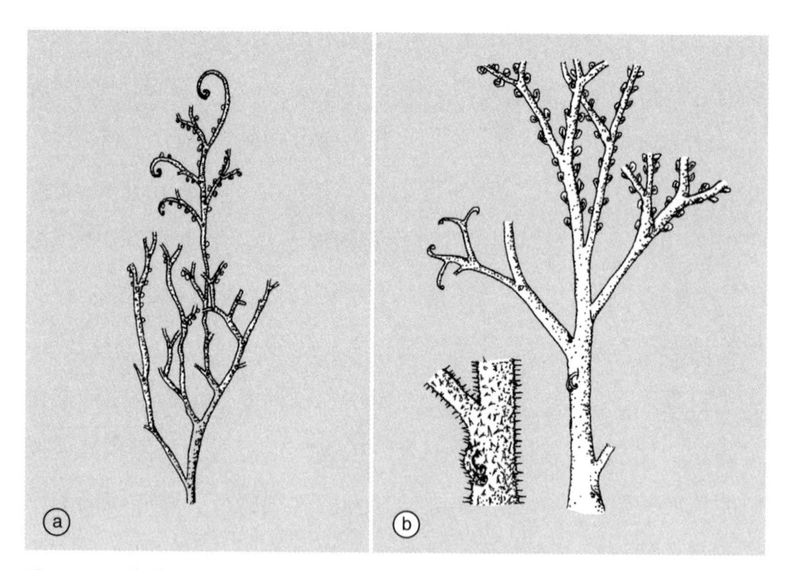

图6.11　早期植物工蕨类：a戈氏蕨属；b为Deheubarthia，主图未显示出茎上的刺，插入部分展示了带刺的茎（参考自 Edwards 和 Davies, 1990）

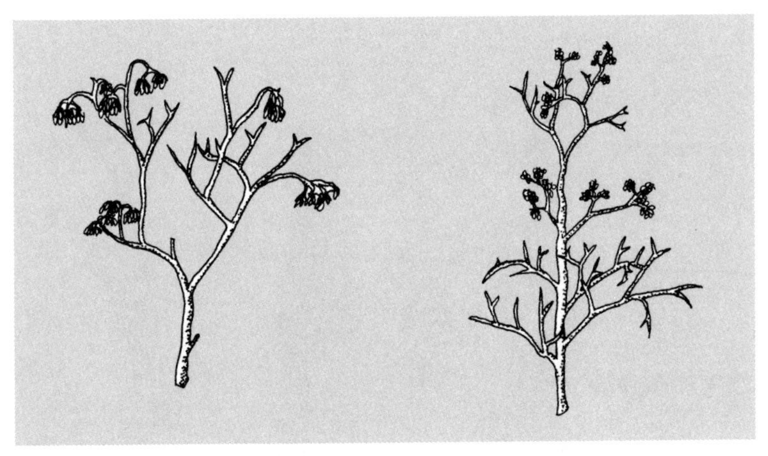

图6.12 早期植物三枝蕨类，裸蕨（*Psilophyton*）（参考自Thomas 和 Spicer, 1987）

的嫩枝（根状茎）进行扩散传播。这一生长方式，使得其中紧密排列的垂直枝条能够相互支持，这也正与现存的某些植物群落，如一枝黄花（*Solidago*）和普通芦苇（*Phragmites*）的生长模式类似。

另外还有四种植物（图6.13），最早出现于中泥盆世前后，随着前面提到的三种植物逐渐变得稀少并最终灭绝，这四种植物的种类逐渐变得多样化。石松（*Lycophytes*）由工蕨类植物演化而来，工蕨类植物茎上的刺变成了叶子。木贼（楔叶类Sphenophytes，木贼目Equisetales）的起源尚未确定。它们的叶子呈轮生排列，整个植株的形态像连在一起的瓶刷。蕨类（Pteridophytes）是由三枝蕨类演化而来，它们的特征在于其幼叶的独特缠绕方式。在接下来的石炭纪，这三种植物类群的多样性和规模都达到了最大值。这些植物今天仍然存在，但是石松和木贼现在只存在少数几个身材矮小的

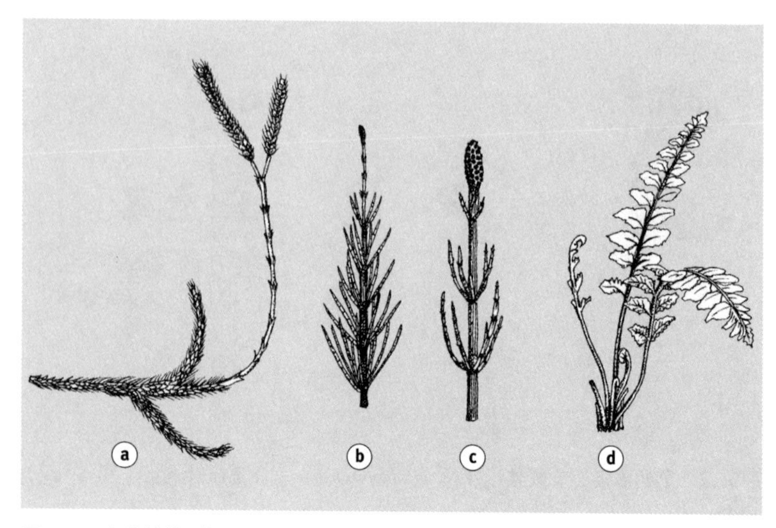

图6.13 古代植物群的成员：a石松（石松属）；b和c木贼（木贼目）；d蕨类

物种。

前裸子植物是中泥盆纪前后出现的第四类植物群，它由三枝蕨类演化而来。与同时代的其他物种不同，它们在出现大约5千万年内灭绝，但它们非常重要，因为它们是最早的树木，是所有种子植物演化的基础。就像有人会说，某种特定的肉鳍鱼类仍然以四足动物的形式生存着，或者一些恐龙仍然以鸟类的形式生存着一样，就演化的程度而言，前裸子植物几乎在以我们今天看到的所有植物的形式生存着。在距今3.75亿年前的化石记录中发现的古羊齿（*Archaeopteris*）（图6.14），其高度可达到约20米。值得注意的是，植物一旦演化并在陆地上站稳脚跟，仅仅在（就地质学计时而言！）5000万年左右的时间里，它们就从小小的绿色嫩芽演化成了雄伟的树木。这反映了为了争取最大光区而带来的演化压力。植物

图6.14　最早出现的树木之一，古羊齿，前裸子植物（参考自Beck, 1970）

之间直接竞争，甚至在泥盆纪时期，一群植物就已经被另一群植物取代了，这种情况发生过好几次（如图6.10所示）。由此我们可以得出这样的结论：在植物中，一个种群可能会通过直接竞争空间来取代另一个种群，新来的物种已经演化出了更好的结构。而在动物演化中，在大多数情况下，一个类群在被取代之前大多就已经处在灭绝或正在衰退的状态中了。

树木对环境的关键适应性演化是加固了茎部的环状结构，并在其上增加了具传导功能的导管，即形成了一个坚固的圆柱体来支撑树木，同时也能分配从根部吸收的水分，以及叶子合成的食物。在原始植物中，导管位于茎的中心（原生中柱）（图6.15），就像它们位于所有植物的根部一样。这个系统在张力的作用下具有一定的强

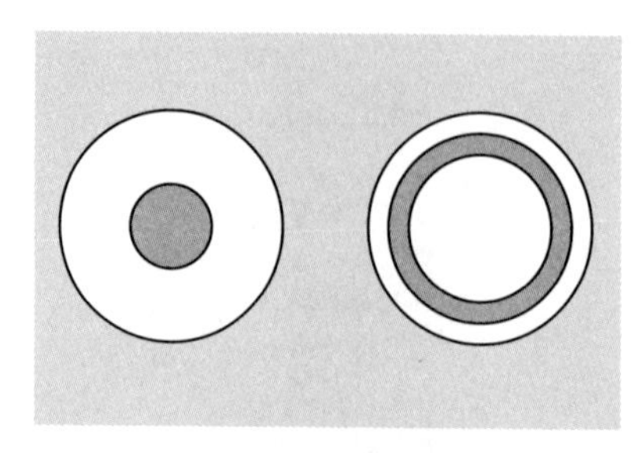

图6.15　植物的横截面示意图，展示了维管束和强化组织的不同排列（深色）：a原生中柱，存在于早期植物的茎和根中；b管状中柱，是大多数植物茎部的基本类型

度，它具有抗拉能力，但几乎没有刚性。如果你去查看植物的根，你会发现它们比茎要柔韧得多。虽然茎部也有同样数量的强化导管，但它们排列成了圆柱形（管状中柱）。如果你不相信，可以拿一张薄纸卷成一个管模拟一下植物的茎。你可以把它直立起来，在顶部支撑一个重物试试看。

泥盆纪大灭绝

在泥盆纪末期，大量的动物种群要么灭绝了，要么物种的多样性大大减少。然而陆生生物，尤其是植物，却似乎基本上没有受到影响。在这段时期最后的一千万年里，珊瑚礁受到的影响最大，且被影响的次数最多，能确定的有两次，但也有可能是三次。在现在澳大利亚西部和加拿大西部的海岸附近，曾经有大量的礁石。它们的主要缔造者——层孔虫海绵类已经灭绝了，而居住在礁石上的珊瑚，无论是四射珊瑚还是床板珊瑚类，都受到了很大的影响。有鳞甲的盾皮鱼在这一时期的末期也灭绝了，鹦鹉螺的数量也大大减少，牙形石化石则显示了大多数物种灭绝的时期，随后即是物种快速辐射的时期，因为新物种占据了空余出的或新出现的生态位。其他一些海洋动物，如双壳类软体动物，显然没有受到什么影响。但是还有一些其他群体，诸如古老的无颌鱼和笔石等，它们的数量在整个泥盆纪时期不断减少。因此，尚不清楚泥盆纪末期发生的这些物种灭绝事件是来自致命的一击，还是这些动物在此之前就已经消失了。

这些物种灭绝的原因是什么？人们猜测可能是一颗小行星或其他地外天体与地球相撞导致的，但直到2001年澳大利亚西部鲨鱼湾附近的伍德利陨石坑被发现之前，尚无确凿有力的证据。因此，在我们确定这是导致全球物种灭绝的原因之前，还需要进行更多的研究。但可以肯定的是，一颗较小的小行星可能导致了一些地方性的物种灭绝，但发生的其他任何全球性的事件都肯定也会对植物的生长演化产生影响。

另一种说法认为，在这一时期结束时，由于板块构造运动将现在南美洲西部的陆地带到南极，由此形成的冰盖会导致全球气候变冷和海平面下降。虽然这在当时无疑是整个地球环境的主要组成部分，但很难将这一持续的过程视为大灭绝的一个充分解释，因为在第一次和第二次灭绝事件之间似乎存在着某种“恢复”阶段。此外，这两个阶段对不同的群体带来的影响并不相同：例如，深海四射珊瑚受到第一个阶段的影响就比第二个阶段要小得多。板块构造运动还会带来另一个结果。冈瓦纳古陆和劳亚古陆的主要部分刚刚开始碰撞，劳亚古陆剩下的板块部分也在随之一起移动。这肯定对冷暖洋流的流动产生了重大的影响，这种变化可能会相对迅速地发生。在泥盆纪晚期，在不同的大陆块之间有许多海峡，可以想象，在一个比较短的地质时间内，海岸洋流从温暖变为寒冷，然后再变回来。此外，那里还有广阔的泛大洋，海床的剧变也可能对海平面产生了重大影响。当海平面相对陡然上升时，来自深海的缺氧的水被带进富含氧气的海岸浅滩，含硫化合物含量的增加使得沉积物变成黑色。一些来自于泥盆纪的珊瑚礁上覆盖着黑色的沉积物，但是目前尚不清楚，这是由于海平面迅速上升导致珊瑚窒息而死的结果，还是珊瑚在此之前已经因为温度下降而死亡，随后海平面才上升导致缺氧条件出现的结果。

如今看来，这一系列的灭绝似乎最有可能是由于板块构造运动引起的各种变化造成的，这些变化导致了巨大的泛大陆的形成。有趣的是，尽管地壳的构造运动仍在继续，但是直到一亿多年后，才又发生了另一次物种大灭绝。这次大灭绝发生在这块泛大陆最终集结起来的时候，也是史上最大规模的一次物种灭绝。

第7章

巨型大陆的形成

石炭纪与二叠纪

3.62亿—2.48亿年前

在这一时期的开始，冈瓦纳和劳亚古陆刚刚开始发生碰撞；而到这一时期结束的时候，巨大的泛大陆从南极一直延伸到靠近北极的地方，它的东边是古特提斯海，几乎全部被“大陆”所包围，这些大陆现在已经成为中国和东南亚的一部分。曾包围在古特提斯海周围的热带地区，在石炭纪时期分布着大量茂密的森林沼泽，现在这些森林沼泽已经变成煤炭、石油和天然气储藏；而在随后的二叠纪的地层中，我们能看到煤炭沉积在离赤道较远的地方。在石炭纪早期，冈瓦纳古陆南部形成了冰原，并且直到二叠纪晚期为止，冰原的范围都在不断扩大。泛大陆北端的冰盖范围尚不能确定。到了二叠纪末期，海平面很低，一方面是由于作用在泛大陆上的压力，另一方面也是因为地球上的水被储存在了极地冰原中。但在整个这一时期，特别是在石炭纪晚期，曾经多次出现过海平面的波动起伏：当海平面较低时，森林形成；海平面上升时，森林又被淹没——但是我们对此知之甚少。

这一时期最独特的物理特征变化，可能是空气中氧气含量的

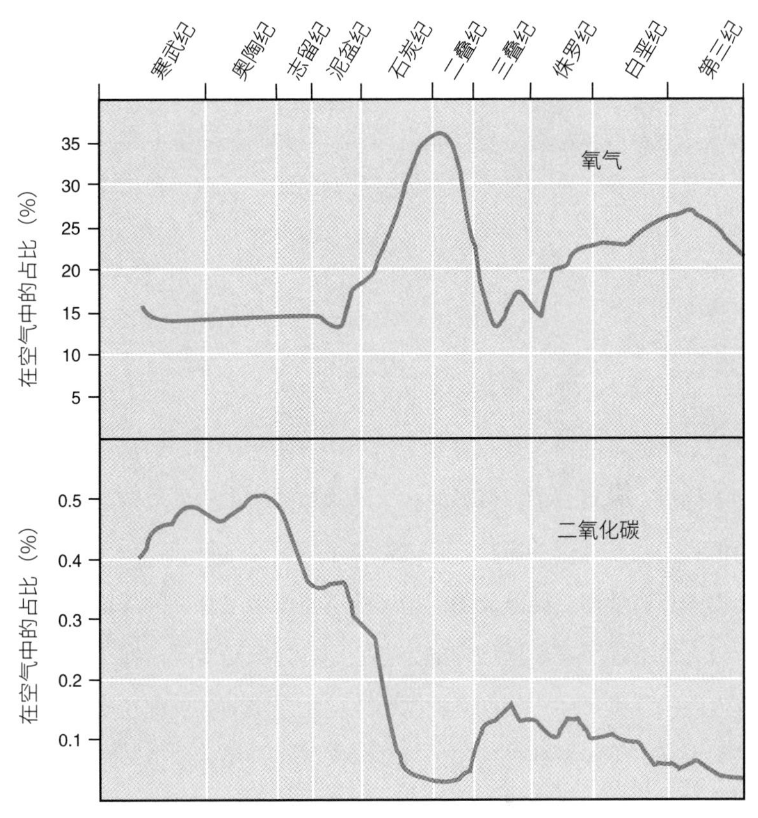

图7.1　氧气和二氧化碳的全球水平变化曲线（参考自Grahamet等人，1995）

上升和与之相对的二氧化碳比例的下降（图7.1）。人们认为，这主要是由于大量死去的植物变成了泥炭，并经过加热和压缩后形成了煤炭矿床。这种物质是光合作用的产物，在光合作用过程中，植物吸收二氧化碳，并放出氧气。在地球历史的大部分时间里，当植物死亡时，它们会在腐烂的过程中被氧化：氧化过程会消耗氧气，并释放出二氧化碳。以上描述的植物光合作用以及腐烂氧化的整个过程被称为“碳循环”（见图12.9）。但在这一特殊时期，大部分碳被“堆积”成泥炭储存起来，因此没有消耗大气中的氧气。大气中二氧化碳水平的降低导致了“逆向温室效应”，使更多的热量从地球反射回太空。由于这一原因以及当时在极地地区有相对较大面积陆地的存在，在本章所述的大部分时间里，全球气温都是相对较低的。

大森林

虽然最早的树木是在泥盆纪的末期演化出现的，但从石炭纪开始才称得上是真正的“森林时代”。森林的演化和发展对其他的生命形式产生了深远的影响，促进甚至是导致了飞行动物和两足行走动物（具有使用后腿站立的能力）的演化。但是森林的关键作用在于极大地增加了某一区域内的生存空间，如同珊瑚礁一样，森林为其他生物提供了生态空间。树木带来的生存空间扩展程度虽然无法在树木化石上精确测量，但最近科学家们在一棵古老但不是特别巨大的山毛榉树上进行了一些测量，对这一点进行了展示。这棵树的树干占据了6平方米的土壤表面，但根据计算，树的总表面积为1.1万平方米，因此其提供的生存空间扩张了近1800倍。这当然包括了叶子的上下表面、树枝和树皮，以及枯枝树皮下的表面积，其他生物体会演化并适应在这些表面上生活，每一个表面上都可能生存着这样或那样的真菌。其他植物，如蕨类和苔藓，将生长在树干和较大的分枝上，它们被称为附生植物。在所有的这些地方都会发现小型动物，并且不同的物种占据着不同的生态位。例如，有一些像纸一样薄的虫子生活在枯树枝的树皮下，它们以生长在木头上的真菌细丝为食。较大型的动物，如鸟类和松鼠，只能生活在更大的结构上，如树枝和树干，但即便如此，对它们来说，一棵树所能提供的生存空间也远比它所占据的地面空间多得多。被树枝遮蔽的地面也仍然可供一些耐荫植物以及在土壤中和地面上生活的生物（从真菌到鹿）使用。一棵老树的树枝上还可能有洞，或有可能树干是中空的，这也为许多脊椎动物，如蛇、鸟、蝙蝠和啮齿动物等提供了重要的避难所；在热带雨林中，许多不同的物种可能会在同一棵老树干上安家。这些生物之间的关联在树木演化之后很快就建立起来了，人们在来源于石炭纪时期的某中空树干中发现了含有蜥蜴状爬行动物的化石，证明了这一点。

树状结构带来了某些生物力学上的挑战，因此，在有关树木的研究中，最好是从整体上考虑树木，而不是仅仅着眼于最早的那些树。从根本上来说，问题就在于树木如何将所有的重量保持在地面之上。首先，树的自重本身会产生很大的力。如前所述，借由其圆筒状的增强组织，树得到了最大的支撑力。雨雪等外部施加的负载也增加了树的负担。在降雨量较大的地区，树叶通常比较光滑，并向下倾斜（见图10.2），这样落到树叶表面上的水就能快速滴落。像云杉这样生长在多雪地区的树，其枝干很容易向下弯曲，从而散落那些落在它们身上的雪，这种结构就像小木屋的陡峭屋顶一样。

风为树木的生长和演化带来了第二个挑战。设想一个比较高的圆柱体，如果它受到一个来自侧面的作用力，那么这个圆柱体就会受到拉伸。如果来自侧面的力增大，圆柱体最终会在施加力的那一侧折断，弯曲倒向另一边。但是通过用另一种材料来加固圆柱体，可以分散其所承受的力，从而增加圆柱体的强度。在树干和树枝

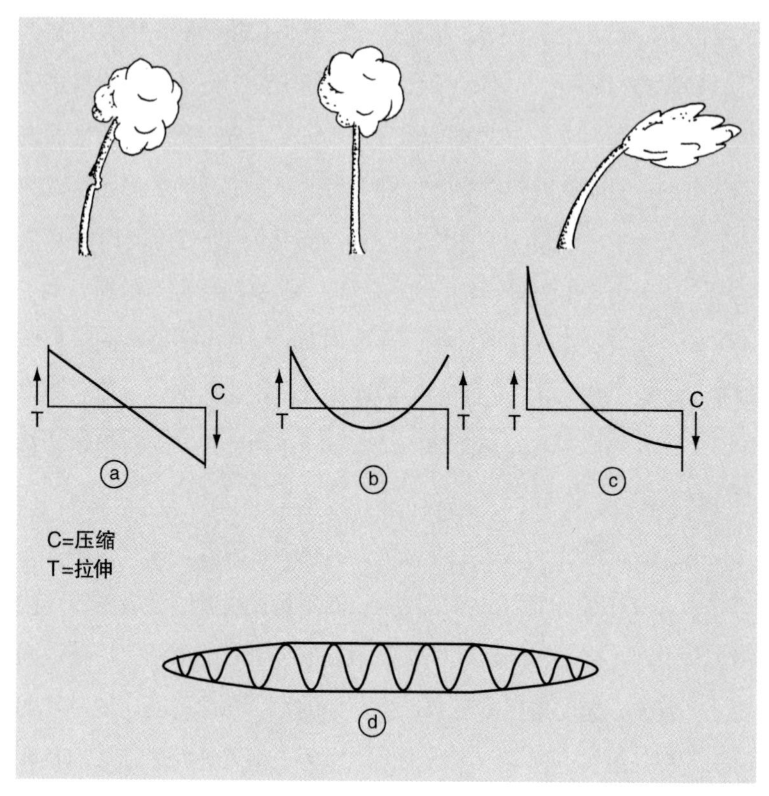

图7.2 一棵树的力学：a如果树木还没有出现任何适应性的变化，特别是木材没有预应力，那么它在遇到大风时的状态；b一棵有预应力的处在平静状态下的活树；c有预应力的树在受到比a更强的风的作用下存活，预应力降低了压应力并提高了折点，树枝和树叶也相应发生转向避开风向，从而将阻力最小化；d螺旋导管（a～c参考自Gordon，1978）

中，这种强化作用是由一种细长的细胞（导管）提供的，这种细胞的细胞壁很厚（见图7.2d）。在发育过程中，这些增厚的组织，尤其是螺旋形的增厚层，似乎在不断地“寻求”扩张，但它们同时也被周围的组织所限制。通过这种方式，木材就得到了预应力并且可以承受住一定的拉伸（图7.2a～c）。树木边材的外层提供了这种预应力，很多从事木材工作的人都知道这个特点。在都铎王朝时代的“玛丽·罗斯”号上发现的旧船头上使用了很多边材，这样就能帮助船头获得最大的强度。如果从一株老树或是其他许多树木的嫩枝上将树皮和边材的表面刮掉，那么刮下来的这一部分就会卷曲起来，这是因为边材现在不再受到树木内部木材的束缚，可以自由扩展，但它在另一侧仍然受到具有固定长度作用的树皮的约束。

用工程学的角度来看，每一棵树都是由一个个单独连接的结构组成，因此风施加的任何作用力都被减弱：树的每个部分都可以根据需要相应地发生旋转和弯曲，而不会扭曲或束缚其他部分。如果我们观察风中的树，可以看到所有的树枝和细枝都倾向于避开风来的方向，从而将阻力最小化。在现代树木上，叶子通常是附着在柔韧的茎上，这样每一片叶子就可以像风向标一样，使自身迎向风的表面积最小。

在早期的树木中，比如那些生活在石炭纪沼泽中的树，叶子和茎干的结合似乎并不像现在的树木那般灵活柔韧，我们也不知道树干会在多大程度上受到拉伸。尽管它们可以长得很高，它们却没有像许多现代树木那样，能够支撑起那些近乎水平的长树枝。通常，这些石炭纪的树木是成簇生长的，许多同类的植物彼此之间在一定程度上提供了相互支持和庇护，就像它们那些生活在泥盆纪的个头较矮的祖先，以及今天的竹子一样。

直到石炭纪晚期以前，石松类（Lycophyte）的树木一直在森林中占据主导地位（图7.3）。它们具有蔓延的浅根（就像今天许多沼泽植物那样），且其生长型为有限生长，即植物的生长量由其一开始生长时的环境决定。幼树有大量的分裂细胞（分生组织），这些

图7.3 具有有限生长型的树，鳞木（*Lepidodendron*）（参考自Thomas和Spicer，1987）

细胞保持在生长芽的顶部，不断地产生形成树干的“普通”细胞；当树长到大概40米高时，分生组织会分裂成两个相等的芽，然后不断地进行再分裂，产生越来越细的分枝，直到分生组织无法继续分裂为止——这棵树有效地耗尽了自身拥有的具有分裂潜力的细胞。可以看出，这一体系缺乏现代树木的适应性。现代树木的枝条生长具有不确定性，其分生组织分为初生和次生两种。初生分生组织的一小部分保留在每一个嫩枝的末端，树枝或树干的直径方向上的生长是次生性的，即它不是由初生分生组织产生的，而是由整个枝条中保留下来并保持分裂能力的其他细胞（次生分生组织）产生的。

在这些森林中，木贼（楔叶类，Sphenophytes）的代表类型是一些巨型植物，如可高达30米的卢木（*Calamites*，见图7.4）。与现代的木贼一样，它们从地下长出嫩芽（根状茎），丛状生长。根状茎的分布网络可以把丛生的植物固定在软泥中。这些巨型的木贼没有存活到二叠纪，可能是因为它们不适应更加干燥和密实的土壤。而其他的较小型的木贼则存活了下来，而且有些是在温带甚至是极地环境中发现的。

蕨类植物是在泥盆纪末期演化产生的，从那时起就一直是许多地区植物群落的重要组成部分。蕨类植物的孢子比较轻，可以随风飘散到很远的地方。尽管蕨类植物通常生长在潮湿的地方，但它们也能够承受极端干燥的环境。蕨类植物是当今世界分布最广泛的植物之一。石炭纪森林中经常出现高达8米的蕨类植物，而且这一类群还有许多其他不同类型的蕨类植物，因此，石炭纪也被称为“蕨类植物的时代”。

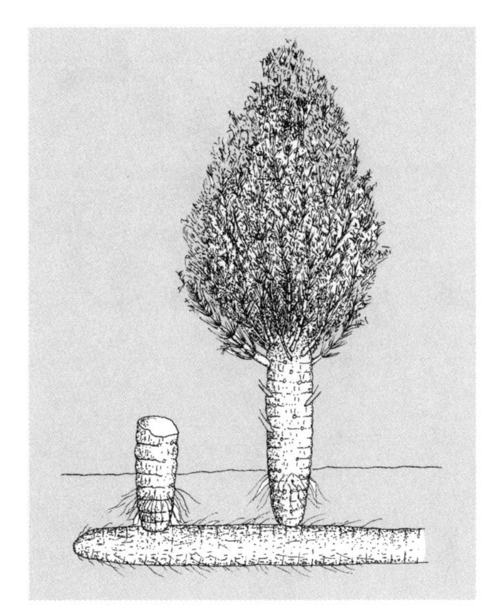

图7.4　巨型木贼，卢木

前面所描述的三类植物（石松、木贼和蕨类植物）都是孢子植物，它们可以产生孢子，孢子发芽后通常会生长成非常小的扁平植物（原叶体），有性生殖在原叶体上发生，雄细胞需要一层薄薄的水膜来游动。因此，这一生殖方式限制了它们的栖息地，尽管它们可能在大部分时间里生活在非常干燥的环境中，但至少有些特定的时期仍然需要潮湿的环境。有些前裸子植物（progymnosperms）会产生两种大小的孢子。简单来说，小孢子最终会演变成花粉，大孢子则演变成花的胚珠，通常与周围的结构一起，共同形成种子。种子的发育无疑是植物演化的重要一步。种子比孢子重，无法随风扩散到较远的地方，但是它们能抵御恶劣的环境，并且储存了有助于幼苗生长的营养物质。当然，现代植物有广泛的演化机制来确保种

图7.5　种子蕨类，髓木（参考自Thomas 和Spicer, 1987）

子的传播和扩散，但以种子植物为主的植物区系往往比蕨类植物更倾向于地域性，并成为特定地区的独特景观。例如在北半球，常绿橡树生长在具有地中海气候的地区，而桉树则主要生长在澳大利亚。由于不能穿越对其生长不利的栖息地，陆地上动植物的地理分布在很大程度上受到了地域的限制。所以，如果某些开花植物和动物能够到达世界上的其他一些地方，那么它们也会在那里蓬勃发展。因此，人类无意或有意地向某地引入外来物种造成了许多问题。被引入的物种迅速发展，它们的数量之多、增长之快，使其在被引入地变为有害物种，例如澳大利亚的穴兔，以及南非的墨西哥仙人掌等。

种子蕨类（pteridosperms）是最早出现的种子植物，它们在石炭纪和二叠纪生长繁盛，但现在已经灭绝了。有些种子蕨类，如髓木（*Medullosa*，图7.5），可以长到10米左右。在整个这一时期的冈瓦纳古陆上，有一种独特的植物区系，以一类早期的种子植物——舌羊齿（*Glossopteris*）为主要组成。这类植物分布非常广泛，甚至生长在被人们认为当时具有极地气候的地区（80º～85 º纬度处）。

我们已经知道当时的大气环境氧气水平较高而二氧化碳水平较低，但很难推测这一环境因素对舌羊齿植物区系的影响。空气中富含的氧气可能会扩散到树干中，帮助合成木质素，木质素是木质组织的主要成分。目前已知的是，这一时期的树叶有非常高的气孔密度，这可以促进二氧化碳的流通，而二氧化碳的缺乏则会抑制植物的生长速度。

两栖生活

两栖的生活方式可以被定义为一个生物的部分时间生活在水环境中，部分时间生活在干燥陆地上的空气环境中。在这一时期，形成了两大类具有两栖生活方式的群体。首先是一些四足脊椎动物（四足类，tetrapods），它们很容易被归为两栖动物；其次是一些昆虫，尤其是那些与蜻蜓和蜉蝣有关的昆虫；还有一种可能是当时经常在淡水中而不是在海洋中活动的广翅鲎，它们可能在那一时期也把自己“拖到”泥泞的河岸上生活了。

我们在上一章已经提到，泥盆纪的那些只有脚而没有鳍的动物们，以及最接近它们的肉鳍鱼，很可能生活在潟湖、潮滩和三角洲中，并且用它们的四肢拖拉着自己穿过茂密的植被，偶尔也像今天的鱼一样大口地呼吸空气。在泥盆纪之后，陆地化石记录出现了一段超过2000万年的空白期，在这期间人们发现了各种各样的两栖动物化石。它们中的大多数可以被粗略地归为“迷齿类（labyrinthodonts）”，这个名字用来描述它们由于牙釉质表面的内折而形成的带有波浪纹路的牙齿。迷齿类动物演化出了许多特性，以帮助它们适应在陆地上的生活（见图7.6）。例如，腿部的骨头强劲，脊骨上的各个骨骼相互连接，彼此适应，这两者的演化都是为了适应并克服陆地生活存在的自重问题。其中有一类动物的头骨上出现了一种能使其听到声音的骨骼排列，因此有关这一时期的森林中大部分时间是寂静无声的推测可能并不正确。这些两栖动物中最大的一种，引螈（*Eryops*），身长近2米，它的生活方式与今天的鳄鱼相似：它们在浅滩休息，并且用尖尖的牙齿和强壮的下颚抓鱼。毫无疑问，它也以较小的两栖动物和爬行动物（见下文）为食，而这些小型的动物又会在陆地上捕食昆虫、在浅水里捕捉鱼和其他小动物（如虾）等。和泥盆纪一样，石炭纪早期陆生生物的食物链最终依赖于水生（包括海洋）栖息地。在水生环境中发生的光合作用仍然提供了初级生产力，即驱动食物链的基本能量。另一方面，大森林的生产力大部分下降到地面，形成泥炭沉积物。在后来的地质历史时期中，这些沉积物被挤压和加热，最终形成了煤。

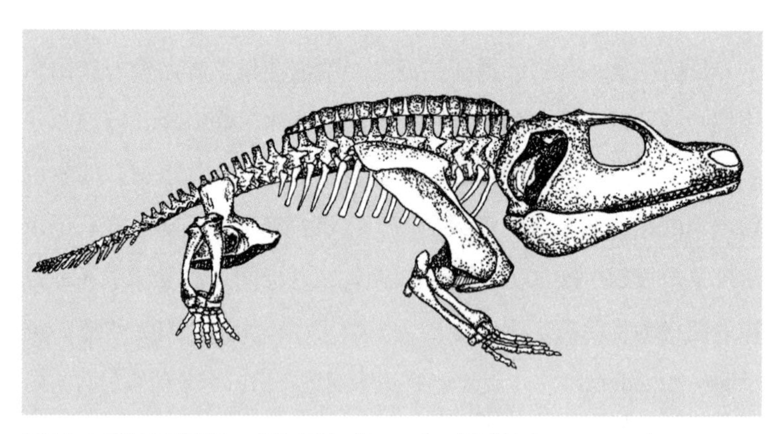

图7.6　两栖四足类动物，巨头螈属（*Cacops*）（参考自Cowen, 1995）

据推测，当时的迷齿类如同现代两栖动物一样，在水里产卵（卵上有一层凝胶状的覆盖物），其蝌蚪阶段就是在水中生活的，有了鳃，它们就可以从水中获取氧气。尽管其生活方式依赖于水，但一直到干旱的三叠纪，迷齿类仍然存在，在下白垩统的澳大利亚也发现了一种被命名为酷拉龙（*Koolasuchus*）的迷齿类。尽管现代两栖动物群一定是在更早的时期从石炭纪发现的另一种两栖动物演化而来，但是直到三叠纪晚期或是侏罗纪时期，人们才发现有关现代两栖动物的化石记录。

在当时，空气中高水平的氧气含量有助于早期肺部的功能完善，并有助于通过潮湿的皮肤进行呼吸，就如同现代青蛙的呼吸方式一样。

蜉蝣和蜻蜓是两种在水中产卵的有翅昆虫，它们的幼虫就生活在水里。它们有复杂的翅脉序，这表明它们是最原始的有翅昆虫。蜉蝣和蜻蜓类昆虫的化石是在石炭纪的岩石中被发现的（见图7.7a）。这些昆虫似乎一度是完全在陆地上生活的，它们的幼虫像泥盆纪发现的最早的昆虫一样，生活在非常潮湿的废墟下。而在之后的演化中，情况发生了逆转，它们的幼虫阶段又回归到了水环境中，生活在石炭纪的蜉蝣的幼虫明显是营水生生活的（图7.7c）。这些昆虫体型巨大，如蜻蜓类物种，其翅展可达70厘米——这是所有已知昆虫中具有最大翅展的昆虫，是目前现存的最大昆虫（蛾子）的两倍多。发现于石炭纪的其他一些有化石记录的昆虫，其体型相对于它们那些繁衍至今的成员来说也比较大。石炭纪最大的蜉蝣的翅展有45厘米，大约是现代蜉蝣形态的十倍大；而单尾目昆虫（Dasyleptus，见图7.7b）的体长（达35毫米）约是现代物种的两

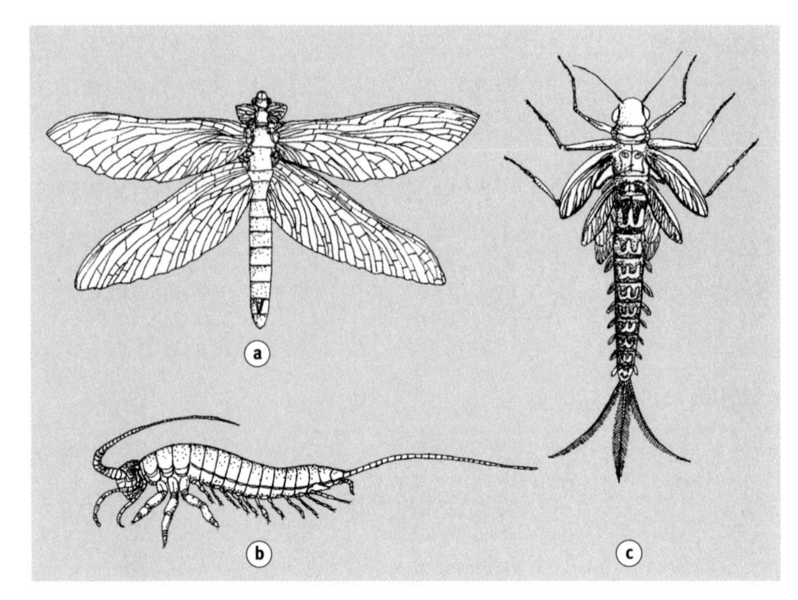

图7.7 石炭纪和下二叠纪昆虫：a蜻蜓（一种真翅类），触角和腿未重建；b蠹虫（单尾目昆虫）； c蜉蝣幼虫（水生）（参考自Kukalova-Peck, 1985, 1987）

倍。体型如此之大的昆虫在当时之所以能够生存，很可能取决于当时空气中较高的氧气水平，这样它们的长气管才能有效地工作。

有壳的蛋

两栖动物需要在水中产卵，所以在陆地上，它们的生活区域就被限制在了那些仍然可以获取水源的地方，包括水系发达的河流和池塘，以及一些微小的水环境，如某些植物体内。只要这些水环境在蝌蚪完成发育之前不会干涸，那么就有可能被选为两栖动物的产卵地。因此，那些带有防水外壳，并且可以在自己内部的水环境下完成发育的卵的出现，是演化史上的关键一步，也为开始远离水环境的陆地生活带来了可能性。完成这一步的动物是在石炭纪早期完成转变的爬行动物。

可以生产有壳卵（蛋）的先决条件是进行体内受精。一旦卵壳和卵膜形成，精子就无法再进入其中了。蛋是一个复杂的结构，其内部由三个腔室组成：首先是卵黄囊，它可以为发育中的胚胎提供营养；第二个是可以进行气体交换和废物代谢的腔（尿囊），由于卵内部水的缺乏，产生的废物不是以尿素的形式，而是以尿酸的形式存在；第三个腔是羊膜（腔），胚胎漂浮在羊膜（腔）内，其内部的液体成分（羊水）与海水类似。

最早的相关动物的化石记录是在苏格兰西洛锡安发现的，位于石炭纪早期岩层，从骨骼结构来看，它代表了一种类似蜥蜴的爬行动物，人们亲切地称其为“莉齐”（“Lizzie”，Elizabeth的昵称），学名是西洛仙蜥（*Westlothiana*）。到了石炭纪的末期和二叠纪早期，所有三种主要的爬行动物都已经完成了演化。这些类群可以通过其头骨的特征来识别：它们眼睛后面的孔的数量是0个，1个或2个。眼睛后面没有孔的爬行动物（即无孔类，Anapsids），现在以陆龟和海龟为代表；下孔类（Synapsids）的眼睛后面有1个孔，以哺乳动物为代表；有2个孔的双孔类（Diapsids）以鸟类和在演化途中已经灭绝的恐龙和翼龙为代表。

在现在的北美地区，晚石炭纪和二叠纪的主要爬行动物是盘龙（pelycosaurs）（图7.8）。它们背部引人注目的“帆”，是其脊椎骨的延伸，被认为具有像太阳能电池板那样的功能，可以帮助盘龙提高血液温度。这也让它们可以“加速”捕获猎物或者逃离天敌。

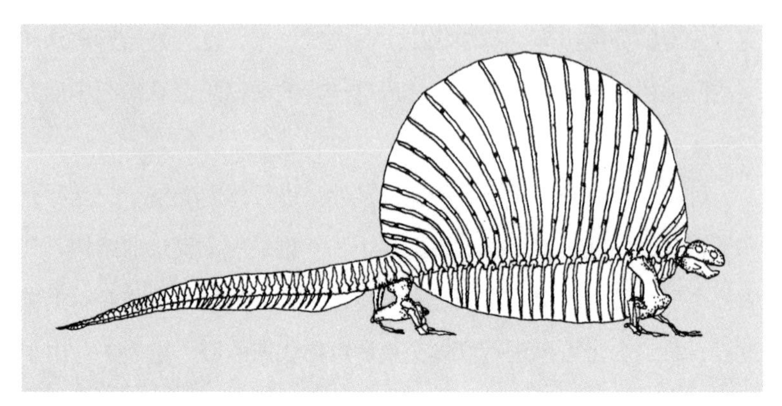

图7.8 基龙（参考自Cowen,1995）

体型较小的动物可以像现代蜥蜴和蛇那样通过“晒太阳”来迅速提高体温。然而，盘龙往往体型庞大，身长可达3米，所以有时它们可能也会利用像汽车散热器一样的“帆”来降温。它们大多是食肉动物，但根据基龙（*Edaphosaurus*）不同的牙齿结构（图7.9b），它被确定为第一种食草的脊椎动物。

在二叠纪，下孔类的一个旁支发展了起来，它们被称为似哺乳爬行类或兽孔类（therapsids）。在二叠纪时期，食草动物中二齿兽类（*Dicynodonts*）的数量最为丰富（见图7.10）。它们体型敦实，从兔子大小（约0.4米）到犀牛那么大（约3.6米）不等，其头部较大且有力，上

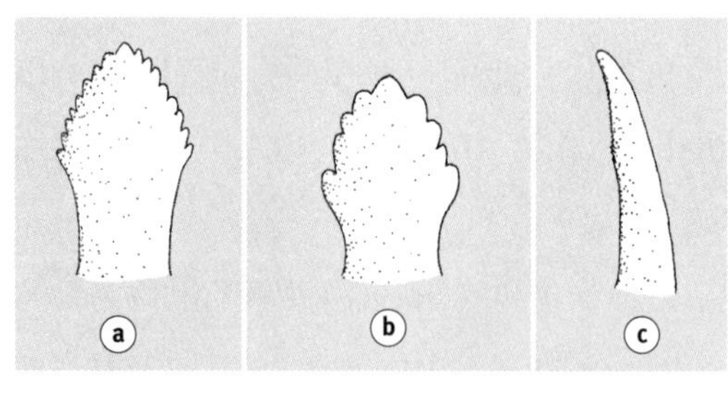

图7.9 牙齿结构：a现代食草爬行动物，鬣蜥；b基龙，食草恐龙；c食肉恐龙，内部曲线有细锯齿，像一把牛排刀

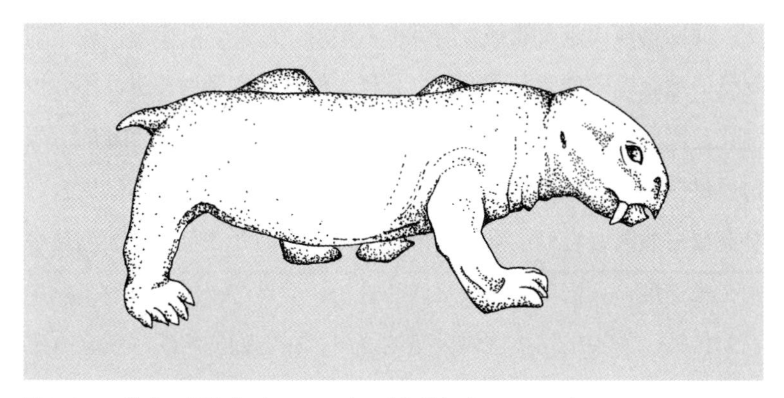

图7.10　二齿兽，双齿兽（*Diictodon*）（参考自Cluver, 1978）

颌有两颗粗大的獠牙。这些獠牙究竟是用来觅食的——铲除树根，拔起灌木和树木，还是用来进行攻击性的战斗或防御的，仍然是一个有待考证的话题。因此，尽管直到石炭纪晚期还没有出现可以“加工”植物的大型食草动物，但是到了二叠纪末期，这些食草动物就已经在地球上广泛分布了。至此，一个典型的有氧食物链就被建立了起来：植物，作为主要的生产者，为食草动物提供食物，而同时，食草动物又会被食肉动物捕食。

以植物为食，一种新的生活方式

植物，正如我们所见，是生物演化中的最后出现的一个界。植物具有许多特征，这也解释了一个事实，即为什么从植物出现，到动物开始以这些植物为食之前，这中间存在着五千万年的间隔。一个主要的原因是植物的成分：它们所含的蛋白质含量低，碳水化合物含量高。然而，植物的碳水化合物大多是以纤维素的形式存在的，而动物体内没有能够分解纤维素的酶。此外，纤维素形成了细胞壁，细胞壁“锁定”了细胞内容物，使其远离肠道酶进而不会被消化。因此，对食物进行充分咀嚼对食草动物来说是很重要的。蛋白质供应常常是限制食草动物生长的一个因素：当在它们的饮食中补充蛋白质时，它们的发育速度就会加快。因此在英国，为加速牛的生长速度，人们曾给牛喂食肉和骨粉，但是这一做法导致了疯牛病的传播。如果植物被施以大量的氮肥，在它们的组织中就会有更多的蛋白质，而以这些植物为食的昆虫往往也会发育得更快。在自然界中，这种类似在常规饮食中补充额外蛋白质的情况也时有发生。事实上，许多以食草动物为食的动物（昆虫和脊椎动物等）也可能会以其他活着或死去的动物为食。人们在某些昆虫、鬣蜥和猪等动物的身上，发现了这种杂食性的习性。这种杂食性行为在鸟类中尤其普遍，雏鸟的饮食结构中昆虫所占的比例通常高于成鸟。

大多数草食性昆虫和脊椎动物，通过与微生物建立共生关系，克服了无法处理纤维素以及蛋白质短缺的障碍。这些动物的肠道中通常有特殊的囊袋或区域，为共生微生物提供了适宜的生长环境（见图7.11）。微生物可以在这些区域内完成对植物物质的消化，并且为寄主提供所需要的营养物质。可以形象地把它们比作生化“经纪人”或“中间人”，它们从植物中获取原料，然后把这些物质转化为一种更有用的形式，传递给寄主动物。这种复杂的共生关系的发展，一定是食草动物演化中需要迈出的关键一步。有些昆虫更喜欢那些已经被微生物轻微改变成分的、患病或者腐烂的植物材料，这可以看作是建立共生关系的一个阶段。草食性脊椎动物可能是通过昆虫获得共生关系的，因为与最早的食草动物关系亲密的是食虫

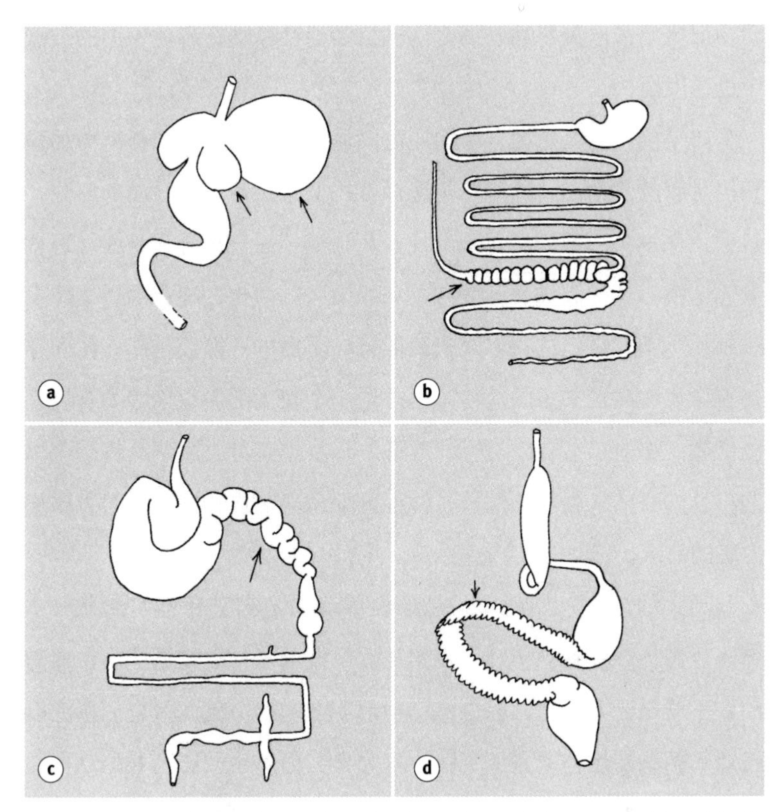

图7.11　各种草食性动物的肠道系统，箭头显示出了肠道中由于存在着共生微生物而被增大的部分：a牛（反刍动物），仅肠道前部增大；b兔子；c麝雉，一种吃树叶的鸟；d草食性昆虫（c参考自 King, 1996）

动物。昆虫最先以植物为食，这些食虫动物在进食时会同时摄入与昆虫共生的微生物。当有草食性脊椎动物出现时，其他脊椎动物可能会通过捕食或进食其粪便而被（草食性脊椎动物体内的微生物）“感染”。值得注意的是，尽管植物的演化和最早的草食性脊椎动物的演化之间存在着很大的时间差距，但是，一旦一种草食性脊椎动物演化出了这种习性，那么这种生活习性就会在各种不同的类群中迅速出现。

如果没有共生生物，动物还可以通过另外两种方式从植物那里获得足够的食物。一种方法是选择食用植物中富含蛋白质的部分，包括正在生长的嫩芽、花朵、种子和果实；另一种方式是增加进食量，这就需要提高进食速度并且完成大肠的演化，现存的蝶蛾幼虫和雁属鸟类就是以这种方式来获取植物蛋白的。即使是那些体内存在着微生物共生关系的动物，也需要一个较大的肠胃来容纳食物，以供微生物对这些食物进行“改造”。早期爬行类食草动物演化出的粗壮的身体和强壮的四肢，就很好地适应了这种携带“大”体积内脏的需求。

高大的植被，如树木，是给食草动物带来进食不便的另一个障碍。怎样才能吃到树叶和果实呢？早期的脊椎动物是居住在地面的，不管是盘龙还是二齿兽，它们都不会爬树。因此，它们只能以较矮的植物、幼树或者倒下的树木为食，而对生长在高处的草木望洋兴叹。在后来的演化史中，人们观察到这些草食性动物的脖子开始往越来越长的方向发展，或者是逐渐演化出了用后腿站立的能力（两足行走）。所有的这些适应能力，都使得生长在高处的食物变得触手可及。

对于小昆虫来说，植物不仅可以提供食物，还是它们的生活居所。因此，昆虫要生存下去还必须克服另外的三个演化障碍。首先要找到可食用的植物，其次要在取食或休息时攀住它，第三要避免自身缺水。飞行的能力使昆虫可以对大面积区域进行快速扫描，研究发现，昆虫往往可以在距离较远时就认出它们的寄主植物——嗅觉和视觉都可能为它们提供了助力。

对于生活在植物上的昆虫来说，悲剧往往开始于它们从植物上掉下来的那一刻，这使得它更容易受到捕食者的攻击。昆虫通常会演化出适合于寄主植物的伪装，这让它们在地面上反而更容易被发现。而为了返回寄主植物的爬动让它们更加显眼，并进一步导致它们被鸟类天敌发现。除了鸟类，地面上还有许多其他捕食者，如蚂蚁。如果昆虫从树上掉下来，而且又不会飞，那么如何找到正确的树干并爬上去，就成了一个巨大挑战。因此也就不难理解，为什么昆虫演化出的许多结构都是用来帮助它们抓住植物的了。要知道，想在暴风雨中爬到高高的树上，那可不是一件容易的事。毛毛虫有吸盘状的“假腿”，上面生长着成排的小钩子（见图7.12a）；许多蟋蟀和甲虫的脚上有宽大的脚垫，上面覆盖着厚厚的细毛，最近人

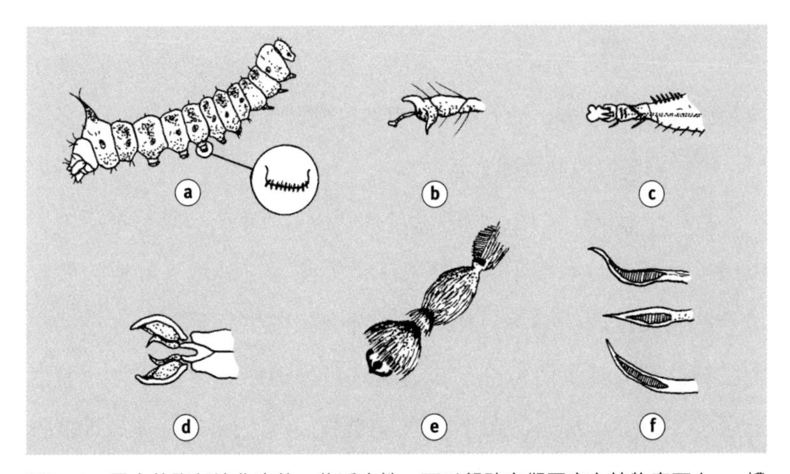

图7.12　昆虫的脚部演化出的一些适应性，可以帮助它们固定在植物表面上：a蛾幼虫，腹部的“腿”上有小钩；b带尾盘的草蛉幼虫（有着柄状吸盘）；c蓟马和d钳下有囊的植食性昆虫；e叶甲，足部底面上覆盖着黏毛；f黏毛（参考自 Strong等人，1984）

们发现，这些细毛会分泌出一小滴油性液体，使每根细毛的尖端可以像吸盘一样，牢牢地吸附在光滑的叶子上。研究人员对一只甲虫的抓持能力进行了测试，发现它能够承受相当于自身重量80倍的拉力长达两分钟之久。这种能力显然是一种防御力，既可以抵御来自捕食者（如蚂蚁）的攻击，也可以减少“随风而去”现象的发生。

昆虫生活的地方即使离叶子表面非常近，那里的相对湿度也是相当低的。而且，尽管昆虫可以从叶片中摄取食物，但是如何克服干燥问题，对这些昆虫来说仍然是一个巨大的挑战。一些昆虫具有很强的防水角质层，除此之外，昆虫们还演化出了许多其他机制，来帮助自己克服干燥问题。毛毛虫经常喝叶子在晚上分泌出来的水滴，其他昆虫也可以直接从植物中获取水分，比如蚜虫，它们能够将口器有效地插入植物的导管中并摄取植物的水分。还有一些昆虫，它们通过向叶片中注入某种物质，使其卷曲或形成瘿瘤，从而产生一个可以保持潮湿的腔室。除了上述方式之外，昆虫们群聚在一起也会有效地减少水分散失，当然这种群聚行为还有其他诸多好处，例如更安全地躲避捕食者。

当然，植物在演化过程中也对食草动物带来的“选择性压力”做出了反应。与动物不同，植物永远无法通过逃跑来躲避天敌，但一些生长迅速的杂草，几乎每天都会扩散生长到新的区域，它们往往能比其捕食者抢先一步，这种现象被生态学家称为“时空逃逸”。然而，大多数植物没有这种能力，它们必须待在原地抵抗攻击，因此演化出了两种防御类型：物理防御和化学防御。植物的物理防御包括其外层表面生长的较大的尖刺（可以刺痛并吓退一些哺乳动物）和刺毛，如果脊椎动物被蜇后产生刺痛感便可能会被吓退，如果这些刺毛有黏性或是钩状的，则能困住昆虫。叶片表面厚厚的角质层，也是物理防御的一种，它们使得叶子变得坚硬，且对于哺乳动物或毛虫来说，角质层很难被咀嚼下咽。

植物的化学防御能力是基于一系列不起眼的化学物质实现的，这些化学物质被统称为植物次生物质。这一类化学物质包括生物碱、糖苷、单宁、类黄酮和树脂，同时它们也是一些草药的基础物质。这些化学物质大多都是一些强效毒药，如致命茄属植物中的阿托品，这让一般的食草动物望而却步。然而在演化的过程中，专门吃某种特定植物的昆虫，已经发展出了一种为自己解毒的生化机制。许多昆虫甚至把这些有毒化学物质保留在自己的体内，从而使自己的天敌（食虫鸟类和哺乳动物）中毒而放弃捕食。

植物还演化出了许多其他的特殊策略来保护自己免受食草动物的伤害。例如波斯骆驼刺和蚂蚁之间的共生关系，就为我们展现了一个特别奇特巧妙的保护策略。首先，这些骆驼刺演化出了一种特殊的空心刺，以供蚂蚁居住。同时，这些借宿的蚂蚁们非常凶猛，如果有哺乳动物或者其他昆虫想要取食这些骆驼刺，蚂蚁们就会一拥而上，为阻止它们吃这些植物而发起攻击！

昆虫是如何成为食草动物的呢？毫无疑问，最早的昆虫和它们现存的亲戚一样，都以腐烂的植物为食。这一生活习性适用于跳虫（弹尾目，Collembola）和蟑螂（网翅总目，Dictyoptera）等类群。在石炭纪和二叠纪森林的地面上一定覆盖着厚厚的树木孢子和花粉，这些覆盖物为杂食性昆虫们提供了营养丰富的食物。这些昆虫下一步就会开始在孢子和花粉脱落之前，取食容纳了孢子和花粉的植物子实体。想要穿透子实体的外壁，刺吸式口器是必需的。在石炭纪和二叠纪岩层发现的昆虫中，尽管有几种已经灭绝，但是据研究，它们就是通过这种方式进食的（见图7.13）。俄罗斯科学家们，特别是鲍里斯·罗登多夫（Boris Rohdendorf），通过对来自这一时期的昆虫和植物残骸进行的仔细研究，得出了如下结论：至少在二叠纪之前，昆虫并不会取食活的植物叶子；直到二叠纪结束，化石记录中才出现以树叶为食的昆虫。这些食叶昆虫可能是通过一种略微不同的途径演化出这种习性的。在以地面上的植物碎片和真菌为食之后，它们可能开始取食植物本身的病变部位，就像今天的一些蚱蜢喜欢做的那样。在这两种情况下，它们进食的食物中会混合有许多微生物，其中一些微生物与食草昆虫产生了某种关联，并可能最终导致了共生关系的形成。

昆虫个头很小，而大多数植物体型相对昆虫而言则要大得多。因此，通常情况下，昆虫可以从一株植物中获得其一生中大部分时间所需要的所有食物。这就为昆虫和它们的寄主植物演化出一种紧密且专性的关系开辟了道路。没有哪一种植物拥有绝对严密的防御力，也从没有演化出哪一种昆虫能够完全攻克植物的防御。大多数食草性昆虫专门以少数几种植物为食，通常是那些具有类似化学成分的某类植物。这也是能够演化出如此多不同种类昆虫的一个重要因素。

脊椎动物一般不会这么挑剔：它们需要进食大量的食物，因此必须从许多不同的植物中采集食物，而不能仅仅倚靠单一某一种植物。有些植物演化出了针对脊椎动物的有效防御，我们可以从牧场上未被吃掉的一丛丛荨麻身上看到这一点。但是哺乳动物在其共生体的帮助下，可以化解掉很多种普通植物分泌的防御化学物质的

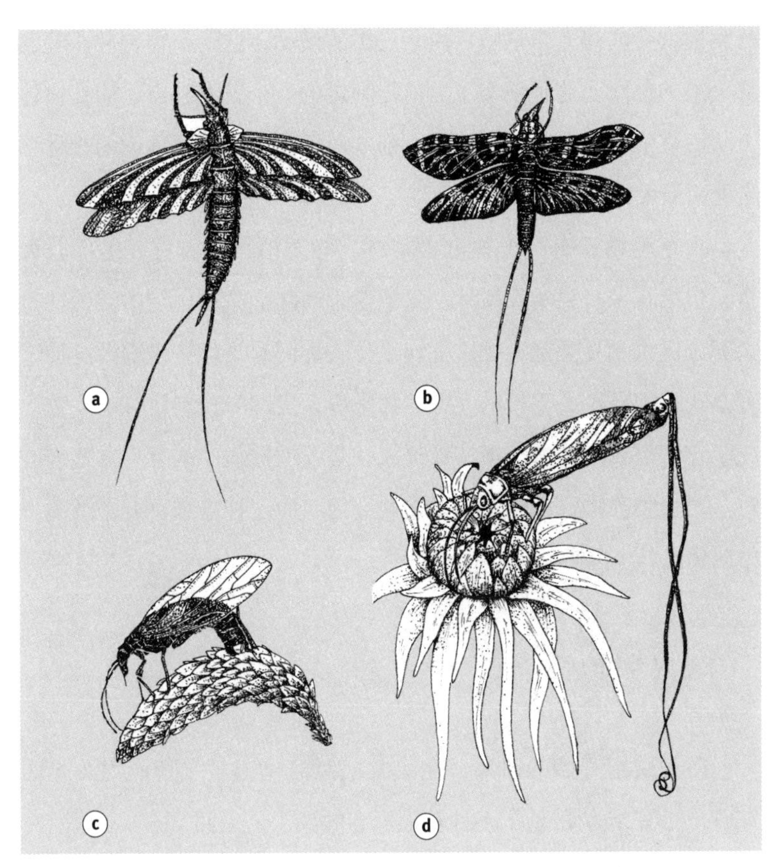

图7.13　部分二叠纪早期的昆虫，被认为是已灭绝的食草昆虫：a和b为Dictoneurida；c为Palaeomantiscidae； d为Diaphanopterida（参考自Ponomarenko in Rohdendorf 和 Raznitsin, 1980）

毒素。有时候，动物可以通过大丛生长的最爱的食物来定位它们的踪迹——草就是一个很好的例子，不过大多数食草动物也会吃其他植物。有两种哺乳动物是顶级的食物专家，一种是桉树上的树袋熊（桉树的植株比树袋熊大），另一种是熊猫，它们的食物竹子通常会生长为特别大型的竹林。但是，如果栖息地发生变化，这种专一的食性就会变得非常危险。由于人类的活动，这两个物种现在都面临灭绝的危险。这也证实了之前提到过的一个普遍观点，即在快速（从演化的角度）变化的时代，那些已经完美适应了环境的物种总是处于最大的危险之中。

食草动物还有另一种进食策略，即以植物最有营养的部分为食，包括花朵、果实和嫩芽。这就要求动物们具有一定的活动性，大部分昆虫和鸟类都遵循这种饮食方式。而对于那些也遵循这种饮食方式，但是不会飞行的大型动物来说，定期寻找到足够的食物源成了它们需要面临的一项特殊挑战，必须通过复杂的行为方式来应对。灵长类动物已经演化出了这种行为，而这种需求可能是推动智力演化的一个因素。

飞向空中

在石炭纪开始的时期，昆虫就已经演化出了飞行能力（见图7.7），在二叠纪出现了多种有翅形态的昆虫（见图7.13）。这两对翅膀演化自第二和第三胸节，即头部后面的身体区域。飞行给昆虫带来很多好处，其中最重要的是能够使它们有效地躲避鱼类、两栖动物、爬行动物和其他昆虫等捕食者，并使其有可能找到新的栖息地去觅食和产卵。在利用树木方面这也是一项非常重要的能力，它使得生物可以在三维空间中移动，在树枝之间飞来飞去，而不再被局限于仅仅沿着树枝行走。当然，飞行能力的获得也给昆虫们带来了不利的方面，比如增大了它们被吹走的危险。昆虫的飞行速度并不快，但它们演化出了适合自己的行为，使它们更像是急流中的独木舟手，而非随波逐流。在某些长时间保持不变的栖息地（例如湖泊）中，昆虫不需要移动；而在海风吹拂的岛屿，被风吹走的危险性比较大；于是生活在这些地方的一些昆虫，演化得失去了飞行能力：它们要么不再拥有可以飞行的翅膀，要么失去了利用翅膀飞行所需要的肌肉。飞行的成功演化需要顺利起飞、保持在空中飞行和精确着陆的能力，而后者似乎是最困难的挑战。

关于昆虫翅膀的演化过程，研究者们已经提出了许多理论。近些年人们普遍认可的三种主要理论场景分别是：从树上滑翔下来；任其随风飘荡；增加跳跃的长度，同时实现更可控的着陆。然而，对石蝇行为的研究提出了另一种可能的方案。这些昆虫的幼虫生活在淡水溪流中，当它们变成成虫时，它们会游到水面，爬上树枝或石头，然后成虫就会从幼虫的皮肤下面钻出来。成虫需要尽快从这个暴露的危险位置转移到岸上的某处庇护所，此时假如成虫能在繁殖前向溪流上游移动一段距离，那将成为它们的一个优势，因为在幼虫阶段，它们很可能已经被水冲到了更下游的地方。

在某些种类的石蝇（襀翅目）中，人们观察到石蝇成虫会跳向水面，同时扬起翅膀，将翅膀当作风帆来捕捉风的推力，这样它们就能借助水面的张力漂浮起来。这种被称为“掠过水面滑动”的行为在蜉蝣身上也有发现，它们的幼虫也与石蝇类似，生活在淡水中（见图7.7c）。因此有人认为，幼虫身体上用于呼吸和运动的外生组织（鳃）被保留在某些祖先的成虫体内，使成虫能够远离危险，前往更好的栖息地繁殖。每一个微小的改进和扩展都将使这一生理组织的“主人”更有可能生存下来并进行繁殖，从演化的角度来说，就也增强了它们的体能。就这样，鳃变成了翅膀，昆虫们开始飞翔。如果昆虫的翅真如这个理论所描述的那样演化而来，那么这将是一个常见现象的例子，即出于某种目的的某事物的演化，为新的用途提供了一个起点（例如从鳍到四肢）。这种新奇的功能为生物开启了进入新领域的巨大机会，包括开拓新的栖息地，以及新的谋生方式。

除了昆虫之外，此时在陆地环境中获得成功的无脊椎动物还有蜘蛛和螨虫，这一事实证明了在空气中飞行能力的演化优势：尽管控制力较弱，但它们演化出了另一种方法——在细丝上乘风而行。

鲨鱼，虾和海百合

在泥盆纪末期，虽然有几类海洋动物已经灭绝或变得稀有，但在石炭纪和二叠纪的海洋中，还有一些海洋动物繁盛地生长着。鲨鱼就是其中的一个群体，这个时期的鲨鱼结构最为多样化。其中数量较多的两个类群似乎是以贝类（软体动物）和腕足类为主食，而并不捕食其他鱼类。这些弓鲛鲨的牙齿牙冠较低，而与现代银鲛有亲缘关系的全头类（Holocephali）的牙齿则更加巨大（见图7.14c）。其他更普遍的鲨鱼种群出现在了海洋中，它们通过发展出成对的鳍来提高游动速度和机动性，它们的鱼鳍较狭长，而不是像过去生活在泥盆纪的裂口鲨（*Cladoselache*）的那种附着在身体上的宽鳍（见图6.4b）。此时的鲨鱼也能生活在淡水中，那里是部分异棘鲨的栖息地，这些鲨鱼的牙齿很有特点（图7.14a），而它们的体长可达3.5米。

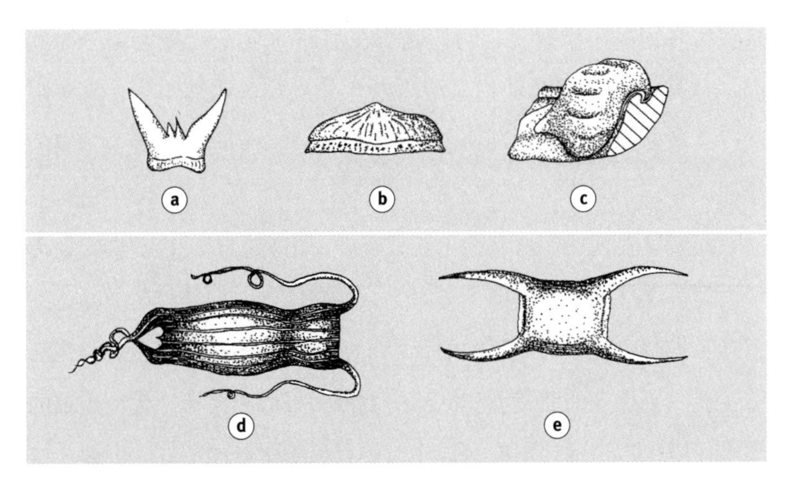

图7.14　鲨鱼：a-c石炭纪/二叠纪的牙齿类型：a异棘鲨；b弓鲛鲨；c全头类（b和c为取食贝类的鲨鱼）；d-e卵鞘：d角鲨；e鳐（a～c 参考自 Janvier, 1996； d, e参考自Goodrich, 1909）

大多数鲨鱼及其近缘物种与大多数其他鱼类和两栖动物产的卵是不同的：它们的卵很大。鲨鱼是体内受精，雄性在腹鳍上有一对被称为鳍脚的交配器官。但是这种交配器官在泥盆纪的裂口鲨中并未观察到，因此在石炭纪出现了这种繁殖方式，表明了它们与四足类的演化是同时代的。有些动物会直接产下活的幼体，有些则会产卵，每一只卵都附有一个卵黄囊，被雌性卵壳腺分泌的某种独特的鞘包裹着（见图7.14d，e）。这些卵鞘经常会被冲到海滩上。幼鱼在卵鞘内发育，并发育成为一个完整的幼鲨或鳐等。软骨鱼类还有其他几个明显的特征。例如，大多数鱼类在海水中能够保持悬浮，靠的是贯穿全身的充满气体的鱼鳔，而鲨鱼和其他软骨鱼类靠的则是肝脏中含有的大量油脂来保持浮力。不过，鲨鱼通常比海水略重，一般认为，当它们游泳时，会通过上叶长于下叶的尾鳍来获得升力。不游动时，它们就待在海底休息，鳐类大部分时间都是这样的。大多数动物血液中的含盐量与海水差不多，鲨鱼则通过高浓度的尿素来维持渗透压平衡，这是它们与肉鳍鱼类共有的特征。

虾最早出现在泥盆纪的化石记录中，但它们似乎在石炭纪经历了物种多样性的大幅增加（辐射），并在这一时期结束时数量达到顶峰（当时出现了16个不同的科）。值得一提的是，许多虾类化石被发现在（如今的北美洲和欧洲的）沿海平原和河流三角洲周围的咸水环境中，这种环境比海洋环境更有利于化石的形成。因此，可能还存在着许多我们不知道的海洋虾类物种（它们可能没有形成化石记录）。尽管如此，石炭纪大量不同类型的虾类化石还是非常引人注目的（见图7.15）。在解释食性时，化石形成的过程也可能使我

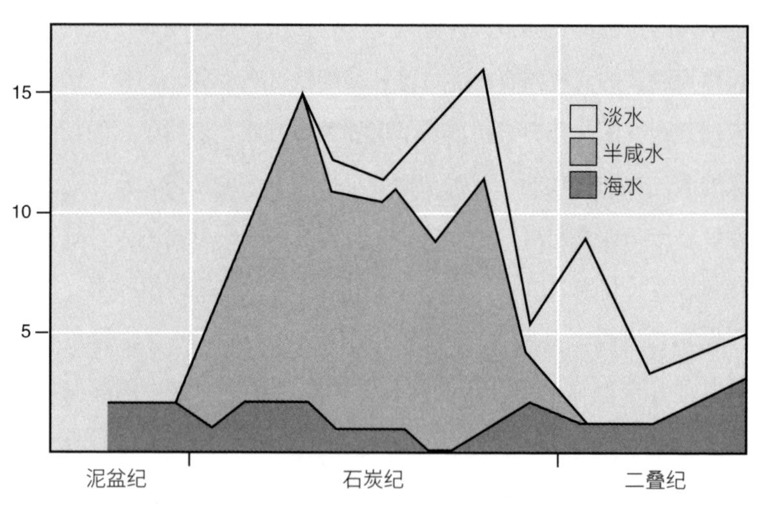

图7.15　在化石记录中发现的“虾”属的数量根据发现它们的环境而不同（参考并修改自Briggs 和 Clarkson, 1990）

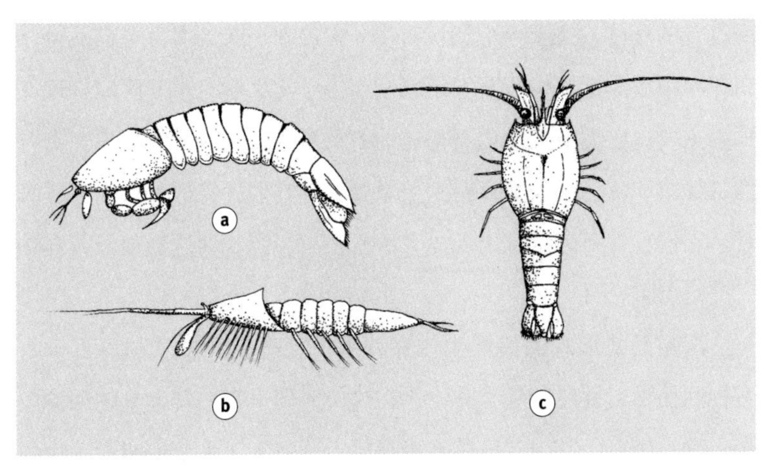

图7.16　拥有不同生活方式的石炭纪虾：a食肉动物（*Tyrannophontes*）：b滤食动物（*Waterstonella*）；c食腐动物（特里奥虾，*Tealliocaris*）（参考自Briggs 和Clarkson,1990）

们产生偏见，因为食肉动物巨大的爪子比滤食动物的细小附属物更有可能被保留下来。考虑到这一点，人们发现一个很有趣的现象，这些虾大多是食肉动物，或是食腐动物（见图7.16）；后者的食性中还包含低等级的食肉行为，即捕食体型更小的动物和正在死亡的动物。

海百合最早出现于寒武纪中期，直到今天它们仍是海洋动物群的重要组成部分，但它们最成功的时期是在石炭纪。它们与海星和海胆同属于棘皮动物门，但不同于大多数棘皮动物，它们有一根柄（见图5.11）。在某些物种中，柄只在幼虫阶段出现，但对于大多数物种，柄终生存在，并用来将它们附着在海底或海底附近的某个物体上。它们的腕足上覆盖着细细的纤毛，在海洋中搜寻藻类和其他浮游生物。这些腕足向下延伸到位于“花”中心的嘴部，“花”即海百合的身体，位于一个杯状物中。即使在今天，海百合仍然可以在深海中大量繁殖，在石炭纪它们霸占了几乎所有水下区域，现在那些主要由它们的大量化石构成的石灰岩床就是其代表。另一类有柄的棘皮动物——海蕾亚门则数量较少，它们的特征是有内部呼吸管。它们首次在志留纪出现，其数量在石炭纪晚期达到顶峰，并在二叠纪末期灭绝。

许多其他形式的海洋生物在这个时期蓬勃发展。与海百合有着相同捕食习性的腕足类动物，在这一时期也存在着大量的种群数量，种类繁多，其中有一些甚至体型十分巨大。大量的滤食动物的出现，表明在当时一定有着丰富的微小生物供它们食用。其中，放射虫类和有孔虫类这两种原生生物的种群最为密集（见图7.17）。前者有二氧化硅的骨架，后者有碳酸钙的外壳，这两种特征在生物死亡后仍然存在，并形成沉淀物，最终可能成为岩石。有孔虫在白垩纪数量非常丰富，它们的外壳正是当时大量的白垩沉积形成的原因。

这一时期是自寒武纪以来，造礁生物种类最为稀少的一个时期。在泥盆纪末期，层孔虫海绵和床板珊瑚变得罕见，而在今天对造礁发挥着重要作用的石珊瑚也还没有演化出来。然而，礁丘是由钙质藻类和海绵构成的，其他生物如珊瑚、苔藓虫类（外肛动物门，Bryozoa）、海百合和腕

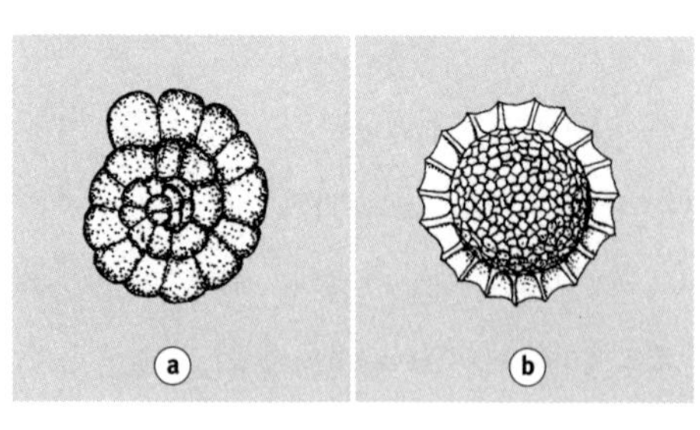

图7.17　碳化生物的骨架：a有孔虫；b放射虫（参考自Traitde Zoologie, 1953）

足动物也附着在礁丘上，从而帮助了物质的积累封存。这些结构体积可能会变得非常大，就像现在在得克萨斯州的埃尔卡皮坦岩壁所看到的礁石那样。

二叠纪大灭绝

二叠纪大灭绝是化石史上最大的一次灭绝，据估计，大约有95%的海洋动物物种灭绝，一半以上的科都消失了。在灭绝的物种中，有三叶虫、皱纹珊瑚和海蕾亚门的棘皮动物。只有少数放射虫、菊石、腕足类和海百合存活了下来，而后两个种群再也没有达到此前那样丰富的多样性。在陆地上，迷齿类两栖动物和早期爬行动物的统治地位结束了，而盘龙似乎在这一时期结束前就灭绝了。曾经广泛分布的舌羊齿森林似乎也已经被破坏，一些种子蕨类植物也消失了。在化石历史上，这也是唯一一次有大量昆虫（共8个纲）灭绝的时期。

在大灭绝中，有少数群体似乎相对没有受到伤害，尤其是鲨鱼和其他鱼类，以及以碎屑为食的有孔虫和各种软体动物（包括海螺和双壳类）。这些无脊椎动物中有许多生活在海底（底栖物种），它们很可能能够忍受缺氧环境，但是这些鱼是如何以及为什么能够存活下来，仍然是个未解之谜。

这次大灭绝实际上是相隔800万年的两次事件。有些类群，如菊石，受第一次事件影响，数量大大减少，因此开始辐射，在第二次灭绝事件到来之前演化出许多新的物种。这一事件发生在距今约2.48亿年前，标志着从寒武纪开始的地质时期——古生代的结束。第二次灭绝事件产生了更为广泛的影响，尽管仍有很多不确定性，但人们对它的了解比第一次灭绝事件更多。当然，并非所有的专家都同意这里提出的假设（见图7.18），但我认为目前的证据比较有说服力。这样一个独特的事件是由于各种原因的偶然同步而引起的，这不足为奇。

这一时期的关键事件是特纳普超级火山喷发，最近有人提出，一颗小行星也在这个时候撞击了地球，这可能是导致地幔喷出大量玄武岩的原因。据计算，当时至少有200万立方千米的液态岩石在100万年，甚至更短的时间内被挤压出来。这发生在一个二氧化碳含量低而氧气含量高的世界（见图7.1）。较低水平的二氧化碳将延续可能从石炭纪中期就开始的逆向温室效应。这会导致极地地区的冰川进一步积聚，海平面进一步下降。大陆“挤压”在一起形成的泛大陆也会导致海平面下降，据计算，在当时只有13%的大陆架仍然被水覆盖。由于大气中氧气含量比较高，因海平面下降暴露出来的有机沉积物的氧化速度特别快。这就会相应地释放出更多较轻的碳同位素

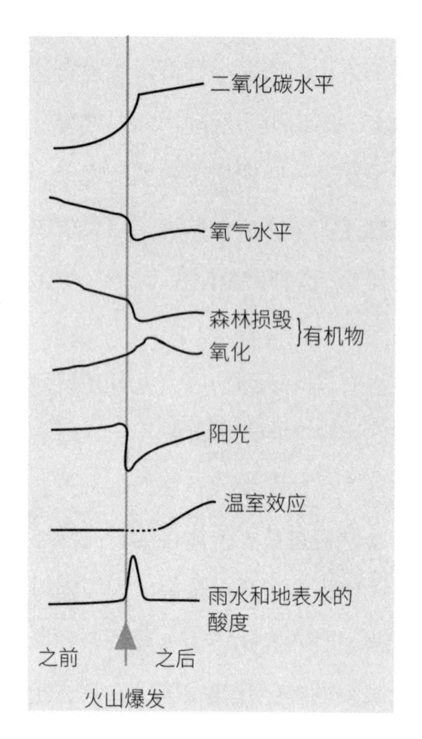

图7.18 从二叠纪末期特纳普超级火山爆发前后，一些环境变量的变化

（^{12}C），这些较轻的碳同位素之前是由活的生物体产生的，因此在此之前多被锁定在沉积物中。这就是为什么今天，我们在对当时的碳酸盐进行分析时，发现较轻的碳同位素（^{12}C）与较重的碳同位素（^{13}C）的比例发生了变化。

因此在二叠纪末期，气候变得温暖，以前数量稀少的浅海实际上在增加。海水会泛滥，淹没以前干涸的地区，这常常会导致缺氧的情况。各个大陆终于缝合在一起，各种洋流可能突然改变了方向。所有这些变化无疑会给一些海洋物种带来压力。

在这种变化多端的背景下，发生了一系列的火山喷发，大量的玄武岩喷涌而出，形成了特纳普超级火山。所有的证据都表明这些都是爆炸性事件。大量过热的含硫气体喷出，遇到空气中含量极高的氧气后会立即燃烧产生二氧化硫。这些二氧化硫溶解在水中，会形成酸性很强的降雨。火山灰喷出形成的尘埃云遮住了太阳，把白天变成了黑夜。一层真菌孢子证明当时发生了大量植物死亡的现象，这是化石记录中最不寻常的现象。这种已经死亡的植物很容易被闪电点燃，植物残骸中的硫和碳在燃烧时会消耗掉大气中多余的氧气，使其恢复到较正常的水平（见图7.1）。虽然大部分尘埃会沉淀下来，让阳光再次照耀在地球上，但会有一段时间，细小的尘埃降低了辐射强度，气候变得极其寒冷，导致更多的冰形成，海洋再次退化。然而，尘埃最终会消散，地球将再次获得全部的太阳辐射带来的能量。但与火山爆发前的情况不同，现在地球上有了二氧化碳和其他温室气体的保护，太阳辐射将被捕获，气温将急剧上升。冰盖融化，海平面也会急剧上升，将缺氧的海水从海床带上海面。

从地质学的角度来说，这一系列的事件可能在很短的时间内发生，也很可能重复发生了好几次。有些火山爆发规模巨大，会对全球产生影响，也有一些火山喷发可能规模比较小，影响也比较有限。但总的来说，在这段可能长达数十万年的时间里，生命将不断受到冷热交替、海平面升降、强酸性降雨和频繁缺氧的海洋环境的挑战。

与大约800万年前发生的第一次大灭绝事件有关的证据较少，但两次灭绝事件可能是相似的，尽管相隔的时间可能更短。中国的峨眉山暗色岩是另一个泛布玄武岩的区域，它们的年代可以被准确追溯到距今约2.56亿年前。很容易看出，由于这两次事件以及其各自期间的一系列喷发，并非所有物种都会在同一时间灭绝。令人惊奇的也许不是有那么多的物种消失了，而是有那么多的物种幸存了下来。

第8章 稀疏的开始

三叠纪

2.48亿——2.06亿年前

在这一时期，泛大陆仍保持完整，如今构成东南亚的各种小块陆地移动到了劳亚古陆的东侧一角。虽然泛大陆从靠近一个极点延伸到靠近另一个极点，但似乎在极点之上并不存在陆地，也没有大陆冰原存在的证据。在巨大的泛大洋（古太平洋）中，洋流可以自由流动，将温暖的海水带到水温较低的高纬度地区。特提斯海是存在于泛大陆东侧的一个较深的海湾，位于热带地区。在二叠纪末期，海水从低水位开始逐渐上升，所以沿着特提斯海的边缘经常有繁茂的热带沼泽森林。这一时期的气候可能相对温暖，并逐渐变得炎热。远离海洋的地方常常非常干旱，有证据表明，当时内海逐渐被蒸发，形成了大量的岩盐、石膏和硬石膏沉积物。在这一时期开始时，动植物生命的迹象似乎变得非常稀少。

蕨类植物和针叶树

在三叠纪初期，蕨类植物的孢子在化石记录中普遍存在。在二叠纪大灭绝的最后阶段和整个三叠纪早期，蕨类植物通常会成为相对贫瘠的土地上的早期“殖民者”。虽然也有树木，但此时在地面上占优势的植物是蕨类。因此这一时期也被称为“蕨类植物的时代”。

大约从三叠纪中期开始，种子蕨类植物（即二叉羊齿，*Dicroidium*）从热带地区生长扩散开来，并广泛地分布在整个泛大陆上。这种植物（和动物）的世界性分布是这一时期的特征，反映了当时的地质特征，即缺乏阻止物种扩散的海洋屏障。尽管针叶树及与其有亲缘关系的其他植物种群最早发现于石炭纪，但在三叠纪期间，针叶树在化石记录中出现的频率越来越高，其多样性也变得越来越丰富。它们有着凹陷的气孔和厚厚的叶面覆盖物，使得它们很好地适应了当时干燥的环境，因此它们在泛大陆的许多干旱地区有着重要的生长优势。在这个时期或侏罗纪早期发现的所有主要植物类群都得以遍布全球，但有两个例外，即包括黄木在内的罗汉松科（Podocarpaceae），以及智利南洋杉和异叶南洋杉所属的南洋杉科（Araucariaceae）植物（见图8.1b）。这两类都曾在泛大陆的南部（冈瓦纳古陆区域）繁盛一时；之后，它们的分布区域变得更加广泛；然而今天，它们的自然分布区域仅限于其古老的大本营——南半球。在泛大陆的不同地区都已经发现了一些化石，这些化石记录中的树木种群显示出了松树（松科，Pinaceae）、北美红杉（杉科，Taxodiaceae）、柏树（柏科，Cupressaceae）和紫杉（红豆杉科，Taxaceae）的基本特征，不过这些树木在下一章所述的时期才变得更加广布和丰富。除了巨大的北美红杉外，到今天这些树木仍然广泛分布，不过在热带和温带森林中，优势地位通常会让位于新演化出

图8.1　三叠纪树木的现代代表：a有球果的苏铁；b智利南洋杉；c银杏

来的被子植物（即开花的树）。

上面所描述的针叶树全部可以归于一个更大的级别，即裸子植物（Gymnosperms），其字面意思就是“裸露的种子”。这类植物的胚珠在受精时，以及完成受精发育成种子之后都是直接裸露在外的，没有被母体的任何组织包裹。在三叠纪植物区系中，除了常见的针叶树外，还有另外两类裸子植物比较常见，分别是苏铁（Cycadophyta）和银杏（Ginkgophyta），它们的主要代表树木到现在仍然生活在地球上（见图8.1a和c）。人们在热带和亚热带地区发现了一百多种苏铁，它们大多生活在干燥的地方，有些苏铁至少可以生存一千年。虽然现在的苏铁植物可以长得很高，从3米到18米不等，但在这一时期，很可能存在着比现在的植株长得更小或是更大的苏铁。这一结论来自对已经变成化石的各种植物碎片的结构推断，不过这些推断仍然存在相当大的不确定性。这类植物拥有不同的性别，雄性植株可以产生大量的花粉。在雄性球果里发现了一些生活在其中的象鼻虫，它们被球果里的花粉覆盖着。由于这些象鼻虫也会爬到雌性球果中，因此起到了传递花粉的作用，这可能是昆虫帮助植物授粉的最早证据。现代的苏铁的汁液有毒，可以保护它们免受大多数食草动物的攻击，但除了象鼻虫之外，还有另外一种不同寻常的盲蝽以苏铁为食，而且它们只吃苏铁。不同种类的盲蝽大多是在距今1亿到2亿年前演化而来的，所以这种专性关系可能也是在一个漫长的过程中建立起来的。由于植物化学在这种关联中起着重要的作用，因此这也表明苏铁的毒性可能是一种古老的特征。在下一个地质时期，即侏罗纪，苏铁是植物群中非常重要的组成部分，但我们只能推测它的这一特征对食草恐龙的影响。

尽管银杏类群曾经广泛分布，但是银杏（*Ginkgo biloba*）（见图8.1c）是这一类群中唯一存活下来的成员。这很可能要归功于在过去的几百年里，它们在中国和日本的寺庙花园中得到了精心的栽培。现在，由于银杏树对污染有很好的耐受性，全世界温带地区的许多城镇中都有种植银杏。人们不禁猜测，在二叠纪末期，巨大的火山喷发产生了大量的二氧化硫和其他污染物，银杏耐受污染的特性很可能帮助了它们自己以及其他银杏树的祖先生存下来。银杏有着不同的性别之分，雌树可以在同一时间掉落大量果实，其中包括被肉质的外层覆盖着的一个圆形的坚果。对于人类来说，这种果实散发着恶臭，但是这种气味可能是为了吸引一些爬行动物或哺乳动物前来，帮助其散播种子。来源于距今约8000万年前的银杏叶化石，与现存的银杏非常相似，但是生活在三叠纪时期的银杏树很可能在外形上与今天的银杏有着很大的不同。

变得更像哺乳动物

正如在第七章中提到的，爬行动物可以划分为三大类。哺乳动物就是从这些爬行动物中的一种——下孔类演化而来的。在三叠纪初期，有许多代表性动物得以从二叠纪的大灭绝中幸存下来。其中草食性的二齿兽的物种多样性有所降低，但是在三叠纪早期，有一种叫水龙兽（*Lystrosaurus*）的物种分布却极为广泛。也许水龙兽是二齿兽类中演化最成功的一种，不过从地质学角度来说，它们的繁盛期只持续了很短的一段时间。目前已经发现的有关二齿兽类的最大的化石标本大约有2米长。人们发现了许多不同种类的二齿兽类，它们分别来自中三叠世和上三叠世，据研究，当时的部分二齿兽类可能能够用后腿站立来啃食树木和灌木，并且可以用它们像龟一样的角状喙把树枝和树叶咬断，然而二齿兽类在三叠纪末期或临近末期的时候灭绝了。

另一个跨越二叠纪—三叠纪界线的动物类群是兽头类（Therocephalia）。有趣的是，在二叠纪，兽头类中的一部分是最早的食虫动物，在那个时候它们表现出广泛的饮食习惯和各种大小的体型（30～200厘米不等）。在下三叠世，兽头类动物的体型普遍较小，且它们多为食虫动物（见图8.2a）。

这一群体的早期成员，以及早期的四足动物群体，都是爬行类（见图8.3）。也就是说，它们像蝾螈那样走路，双腿在肘部和膝盖处弯曲，脚伸出在身体外侧。它们行走时步幅非常有限，这一不足可以通过每走一步都左右摆动肩膀来弥补。当它们的身体像上述那样摆动时，肺部就会受到挤压，所以这些两栖动物和爬行动物无

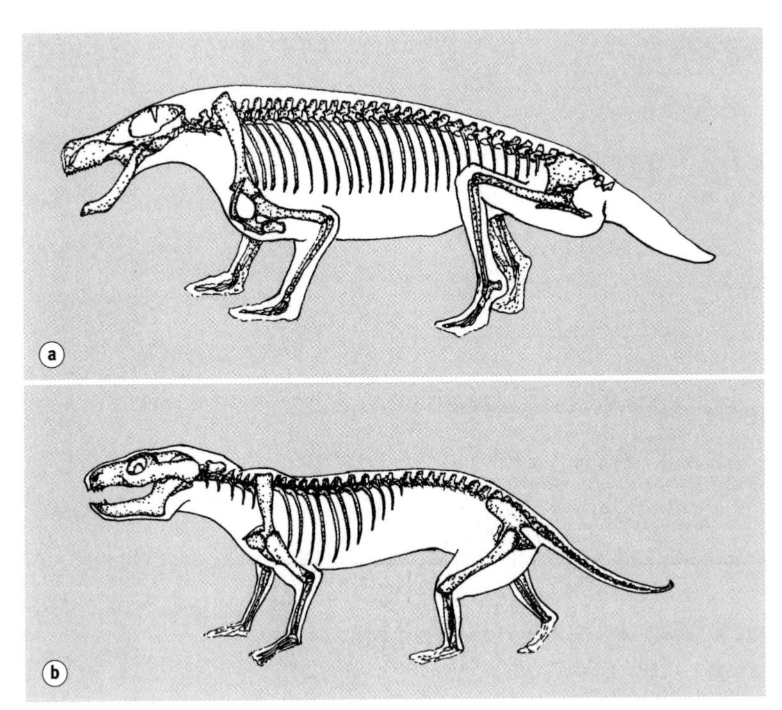

图8.2　a兽头类，埃里斯蜥兽（*Ericiolacerta*）；b犬齿兽类，咄颌兽（*Massetognathus*）（参考自 Kemp, 1982）

法同时完成奔跑和呼吸的动作。如果你观察蜥蜴就会发现，它会先跑一小段距离，然后再停下来呼吸。然而，在犬齿兽类的动物类群中，出现了朝向直立姿态进行演变的趋势，这正是人们在哺乳动物中所看到的形态。在这个姿态下，身体的前部悬挂在肩膀上，所以呼吸和运动可以通过不同的肌肉组来完成。空气随着肌肉膈膜的扩张被吸入胸腔中，接着被呼出，在许多哺乳动物中，跑步时脊柱的运动与之同步，因此呼吸随之被增强。当然，直立的姿势同时也为演化带来了其他的发展方向。

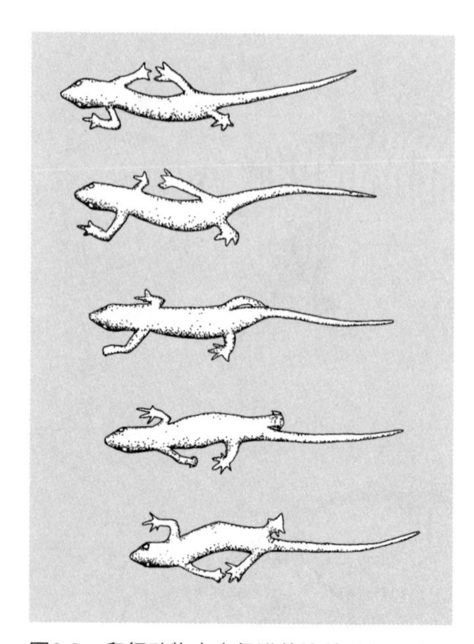

图8.3 爬行动物大步行进的连续动作示意图（蝾螈）（参考自 Roos, 1964）

直立的体态可以将肘部和膝盖（同时也包括脚）置于身体下方，这增加了运动时的敏捷性和速度，这两种属性可以帮助动物在生存中有效地逃避天敌和捕获猎物。此外，正如我们在前面所提到的，如果想通过保持相同的比例来增大动物的体积，那么它的重量势必会成几何级增加，而原有的骨骼承受的力量会随其横截面积成倍增加。如果四肢在肘部和膝盖处弯曲，随着尺寸的不断增大，旋转力矩也会变得越来越大，因此，呈水平方向的骨骼将会被折断。然而，如果四肢位于动物身体的正下方，在演化的过程中，四肢逐渐地被拉直，压力的方向就会转移到骨骼纵向，而不是横跨骨骼。通过这种方式分担身体压力的四肢，就如同支撑教堂屋顶的立柱一样。尽管像老鼠这样的小型哺乳动物的四肢弯曲幅度较大，大型哺乳动物的四肢却变得更直了。以至于最大的陆地哺乳动物，大象，它们的四肢变得挺直，并直接位于身体的正下方（没有弯曲）。估计生存在当时的大型动物，如恐龙，它们的四肢也是如此。因此，直立的姿态在大型陆生动物的演化过程中是必要的一环，这种体形保证了这些大型生物的运动能力。相反，鳄鱼没有进化出直立的站立姿势，因此它们只能在陆地上做短距离行走。

通过对犬齿兽类动物腰部和四肢进行解剖及详细观察发现，它们的后肢和腰带演化成为了半直立行走的姿势。这种演化首先发生在后肢处，这也反映了四足类是“后轮驱动”式前进的——它们的后腿力量更大。在三叠纪晚期，有一种小型的草食动物（约55厘米长），小驼兽（*Oligokyphus*）（见图8.4），其前肢关节似乎也发生了变化，它们的前肢关节似乎不太像爬行动物那样向外伸展，反而偏向于一种更为直立的姿势。此外，它们的双腿离中线更近，所以当腹部离开地面时，骨骼会承受更多的重量。总之，从身体构造上来说，它的（承重和运动）效率比之前其他的物种要高得多。

这种腰带和腿部结构的演化是表征犬齿兽在向哺乳动物的方向演化的特征之一。另一个似哺乳类动物的特征，是其牙齿开始分化演变出门齿和犬齿，用于收集食物；而口腔后面的其他牙齿则用来粉碎和咀嚼食物。如果它们可以咀嚼，那么可能也会有肌肉发达的舌头来处理食物。尽管犬齿兽类动物耳朵里的骨块排列和哺乳动物不太一样，但毫无疑问的是，它们也能听到声音。腰部区域肋骨的缩短表明犬齿兽类动物身体内可能存在膈膜，正如前文中描述的那

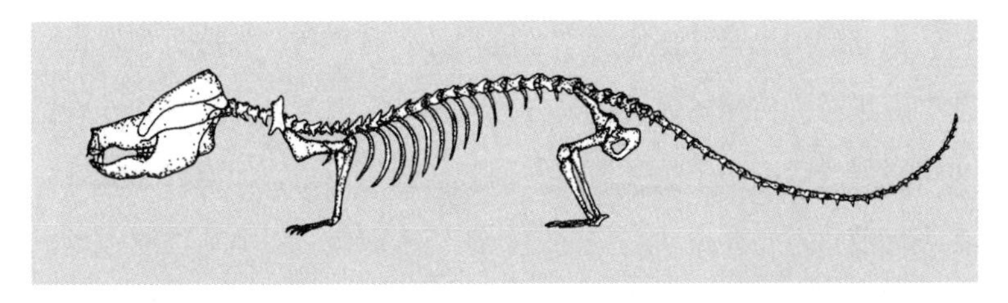

图8.4 三叠纪晚期的一种小型犬齿兽，小驼兽（参考自Kemp, 1982）

图8.5 早期哺乳动物，大带齿兽（*Megazostrodon*）（参考自 Charig, 1979）

样，膈膜可以使呼吸变得有规律，而不再受其他身体运动的影响。牛津大学的汤姆·坎普（Tom Kemp）对这一群体进行了详细的研究，他认为有充分的证据来证明犬齿兽是温血动物。

因此我们可以推测，犬齿兽，特别是其中的犬颌兽（Cynognathidea），是原始的哺乳动物。发现的最早的哺乳动物遗骸，大约是在上三叠世时期，有关这些原始哺乳动物的化石记录变得很稀少。它们的体型很小，和老鼠差不多大（约10厘米长，见图8.5）。如今，像这种小体型的动物大多在夜间活动，由此推测，这些早期的哺乳动物也是在夜间最为活跃，那么它们一定是温血动物。

关于温血动物

尽管大多数动物都可以很容易地被判断为温血动物或冷血动物，但它们中也有许多中间类型的物种。有些鱼，如梭鱼和鲨鱼，能够通过一种特殊的血管排列方式来保持肌肉温度；蜥蜴和一些昆虫可以通过晒太阳来提高体温；而其他大型昆虫，如熊蜂和天蛾，在飞行前常常需要振动它们的飞行肌肉来取暖。温血动物通常可以保持体温恒定，但在蛰伏状态下，它们仍然会降低体温。蝙蝠在白天也会这么做，当它们受到惊扰时，会在起飞之前短暂地“战栗”一下然后飞走。一些蜂鸟会在晚上变得迟钝，这时它们的体温随着空气温度的下降而下降，最低可降至20℃。如果外部温度进一步下降，蜂鸟会将体温保持在20℃。有冬眠习性的动物，如熊和刺猬，在冬眠过程中它们的体温会下降至6℃；而生活在北极地区的北极黄鼠（*Urocitellus parryii*），它的体温可以下降并维持在一个了不起的温度，零下2.9℃，此时它们的身体组织受到一种相当于防冻剂的成分保护。当这些冬眠的动物醒来时，一种作为特殊储备的棕色脂肪会被“燃烧”，用来帮助提高体温。从以上这些例子可以看出，温血动物和冷血动物之间真正的区别不是仅仅取决于血液的温度，而是看这些动物的体温变化是在很大程度上由外部环境决定，还是它们可以从身体内部产生热量并具有将体温保持在某一特定温度的能力。

可以保持体温恒定的两类动物分别是鸟类和哺乳动物。它们的恒定体温值随类群的不同而变化，通常情况下，鸟类正常的体温变化范围是38℃～41℃，而大多数哺乳动物的体温变化范围是35℃～38℃。动物在活跃状态下，可以通过肌肉活动产生热量，如战栗（一种不自主的肌肉活动）以及身体器官（肠、脑、肺、肝等）活动。就人类自身而言，当我们休息时，身体器官活动为我们提供了身体所需要的超过三分之二的热量。温血动物通过身体表面覆盖皮毛或羽毛，以及在皮下储存脂肪来保存热量。同时，它们通过蒸发（包括出汗和/或喘息等方式），以及身体表面的辐射和对流来散发热量。

与体型较大的动物相比，体型较小的动物的身体表面积要大得多（简单源于球体表面积与体积的数学关系）。一只小蜥蜴与一只大鳄鱼相比，它的身体降温速度要快得多。相对于它们的体表面积而言，大型动物的器官和肌肉非常庞大，因此，对大型动物来说，保持身体凉爽比保温更具有挑战性。在这方面值得注意的是大型热带动物，比如大象、犀牛和河马，它们身体表面没有被毛发覆盖；然而它们已经灭绝的亲戚，比如曾经生活在寒冷气候下的猛犸象和披毛犀，则是毛茸茸的。鲸和大多数成年海豹也失去了大部分的毛发，但这与水生生物需要的流线型体型有关，而且它们身体内有一层厚厚的脂肪，可以帮助它们保暖。

温血动物可以保持身体温度恒定的特征，为它们带来了很多优势。首先，它使大脑能够依赖其神经元组件的标准响应，从而即使身处温度剧烈波动的陆地栖息环境，复杂的大脑结构也得以不断演化。因此，温血动物可以对食物或危险做出快速判断和反应，其活动不会受到天气变化等外界环境因素的影响。其次，恒温提高了幼仔在出生前以及出生后的生长速度。我们可以称之为“短暂的青春期”，温血动物得以在不被占用太多时间和寿命的情况下，很好地抚育和照料它们的幼仔，从而不会影响到下一代的生育率。相对地，如果是变温动物，以鳄鱼为例，如果它要照顾幼仔直到它们成年，那么只能每9年左右繁殖一次。而大多数的鸟类和哺乳动物每年都可以进行一次甚至多次孵化和繁殖。幼仔得到了亲代的照料，这不仅降低了幼仔的死亡率，也使得它们有机会学习父母的行为。部分冷血动物，从蠼螋到某些鱼类、青蛙、鳄鱼和蛇，它们的幼体能够得到的亲代抚育非常有限，因此它们的育幼期非常短。相反地，大多数的哺乳动物和鸟类，它们的幼体在发育成熟之前会得到父母长期的照顾。温血动物不仅可以在孩子成长的过程中照顾它们，还可以为幼体提供居住的巢穴或类似的避难所，这些远比野外环境要更适合幼体的生长和发育，而且在温带地区，这一行为还延长了它们的繁殖期。同样，有一些特殊的冷血动物也会通过特殊的适应性，来达到这个目的。例如，钻石蟒（*Morelia spilota spilota*）会把它居住的巢穴的温度保持在比周围环境高几度的水平。然而，温血动物总体上存活率更高，世代更替时间更短。这些因素共同构成了更高的种群内禀增长率，这正是演化成功的关键组成部分。

在三叠纪时期，生活着许多大型掠食者，它们以较小的爬行动物和早期哺乳动物为食。想要降低被杀和被吃掉的风险，其中一种有效的方法是在夜间活动——尽管现在生活着专门的夜间捕食者（例如猫头鹰），但大多数体型非常小的哺乳动物仍然是夜行性的。然而，由于小型动物的体积与表面积的比值较小，无法像大型掠食者那样，利用在温暖的白天汲取的能量保持较长时间的体温。因此当温度下降时，比如在陆地上夜晚降临或者变得多云阴天时，小型动物们会很快变得不再那么警觉，而且行动开始变得迟缓，而大型掠食者仍然可以较好地保持身体温暖，维持体温稳定。这时，这些小型动物们只能无奈地成为掠食者的捕食目标，坐等宰割。因此，无论在什么环境条件下，小动物们都必须要保持充分的警觉性和灵敏的活动性，这成为陆地上温血动物演化的主要推动力。而在海洋中，由于海水的温度比较稳定，并没有为这一演化步骤提供必要的刺激条件。

恐龙的黎明

我们追踪并介绍了爬行动物中最大的一类——下孔类动物——到哺乳动物的演化过程。另外一类爬行动物，双孔类，则包含了包括恐龙、鸟类和除乌龟和陆龟之外所有现存爬行动物的演化根源。三叠纪时期的化石记录表明，有多种类型的恐龙繁及一时，但都在三叠纪末期或是末期到来之前灭绝了，而主要的恐龙类群最早出现于三叠纪晚期。

在三叠纪中部的大部分时间里，具有强劲“喙”的喙头龙（Rhynchosauria，见图8.6a）是占据生存优势的食草动物，这可能与当时种子蕨类二叉羊齿的分布有关。布里斯托尔大学的迈克尔·本顿（Michael Benton）对此进行了详细的研究，他认为这种作为其主要食物的蕨类植物的消失，是导致喙头龙在三叠纪晚期灭绝的主要原因。然而，大型食草动物的食物通常不会如此单一，很可能是出于某些原因，当时的环境发生了变化，而这种变化不仅导致了种子蕨类的消亡，也对喙头龙本身产生了不利的影响。喙头龙通常被认为是祖龙类（Archosaurs，一类古爬行动物）的早期分支，下面讨论的其他爬行动物也都属于祖龙类。

坚蜥类（Aetosaurs）（见图8.6b）是一群身披重甲的食草动物，只出现在三叠纪晚期。与其相关的肉食性动物植龙（phytosaurs）（见图8.6c）也是如此，它们有着像鳄鱼一样的外形，体长将近4米，据推测，它们的生活习性很可能也与鳄鱼相似。其他的肉食性爬行动物，包括现代鳄鱼的祖先，也出现在三叠纪晚期，其中一些具有相对较长的腿，这表明它们具备快速移动的能力。

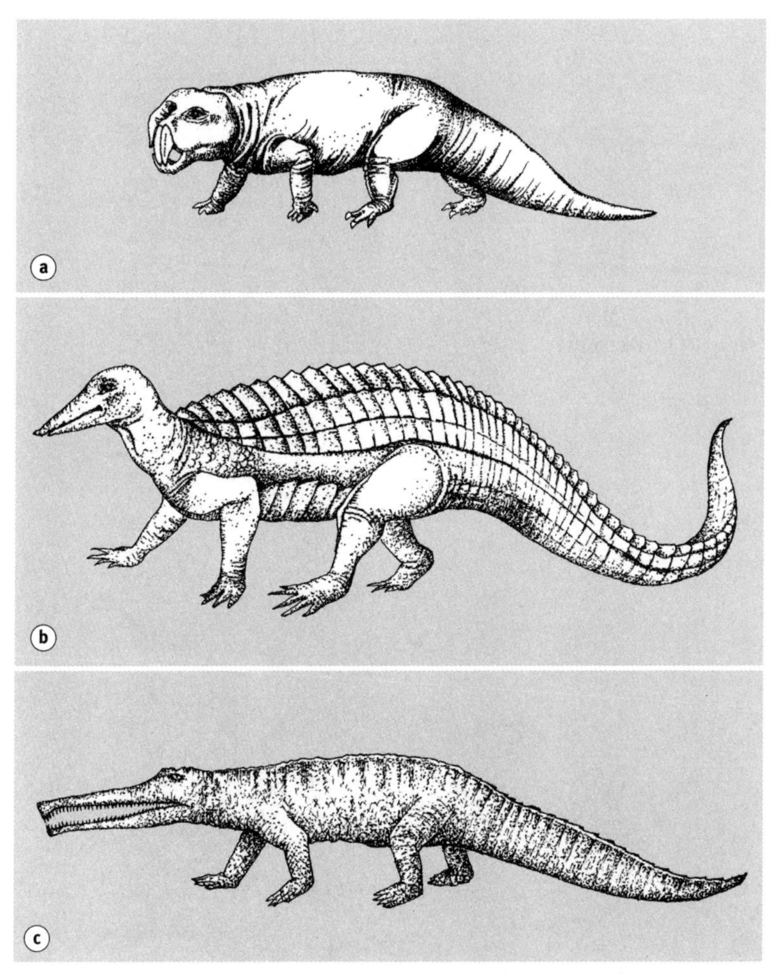

图8.6　不是恐龙的三叠纪爬行动物：a喙头龙；b坚蜥类；c植龙（a体长1.3 米，b, c 3米。）（a 和b 参考自Benton, 1983；c 参考自Charig, 1979）

三叠纪晚期的化石记录还揭示了几种可以被视为真正的恐龙的爬行动物，其中以食草性的原蜥脚类动物（prosauropods）为主（见图8.7a）。它们多为两足动物，颈部较长，主要靠后肢移动。

这种行动姿势和它们长长的脖子使得它们能够在高大的灌木丛中觅食，并且可以吃到树上的食物，而这些地方的食物是其他食草动物，如坚蜥类等可望而不可即的。原蜥脚类动物的名字尽管与蜥脚类（Sauropods）恐龙相近，但它们并不是蜥脚类恐龙的祖先，相反地，这类动物似乎在演化过程中走到了死胡同。

侏罗纪和白垩纪的许多恐龙都属于蜥臀类（Saurischia）和鸟臀类（Ornithischia），它们出现于三叠纪晚期，但似乎在当时并没有占主导地位，其物种数量并不太多。对它们来说，这是一个“融合期”。在现有的优势群体灭绝之后，蜥臀类和鸟臀类的数量才得

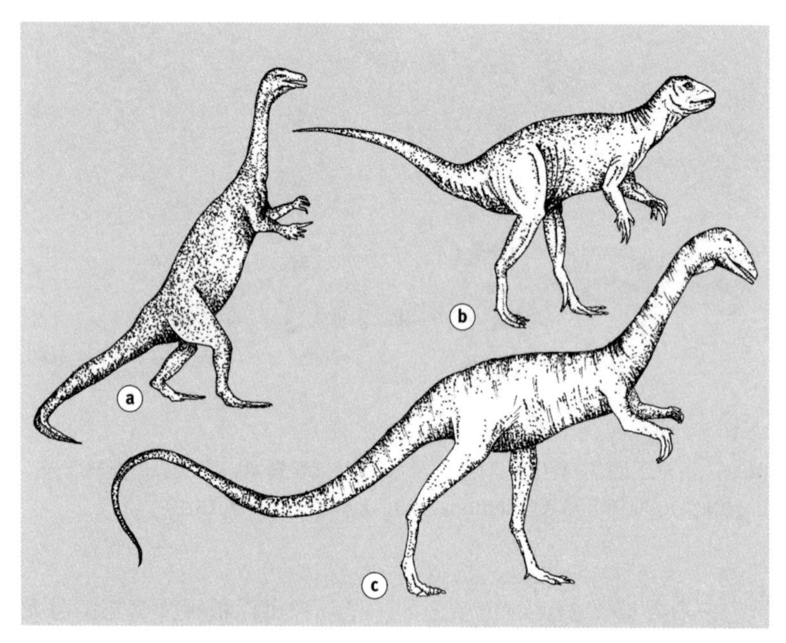

图8.7 三叠纪恐龙：a原蜥脚类，大椎龙；b鸟臀类，异齿龙；c蜥臀类，腔骨龙（参考自 Charig, 1979）

以辐射增长，而在这之前，它们是一个不那么重要的群体。腔骨龙（*Coelophysis*，见图8.7c）是一种轻盈且相对体型较小的掠食者，它们约1米高，2.5米长。腔骨龙有着尖锐的牙齿，很可能以小型爬行动物和昆虫为食。然而，腔骨龙属于蜥臀类恐龙，巨大的白垩纪霸王龙就是这一类群中广为人知的代表性动物。此外，三叠纪晚期还发现了两足食草的鸟臀类恐龙的代表，这一类恐龙的体型较小，包括尾巴在内，其体长一共不到1米（见图8.7b），它们很可能依靠速度和警觉性来躲避捕食者。

由此我们可以看到，从演化的角度来说，三叠纪时期那些最有前途的物种，是体型较小且相对少见的早期哺乳动物和早期恐龙（蜥臀类和鸟臀类）。而那些大型的、在当时占据主导地位的犬齿龙、喙头龙、植龙、坚蜥类和原蜥脚类恐龙等，则都从生命演化历史的长河中消失了。

阿蒙神的角，龙虾和珊瑚

自泥盆纪以来，菊石类（Ammonoidea）壮观盘绕的螺旋状外壳一直是海洋生物的显著特征（图8.8），它们的外形被认为与埃及的阿蒙神（Amon）的角相似，它们也因此而得名。菊石属于软体动物门的头足纲，鱿鱼和章鱼也是这一类群的动物。头足纲的所有的生物都是用一个肌肉组织管，也就是漏斗，喷出水流来推动自己前进，不过人们对这是否是所有的，或者确实是任何一种菊石类生物的运动方式还有些疑问。头足类动物有发达的眼睛、大脑和神经系统，其效率和复杂程度甚至可以与许多脊椎动物相媲美。作为掠食

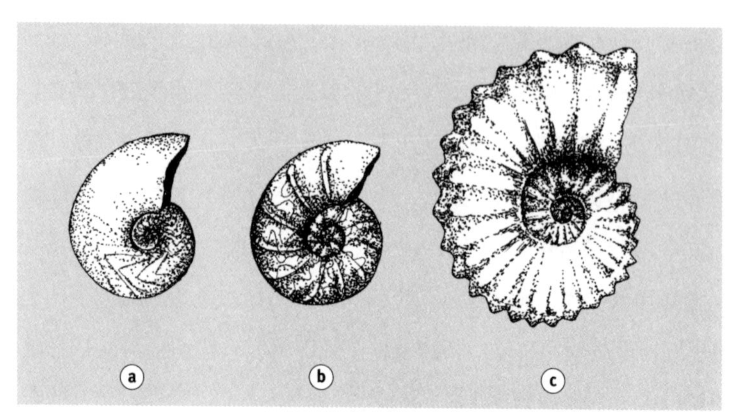

图8.8 展示出刻痕差异的来自不同时期的菊石类生物：a尖棱菊石（*Manticoceras*，泥盆纪）；b齿菊石（*Ceratites*，三叠纪）；c刺菊石（*Acanthoceras*，白垩纪）（参考自 Moore, 1957）

者和食腐动物，头足类动物和鱼类占据着同样的生态位，尽管鱼类现在已经占据了统治地位，但情况并非一直如此。头足类动物在不同时期都非常成功，而菊石类生物的一个显著特征就是其丰富的物种多样性（可高达数千种），不过其中许多只在化石记录中出现了很短的时间。正是由于这一特点，菊石类生物被广泛用于鉴别发现它们的地层。已知属中有四分之一是在三叠纪演化而来的，但在三叠纪末期，它们几乎全部灭绝，直到侏罗纪和白垩纪，它们才得以再次大肆繁衍，而在这之后，它们迎来了最终的大灭绝。

除了体型庞大之外，动物针对捕食者还有其他四种防御方式：物理防御（盔甲——坚硬的外壳），化学防御（有毒——令人反感），视觉防御（伪装或躲在某个掩体中），以及快速移动。坚固的外壳与快速移动，这两种防御方式是不容易兼得的。在头足类动物中，拥有较长时间化石记录的菊石类和鹦鹉螺类（见图8.9），都

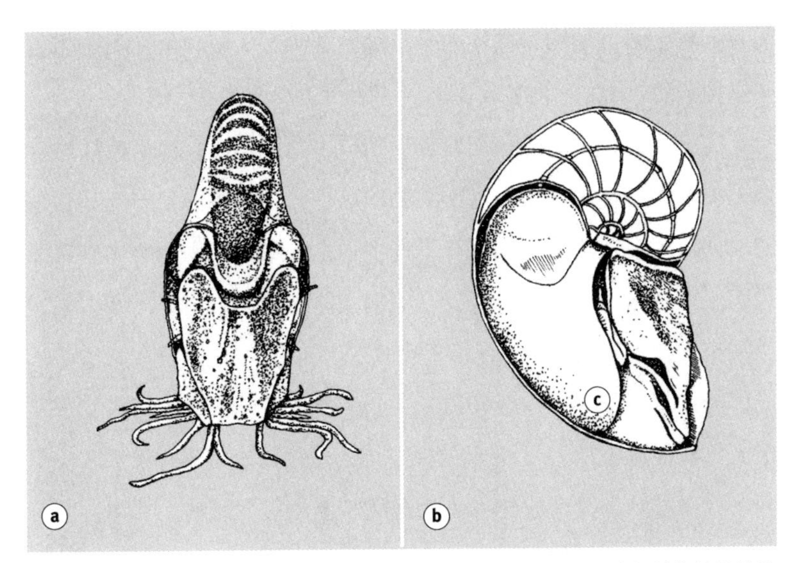

图8.9　现存鹦鹉螺：a前视图；b纵向剖面图，显示腔室壳体和内部结构的其他特征（a 参考自 Willey, 1902；b 参考自Sedgwick, 1898）

采用了坚硬外壳这一防御策略。相比之下，鱿鱼则追求移动速度，并且擅长伪装，它们可以喷射出一种类似“烟雾”的墨水。

通常捕食者也需要速度来捕获它们的猎物，所以在许多早期的菊石类动物的外壳上存在着精细的刻痕，用以减少阻力（高尔夫球上的浅凹也可以起到相同的作用），也就不足为奇了。

然而，从三叠纪开始，相对于外壳的直径来说，这些动物的肋骨宽度有所增加：外壳粗糙而坚硬，不利于游泳（见图8.8）。演化的主要压力似乎是为了保护自己不被捕食者咬碎。菊石类有着和现存鹦鹉螺一样的坚硬外壳。在鹦鹉螺的壳腔体中，或全部或部分地装满了液体或气体，后者可以用来中和外壳的重量。鹦鹉螺通过改变壳体中气体和液体的比例，来控制浮力和它在海洋中的位置。目前我们对菊石类动物身体中的柔软部分还不甚了解，但在一些化石中发现了角质的、有时矿化了的颚和齿舌（一种丝带状的舌头）。

在许多物种中同时存在着较大和较小两种形态，它们被认为分别是雌性和雄性。现存头足类动物的这种体型大小的差异与其复杂的求偶仪式有关。菊石类会产下许多很小的卵，它们会孵化成直径只有一两毫米的“小菊石”。它们的小体型表明它们是浮游生物，生活在海洋的表层水域。大多数种类的成体经常在沿海水域活动，成体壳的直径一般在10至60厘米之间，但也有一些成体的壳能长到很大（直径超过2米）。它们的栖息地，包括海水表层和浅水区，受到了许多被认为是造成物种大灭绝的因素的极大影响。其中，菊石类尤其容易灭绝，就像许多其他浮游生物一样，菊石类最终在白垩纪末期从化石记录中消失。

鹦鹉螺则相反，它生活在深水中，那里的水压很大。因此，人们毫不意外地发现鹦鹉螺的外壳可以抵抗很大的压力，相当于每平方厘米承受80.5千克的重量，这相当于海水深度785米的水压了。此外，鹦鹉螺还可以忍受低氧环境并以腐肉为食。与大多数现存的头足类动物不同，鹦鹉螺的生长速度缓慢，寿命则可以长达12年。与菊石类相比，鹦鹉螺和其他现存的头足类动物一样，它们产卵数量较少但是个头比较大。化石记录中的许多鹦鹉螺与今天的物种相比，很可能有不同的特征，这些特征使它们高度专一于某种特定的生活方式，但这也可能让它们不易遭受灭绝事件的影响。

在今天的海洋中有两种引人注目的动物，它们在三叠纪时期首次出现。首先是龙虾及其同类（十足目），它们的胸部有五对足。第二种是石珊瑚，它们是珊瑚礁的最强缔造者。直到侏罗纪之前，这两个类群都没有明显的辐射增长，这是一个类群在一个时期相对不显眼，而在另一个时期变得非常重要的例子。

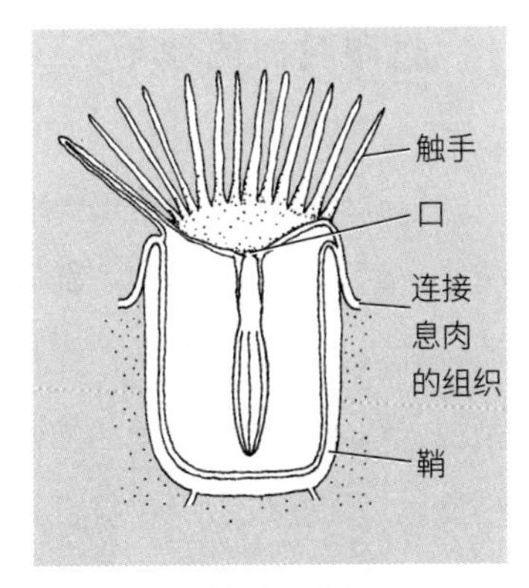

图 8.10　石珊瑚的剖视图

从侏罗纪开始，尽管钙质藻类和苔藓动物也起了一定的作用，但石珊瑚仍是主要的造礁者。它们只生活在温暖的亚热带或热带海洋中，大多数物种与虫黄藻类群中的一种藻类有共生关系，而虫黄藻正是珊瑚礁鲜艳色彩的主要来源。藻类可以进行光合作用，因此它们只能在清澈的水中生活，而珊瑚虫则可以用它的触须捕捉小型的浮游动物（见图8.10）。肉食性珊瑚虫与营光合作用的藻类之间进行着一定的营养交换，各营养成分的相对重要性则因珊瑚而异。前文中已经提到过礁石在提供大量不同的生态空间方面的重要性，而珊瑚礁则是海洋生态系统中种类最多样化的一个。虽然现在人们认识到珊瑚礁已经演化出了一定的从自然干扰中恢复的能力，但它们对新出现的、人为的变化非常敏感。举例来说，由于进行光合作用的虫黄藻需要阳光的照射，因此任何污染，哪怕是惰性粒子造成的水体浑浊，对它们来说都是致命的。同样地，如果人们在珊瑚礁上面行走，有可能会引起珊瑚虫的钙质管破裂，进而导致珊瑚虫的死亡。

封印时间的琥珀

针叶树和其他一些相关的树木会在树干或细枝受到损伤时产生树脂，这是树木的一种防御机制：入侵的昆虫可能会被流出的树脂冲走并囚禁起来，此外，树脂所具有的密封性还可以有效地防止真菌侵入树木。随着时间的推移，树脂会逐渐变硬，最终达到岩石的硬度，进而得以被保存数百万年，这些石化的树脂被称为琥珀。树脂刚刚被分泌出来时非常黏稠，可以困住各种各样不同的小生物。如果这些小生物能够完全被树脂封闭，那么它们就不会腐烂，并变成保存完好的独特化石，在这些化石中，人们可以清晰地看到栩栩如生的动物及其结构特征。在已被发现的距今约6000万—5500万年前的琥珀中，人们观察到了许多与现代物种密切相关的昆虫。而最近对形成于三叠纪的琥珀的研究发现了多种微生物，其中包括几种可以被归入现代物种的不同的原生生物，这表明这些单细胞生物的结构演化速度非常缓慢；现存的原生生物群体可能和当时被困在树脂里的那些并没有太大的不同。

三叠纪大灭绝

三叠纪大灭绝是五次大灭绝中最不被人们所了解的一次。在这一时期最后的2000万年里，大量的脊椎动物和海洋无脊椎动物从化石记录中消失了，植物也出现了重要的区域性灭绝。有证据表明，确实发生过两次灭绝事件，一次是发生在卡尼期（距今2.27亿—2.20亿年前），另一次发生在三叠纪末期（距今2.06亿年前）。迈克尔·本顿指出，前一次事件似乎对四足类的影响最为重要，因为在当时有13个科的四足类动物灭绝，而在该时期末期只有6个科灭绝。在爬行动物中，这些变化代表了从非恐龙到恐龙的转变。菊石类、海百合、棘皮动物以及各种造礁动物也相继灭绝。在三叠纪的最后大约1500万年里，石珊瑚才成为最主要的造礁者，但在三叠纪末期，它们自己也经历了灭绝。最为典型的灭绝发生在该时期末期的菊石类生物类群中，似乎只有极少数属幸存下来。许多其他海洋无脊椎动物也灭绝了，牙形石也从化石记录中消失了。

加拿大科学家约翰·斯普雷（John Spray）和他的同事最近提出，一颗破碎的彗星可能在距今2.14亿年前撞击了地球。他们将加拿大东部的马尼夸根陨石坑与加拿大中部圣马丁附近的陨石坑以及法国的罗什舒阿尔陨石坑联系了起来。他们还指出，美国和乌克兰的两个较小的陨石坑也可能是由同一颗彗星造成的。小行星或彗星撞击地球后的标志，通常是在那个时期的岩石层中稀有金属铱含量的增加。尽管在三叠纪末期的岩石中没有发现铱层，但这有可能与一些彗星的铱含量很低有关。古生物学家已经注意到，早期的三叠纪灭绝事件明显发生在劳亚古陆（现在的北美和欧洲），这与这颗彗星碎片的散落情况相符。然而，目前对灭绝事件出现的年代测定在大约距今2.20亿年前，这与彗星出现的年代不一致。

在三叠纪末期，海平面显著下降，有一些证据表明，海平面急剧下降之后，紧接着又出现了急剧上升。在这种情况下，缺氧的海水流过浅海的底部，这种情况可以解释为何有如此多的在海底居住的（底栖）生物灭亡。然而，这一原因不能帮助解释四足类的灭绝和植物群的变化。显然，想要正确理解在三叠纪这一时期结束时到底发生过什么，还需要更多的证据被发现。但无论发生了什么，那都预示着一个新时期的到来，即将到来的时期具有有利于生命发展的良性环境，它见证了大量新奇和壮观的物种的演化。

第9章 恐龙的世界

侏罗纪与白垩纪

2.06亿—0.65亿年前

在整个侏罗纪和白垩纪时期，构造板块的运动导致巨大的泛大陆分裂，这一过程在白垩纪（1.45亿—0.65亿年前）尤为明显。在侏罗纪时期，大西洋中部开放，并与特提斯海相连接，将北部的劳亚古陆与南部的冈瓦纳古陆分开。在白垩纪早期，流向西方的强劲海流穿过这些大洋，在陆地之间流动。与此同时，冈瓦纳古陆南部开始分裂，形成了一个狭窄的海洋，即南大西洋。在非洲的另一侧，随着印度所在的构造板块逐渐向北剧烈移动，印度洋开始形成。非洲也在向北移动，在这两个过程的共同作用下，特提斯海在第三纪早期几乎被挤压殆尽、不复存在了。直到白垩纪末期，海平面一直在上升，因此大陆上出现了许多浅海：据估计，现在陆地表面在当时大约有三分之一被水覆盖。例如，北美洲被从北阿拉斯加的北极地区到墨西哥湾延伸的内陆航道纵向一分为二。在白垩纪末期，海平面发生了下降，这是由于板块碰撞时陆地被推高，形成了喜马拉雅山脉和阿尔卑斯山脉的缘故。

在泛大陆分裂的早期阶段，一些部分基本保持完整，因此在侏罗纪，许多地区都处于极端的大陆性气候：四季明显，雨量偏少。在白垩纪末期，当海平面下降时，这些干旱的气候条件又重现了。从白垩纪早期到中期，全球气温较高。沿着特提斯海的边界，沼泽森林植被繁盛，其水域中含有非常丰富的微生物。森林里落下的树叶和死亡倒下的树木在陆地上形成了泥炭，并且最终在高压高温作用下进一步形成了煤炭。而这一时期的海洋沉积物，则形成了我们至今仍在开采利用的石油。

在这一时期，构造板块的运动引发了频繁的火山活动。在白垩纪末期，印度发生了一次特别大的火山喷发，大量玄武岩倾泻而出，形成了印度德干暗色岩。有证据表明，在侏罗纪和白垩纪的大部分时间内，仅发生了几次有限的动植物灭绝事件，而在白垩纪末期，则爆发了大规模的物种灭绝事件，不管是来自陆地还是海洋的生物，都受到了这次大灭绝事件的影响。

在本章所述的大部分时期，植被都以裸子植物为主，包括苏铁、松柏、智利南洋杉、罗汉松、银杏以及其他相关形态的树种。它们的栖息地分布非常广泛，从干旱的山区一直到海边（就像今天的红树林一样）都可以生长。大部分时间里，蕨类植物、石松类植物以及一些木贼都在许多地方形成了较低矮的植被，但在白垩纪，开花植物（即被子植物）演化的第一个证据出现了。化石记录表明，它们最初出现在低纬度地区（即热带地区或其附近），尤其是在河流两边容易受到干扰的区域。不难想象，巨型恐龙在四处走动时，会导致很多栖息地环境被破坏。

到白垩纪末期的时候，开花植物变得非常多样且分布广泛，有关它们的演化我们将在后面的内容中进行介绍。

恐龙的种类

最早的恐龙出现在三叠纪（见图8.7），自此直到它们在白垩纪末期灭绝之前的超过1.5亿年的时间里，恐龙一直占据着陆生动物的统治地位。然而，在此期间，许多物种发生了演化，也有许多物种灭绝了，500万—1000万年是当时的一个物种的典型的“生命”周期。迄今为止，我们还没有发现其他任何一类物种能像恐龙那样，存在时间如此之久。据推测，当时的恐龙物种总数大概在1000种左右，而我们目前已知的仅占全部物种数目的约四分之一。随着泛大陆的分裂，大多数物种的活动范围被限制在某一特定的区域。因此，已知的恐龙物种中能够真正生活在同一地区的，只占相对较少的一部分。大多数恐龙要么生活在不同的大陆上，要么生活在不同的时期。

根据恐龙的臀部结构，可将其分为两大类（见图9.1），分别被称为鸟臀目恐龙（ornithischian）和蜥臀目恐龙（saurischian）。由于现存的鸟类实际上是从蜥臀目演化而来的，因此这些名字很容易引起误解——实际上这些名称是在人们还未完全理解鸟类演化关系之前命名的。恐龙的腰带由三块骨头组成，分别是附着在脊椎骨上的髂骨，以及坐骨和耻骨。坐骨和耻骨可以粗略地描述为支撑在动物后部的骨骼。在我们坐着的时候，坐骨会承受重量，而耻骨在坐骨前侧。这三块骨头，一起围成了后肢的髋臼。蜥臀目恐龙的耻骨指向身体的前方，而鸟臀目恐龙的耻骨则与髂骨一起往后转向后方。如果我们考虑到它们的进食习惯和行走时的姿势，这种差异就可以很容易被理解。所有的鸟臀目恐龙都是食草动物，它们中的大部分

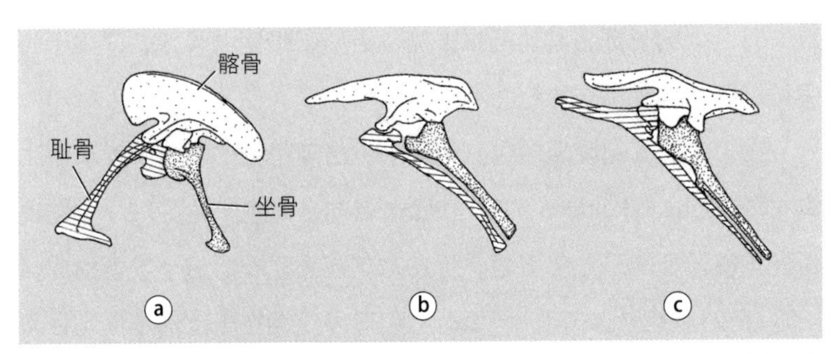

图9.1　恐龙的腰带骨示意图：a蜥臀目；b早期鸟臀目；c晚期鸟臀目（参考自Charig, 1979）

都是两足动物，行走时或其他时候至少有一部分时间靠后腿站立。作为素食者，它们的肠道应该很长，从而保证食物可以足够缓慢地通过，进而得到充分消化，这一过程会涉及共生细菌的作用。我们可以想象，直立的鸟臀目恐龙有一个“啤酒肚”，如果这个向前突起的“大肚子”长在前倾的耻骨上，那么动物就会因此失去平衡，难以站立。而指向身体后侧的耻骨则允许肠道悬挂在两腿之间，鸟臀目恐龙进而得以维持身体平衡。在白垩纪物种中发现的耻骨前突可能有助于肠道的悬挂。两足蜥臀目恐龙（霸王龙及其近亲）都是食肉动物，因为肉的消化速度较快，它们的消化道相比食草动物要短得多。

鸟臀目动物通常分为五类：其中两类是双足类的鸟脚类（ornithopods）和肿头龙类（pachycephalosaurs），另外三大类主要是四足类动物，并且它们都在某种程度上装备有“铠甲”，分别是剑龙类（stegosaurs），甲龙类（ankylosaurs）以及角龙类（ceratopians）。最早的鸟脚类动物，如异齿龙（见图8.7b），是出现在三叠纪末期和侏罗纪早期的素食主义者。它们中的有些个体长着一对巨大的长牙，其功能据推测，类似于野猪的长牙，即用于防御和雄性个体之间的攻击。

在来自侏罗纪晚期的化石记录中，出现了另一类鸟脚类动物，禽龙科（Iguanodontidae），其中最著名的是禽龙（见图9.2），它也是最早被发现的恐龙化石之一（1822年被发现）。这个类群的成员一直存在到白垩纪末期，但那时它们已经仅存在于欧洲地区。白垩纪的早期和中期是禽龙类最多样化和分布最广泛的时期。禽龙类的大小差异较大，从5米到10米不等，禽龙是其中最大的恐龙之一，可重达5.5吨，几乎相当于一头大象的重量。那么，它们是如何站立的呢？虽然它们在观察敌人和取食高大树木的时候已经能够直立，但是其骨架结构表明，在大部分的时间里，尤其是当它们奔跑时，其骨干会处于水平位置，仅由后腿支撑着身体，其粗大的尾巴也会远离地面，以平衡身体的前部。这种姿势很像我们现在在许多鸟类快速奔跑时看到的那样，如走鹃、鸫或雉。当禽龙取食低矮的植物，或是（成年恐龙个体）在悠闲漫步时，它们可能会使用所有的四条腿，此时它们会用短小的前肢来支撑身体的前部，就像今天的袋鼠一样。似乎所有的两足鸟脚类动物都是以这种方式移动的。

鸭嘴龙（hadrosaurs）在鸟脚类恐龙中占据了相当大的比例，它们在白垩纪末期达到繁盛。到目前为止，几乎在全世界范围内都发现了鸭嘴龙的化石。有些恐龙的头骨上有明显的部分中空的呈角状延伸的结构（见图9.5），这一类恐龙通常被称为有冠恐龙。一直以来，有关这一角状结构的功能争论不断，其中被广泛认可的一项作用是其可能被用来传递信息。这些结构很可能色彩鲜艳，既可以让同一物种的成员之间很容易地识别彼此，也有助于在群体中建立社

图9.2　英格兰东南部早白垩世景观。前景：以鱼类为食的兽脚亚目恐龙重爪龙和一群小型鸟脚类恐龙棱齿龙；背景：一只多刺甲龙和一小群禽龙

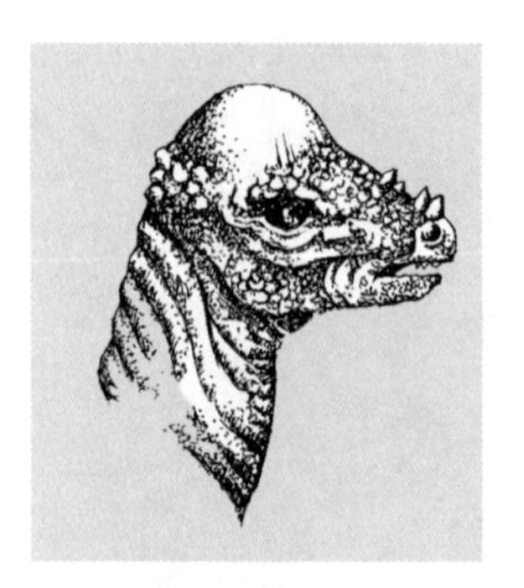

图 9.3 肿头龙（pachycephalosaur）的头部结构（参考自Sibbick in Norman, 1985）

会等级，即那些冠峰最壮观的个体通常占据着群首的位置。这些冠状突起与鼻腔通道相连，因此它们也有可能放大并改变了鼻音：无论是实物演示还是虚拟重建都显示，当有风吹过时，这一结构会发出像长号一样的声音。鸭嘴龙尾巴的根部特别深，很适合游泳，据此人们推测它们有可能是水生动物。然而令人惊讶的是，人们在一只鸭嘴龙化石中发现了保存完好的胃内容物，其中主要由松针和其他纤维状陆生植物组成。因此，鸭嘴龙很可能主要在湖泊、河流和浅海的边缘觅食植物，但如果它们受到捕食者的攻击，也有可能会下水躲避。虽然鸭嘴龙的体型和禽龙一样大，但它们似乎并没有禽龙那么强壮，因此体重也就轻一些。这样也许它们可以跑得更快，因为不同于许多其他的同类动物，它们唯一的防御方式似乎就只是奔跑或者游泳逃脱。

显然，与鸭嘴龙类恐龙有亲缘关系的同类物种，如肿头龙（见图9.3）等，其数量要少得多。肿头龙大多生活在白垩纪晚期，它们因为头骨肿厚而得名。人们通常认为肿头龙是群居动物，当它们与捕食者或竞争对手发生碰撞时，增厚的头部可以帮助保护它们的大脑，这与今天的绵羊，尤其是公羊的行为方式比较相似。

除鸟脚类和肿头龙类以外，其他三组鸟臀目动物在某种程度上身体都会武装盔甲，且通常是全副武装。因此，它们的身体较为粗壮，采用四脚走路，且速度相对缓慢。从侏罗纪中期开始，在世界上的许多地方都发现了身披铠甲的剑龙（见图9.4）。它们的共同特征是背部有一系列的薄骨板，这些薄骨板上有许多小的管道，用于身体的血液供应。通常认为，它们背部的薄骨板还可以用来传导热量：早上温度较低时，薄骨板面向太阳，就像太阳能板一样，可以为恐龙捕捉并提供热量；而在一天中最热的时候，这些板骨能够竖立起来并使其尖端指向太阳，任何一丝风吹过都会经过它们，所以它们就像汽车散热器一样发挥作用，帮助冷却血液。也有人认为这些板骨可能起到了盔甲的作用，但是板骨上血液供应的存在反驳了这一观点。此外，剑龙还会使用尾巴末端强大的尖刺来防御天敌。

生活在侏罗纪晚期和白垩纪的甲龙（见图9.5）在白垩纪末期物种多样化达到顶峰。它们皮肤上的骨骼常常融合在一起，形成许多厚厚的盾状盔甲，有时还会延伸成宽阔的尖刺。后来在白垩纪发现的大多数物种中，它们的尾巴都被“改造”成了一根又粗又硬的棍棒，有些甚至在眼睑处也披有甲板。因此，它们被描述为恐龙世界的“装甲坦克”。和剑龙一样，甲龙的身长可达6到7米，体重约3.5吨。

白垩纪末期，角龙（见图9.5）的数量在北美洲西部相对较为丰富。它们的特征是头部向后侧延伸成一层厚厚的褶边，通常带有尖刺或凸起，而且大多数物种的头部都有一个或多个角。有人建议可以将它们与鹿和羚羊进行类比，因为它们的角和其他盔甲更多是用来展示以及用于雄性之间的争斗，而非用于防御。另一方面，鹿和羚羊主要依靠较快的奔跑速度来逃避捕食者（不过当它们被逼到角落里或遇到相对较小的捕食者时，也会使用它们的角），但是角

图9.4　北美洲侏罗纪晚期景观图。前景：剑龙和一群小型兽脚类恐龙（嗜鸟龙）；背景：一群巨大的蜥脚类恐龙（梁龙）从它们后方经过

图9.5　北美洲西部白垩纪晚期景观图。远处的霸王龙正威胁着一些有角恐龙（三角龙），而三只有冠恐龙（副栉龙）受惊逃离现场。这一幕也使得两个正在进食鸟脚类恐龙幼仔的小型兽脚类恐龙（驰龙）受到了惊吓

龙拥有重达6吨的庞大身躯，其奔跑速度必然也不可能那么快。由此推测，在演化过程中，很可能有不止一种力量推动了这种适应性演化，即这些角状结构既可以用于防御，也可以用于争斗和社会性展示。

蜥臀类恐龙分为两个非常不同的类群：蜥脚类（Sauropodomorpha）和兽脚类（Theropoda），前者通常是巨大的食草恐龙（见图9.4），后者则是两足食肉恐龙，其体型从1米以下到14米不等（如可怕的暴龙，见图9.5）。蜥脚类占据了原蜥脚类动物以前占据的生态位置（见图8.7），然而，原蜥脚类动物并不是它们的祖先。蜥脚类动物最早出现在三叠纪晚期，而在侏罗纪时期，它们的物种多样性达到顶峰，并且分布也非常广泛。然而在这一时期之后，它们似乎就从北美洲西部的化石记录中消失了，在那里，鸭嘴龙和角龙成为了广泛存在的食草类动物。然而，最近对冈瓦纳古陆不同地区的研究表明，蜥脚类动物在冈瓦纳古陆以及欧洲地区一直繁荣生活到白垩纪。蜥脚类动物的特征之一是它们的长脖子，这使得它们能够取食到生长在高大树木顶部的叶子。然而在1999年进行的一项有关恐龙颈部数字重建的研究，对这种观点的普遍性提出了质疑。该研究是基于两种著名恐龙，迷惑龙（*Apatosaurus*，曾用名*Brontosaurus*）以及梁龙的颈部结构进行的。研究发现，在这些物种中，它们的颈部似乎是笔直的，并或多或少维持在水平位置，因此，它们向下倾斜的头部相对更容易接近地面，而脖子则不容易向上移动，尤其是梁龙。如果这些观点是正确的，那就表明这些动物很可能是在灌木丛中而不是在高大的树木间觅食。正如我稍后将描述的那样，这个建议也可以从生态学的角度来获得支持。

所有的蜥脚类恐龙都是大型动物，且其中的大多数体型非常巨大。梁龙（*Diplodocus*，见图9.4）从鼻子到尾巴长约27米，体重可达18吨，这相当于三只大象的体重。但相对而言，梁龙还仅仅是一个体型较适度的物种。据估计，迷惑龙可重达28吨，但与长约25米，重约55吨的腕龙（*Brachiosaurus*）相比，它也要相形见绌了。还有人声称，在非洲北部和南美洲，甚至曾生活着体型更大的恐龙，但目前尚未发现其较为完整的骨骼化石。如此大型的动物在移动四肢时，一定是非常缓慢，并要竭力保持它们的腿部伸直，以避免骨骼负担过重。当然了，它们移动时每一步的步幅可能都很大，因此它们这种相对缓慢的行走速度可能也是合理的。大象也以这种较为缓慢的方式移动四肢，它们不会奔跑或疾驰，但当大象走得很快时，它能够比跑步的人移动得更快。除了南极洲以外（南极大部分地区被厚厚的冰层覆盖，无法进行化石采集），人们在其他所有现存的大陆上都发现过蜥脚类动物的化石。它们确实在当时位于南极圈内的澳大利亚东南部出现过，白垩纪时期全球气温很高，而且没有极地冰盖。尽管当时的极圈内很可能是凉爽的温带气候，但是身处极圈内就意味着需要面对冬季里长达几个月的黑暗。这就引出了一个问题：这些恐龙有夜视能力吗?

发现于侏罗纪和白垩纪末期的兽脚类恐龙（见图9.2、9.4和9.5）都是以其他动物为食的掠食者。根据兽脚类本身的相对大小来看，它们的猎物从昆虫到早期哺乳动物以及其他恐龙都有，其中至少有部分兽脚类恐龙是成群狩猎的。与素食恐龙相比，它们的体型相对苗条，相应地，动作也更为敏捷。兽脚类很可能都是两足类动物，完全依靠后肢移动，后肢上拥有强有力的爪子，可以用来撕扯猎物。它们的前腿相对较短，但也有爪子。有些恐龙，比如暴龙（*Tyrannosaurus*），它们的前腿非常短小，我们只能猜测它们的功能；这些前肢当然不是不具有功能性，因为这些恐龙的肩部肌肉非常有力。暴龙身强力壮，体长可达14米，重约7.5吨，它们的猎物可能是行动速度较慢的食草动物，比如三角龙等。阿尔伯塔龙（*Albertosaurus*）体型较为轻巧，所以可能能够抓住移动速度更快的鸭嘴龙。虽然暴龙的体型已经很大了，但是人们在南美洲发现了一种据推测体型更大的兽脚类恐龙，它被称为巨太龙（*Gigantosaurus*）。有人提出一种观点：暴龙和其他大型兽脚类恐龙以腐肉为食，而不是捕捉健康的猎物。它们的食物确实可能包括腐肉，但如果它们并不猎杀活着的恐龙，那就很难理解为什么甲龙和角龙会演化出如此复杂的盔甲结构了（见图9.2和9.5）。

恐龙的生活

恐龙的生活节奏是怎样的？它们是冷血动物还是温血动物？一直以来，科学家们对这些问题进行着激烈的争论，而答案似乎两者皆非：恐龙的生活方式是一个系统或多个系统的中间产物，或是与我们熟悉的任何其他现存动物的系统都不同。由于恐龙的体型庞大，大多数物种的体温并不与周围环境的温度相一致，除非它们还很年幼。一旦这些动物体温升高了，它们需要很长时间才能散去热量，此外大型食草动物的肠道也会在身体内部产生大量的热量。即使是生活在现代的冷血爬行动物也不完全依赖周围的温度，它们的各种行为适应，比如晒太阳，可以显著提高它们的身体温度，从而使其能够快速移动。然而，有证据表明恐龙并不会保持恒定的体温，例如，在它们的骨骼化石中发现了代表停滞生长的纹路，就像现在出现在冬天停止生长的爬行动物身上的线条一样。然而，恐龙的骨骼结构的另一个特征却指向了另一种可能（保持恒温），即所谓的“致密的哈弗斯骨”的存在，这种骨骼目前只在鸟类和哺乳动物中发现。“致密的哈弗斯骨”是在骨骼生长过程中由于骨板层的形成和再吸收过程不断重复而堆叠形成的，并因此使得骨头中的骨小管特别密集。

一些研究人员最近声称，在恐龙化石胸腔中发现的铁斑，可以解释为其具有的两个独立循环的四腔心脏（完全双循环），就像哺乳动物和鸟类的心脏一样。这对于体型庞大的恐龙来说是必需的，因为当它抬起头部时，需要很高的压力来使血液循环到头部。设想如果恐龙的身体和肺部共用一套血液循环系统，这种高压就会导致肺部破裂。那么，这种复杂的心脏结构是否就意味着，恐龙可以像哺乳动物和鸟类一样能够保持稳定的体温，而不受周围环境（如空气等）的影响呢？如果是这样的话，那么体型较小的恐龙物种以及年幼的个体将不得不生长有类似皮毛或羽毛的结构，来帮助身体隔绝空气。然而，尽管恐龙的皮肤比较容易形成化石，但是我们只在某些兽脚类恐龙的身上才发现了这种覆盖物的痕迹。此外，研究发现，在恐龙（包括兽脚类恐龙）的鼻子上没有鼻甲骨，这也进一步证明了恐龙不是完全的温血动物。当我们呼出气体时，鼻甲骨就会充当凝结水的场所，但是由于鼻甲骨结构比较脆弱，难以保存，因此也有可能是它们实际存在，但没有被保存下来而已。

对于恐龙生活方式的有关特征，一直以来也多有争论。一些证据表明，年幼的恐龙，由于得以保持恒定的体温，因此生长速度较快；当时的全球高温或许也会对恐龙们的生长有所帮助，但对于今天生活在热带地区的鳄鱼来说，它们大约需要十年左右才能成年，由于迷惑龙的体型相对来说要庞大得多，人们本以为它们需要更长的时间才能成年，然而根据骨骼结构估计，这一庞然大物的幼年期时长与其他物种相似。因此，从某种意义上说，迷惑龙一定是温血动物。有些恐龙化石是在高纬度地区发现的，那里日照时间很少，即使是在白垩纪，高纬度地区冬天的温度也很低。有人认为，这些物种要么是温血动物，要么必须在冬季挖洞冬眠或者迁移到更温暖的地区。到目前为止，我们还没有发现任何一种恐龙的脚部结构适合挖洞，相对来说，迁徙对于大型恐龙可能更容易。人们对记录有恐龙连续脚印的足迹进行了测量，结果显示，恐龙的步幅在2到4米之间，所以即使它们的腿部移动缓慢，这一行走速度也足够用于迁徙。此外，这些足迹还表明，许多恐龙的前进方向是一致的，即它们是朝同一个方向行进的，这一发现也支持了恐龙可能会在冬季迁徙至温暖地区的推测。然而，关于年幼恐龙的生活行为仍然存在着很多不确定性：它们是否一直生活在温暖的气候区域中直到成年？答案很可能是不同的类群有不同的体温调节机制，幼年恐龙与成年恐龙之间也存在着差异。当然，恐龙的生活习性既不完全像现代的爬行动物（或鸟类），也不完全与现代的哺乳动物相同：就它们的体温特征而言，恐龙是独一无二的。

许多恐龙是群居动物：不仅它们的足迹记录显示了一起迁徙的恐龙数量很多，而且在一些地方发现的大量化石记录，也显示出了整个族群在某些灾难中遭遇了集体灭绝的事件，其中最引人注目的例子莫过于约1万只鸭嘴龙的化石发现。根据现代哺乳动物和鸟类的生活行为判断，在这个恐龙群体中应该存在着一种社会结构：一些动物占据统治地位，而另一些则处于较低的等级。正如前面介绍过的，鸭嘴龙和肿头龙的头部都有“装饰”，这种装饰很可能具有社会功能。现存物种中与之类似的功能包括羊群中的羊的叫声，以及公羊厚厚的头盖骨和羊角。收集到的有关角龙科动物的骨骼化石，也证实了它们是群居动物，它们的头盾和角可能也在其社会生活和防御行为中发挥着作用。此外，计算机模拟显示，巨大的蜥脚类恐龙可以以超音速移动尾巴，产生像鞭子一样的声音。这些声音可能是恐龙群体内部交流的一种方式，就像雁群中的鸣叫一样。

恐龙的这种社会生活习性延伸到了其家庭生活中。一些恐龙会在巢中产卵，而一具窃蛋龙（*oviraptorosaurs*）的化石记录显示，一只雌性窃蛋龙在照看巢穴中的恐龙蛋时死亡。人们还发现，这些巢穴显然是年复一年地在同一个地方筑起来的，而且通常像许多海鸟的巢穴那样紧密地挤在一起。有时恐龙父母会陪伴着刚孵出的幼龙，有些种类的幼龙似乎也会在父母的巢旁近处停留，帮助照顾它们的弟弟妹妹。这种行为与今天某些鸟类和哺乳动物的生活特征非常相似。

不难想象一群恐龙聚居对一片植被带来的破坏力。今天在非洲，人们可以亲眼看到一群大象（通常重达4～6吨）对植被带来的影响，而许多恐龙甚至比大象的体型还要大，尤其是蜥脚类恐龙，体型可以达到大象的4到10倍。恐龙群对植物和灌木的践踏可能是其带来的主要影响，而且恐龙很可能也会像现在的大象那样，有时会用后腿站立，并用力将树木连根拔起。土地以这种方式被翻腾起来后，会被快速生长的“杂草”植物占领，这些植物的生长速度会比受损的树木和灌木快得多。

庞大的恐龙集群需要大量的食物。据估计，在侏罗纪晚期的美国犹他州莫里森平原上（见图9.4），每平方千米恐龙的重量可能是今天非洲拥挤的平原上所有哺乳动物总重量的20倍。那么，它们是如何获取足够的食物的呢？我们必须假设恐龙可能并不需要那么多的食物，而这个假设得到了下列事实的支持：生活在塞舌尔阿尔达布拉群岛上的巨型陆龟的生存密度（即每平方千米的重量）略高于恐龙生存密度的一半。（顺便一提，这是另一个表明食草恐龙并不是完全的温血动物的证据——温血动物需要的食物要多得多。）但是，如果恐龙彻底扰乱了地面，并在几个月后回来以这些地方生长迅速的植物为食，它们将能够获取更多的食物。有趣的是，这就能解释为什么那些用电脑制作蜥脚类动物颈部模型的人们认为，大部分的恐龙不能轻易地把头抬到较高的高度，而是将它们的脖子保持水平状态，使其头部朝向地面。既然如此，与其想象恐龙们在公园般的景观中漫步，我们是否更应该将它们想象为在蕨类草原上，或者在有着柳树生长特征的灌木丛中觅食？这些植被生长速度是如此之快，以至于今天它们被用作“生物燃料”，而且它们经得起践踏，因为每一根被踩进土壤里的嫩芽都会形成根系。到白垩纪末期，有花植物开始演化，而这些变化明显是在受到干扰的生境中出现的。那么，恐龙的生活习性是否为主宰当今世界的植物演化提供了某种契机呢？

关于蜥脚类动物的进食习惯，比较传统的看法是，它们就像长颈鹿一样，高举脖颈，取食植物。按照这一说法，腕龙进食时，可以将头部举高到高达14米的地方。腕龙有着特别长的前腿，它的体型看起来似乎是为了适应觅食演化而来的。梁龙的牙齿似乎是用来充当耙子的理想工具，能够从树枝上刮下树叶，而这一过程以往被认为需要舌头来辅助完成。从有关牙齿以及牙齿磨损方式的研究来看，其他蜥脚类动物似乎也是通过牙齿切割树干或小树枝的。这些恐龙们并不会在嘴里咀嚼那些被切割成薄片的叶子，而是很快地将其吞下去，让它们沿食道进入胃中。恐龙的胃部有一个带有胃石的磨粉机，食物可以在进入庞大的肠道系统之前被磨碎。研究推测，恐龙的肠道中很可能生存着活跃的微生物共生体，可以协助完成食物的消化吸收过程。恐龙们原本赖以为生的树木是裸子植物，与今天的智利南洋杉、红木、冷杉和松树有关。它们的叶子和树枝特别坚硬，长有硬刺，且含树脂，很少有现代动物会觉得它们可口。因此，如果恐龙要以它们为食，则必须具有特别坚硬的嘴和喉咙，以及一个“良好的”消化系统。这样的树木大部分会生长得很高，并且它们较低部的树枝很难再生。据此我们可以推测，如果这些体型庞大的蜥脚类动物以这些树木组成的森林为食，那么它们要过很长时间之后才能再次在同样的地方找到足够的食物。也许正是基于这一原因，而不是气候，导致了恐龙种群的迁徙（这一点在恐龙迁徙的足迹中得到了证明）。

人们认为，各种各样的甲龙和许多鸭嘴龙以生长在低处的植被为食，在白垩纪晚期，开花植物的传播可能与那个时期种类繁多且数量丰富的恐龙的演化有直接的联系。鸭嘴龙延伸的喙状颚很适合收集植物材料，而颚本身的铰链方式使它们能够充分咀嚼并打碎食物。这将有助于食物消化并消除了像蜥脚类恐龙那样对庞大肠道的需求。

所有这些食草动物都可能是食肉兽脚类恐龙的潜在猎物。成年蜥脚类恐龙很可能是靠自己庞大的体型来抵御天敌的，而且它们可能寿命更长。此外，蜥脚类恐龙一次也可以产很多卵。这两个事实表明，处于幼年阶段的蜥脚类恐龙的死亡率一定很高，否则，其种群数量会越来越多。现存的动物中也有一些仍然遵循着这一生存模式，比如海龟和鳄鱼，它们的幼体死亡率较高，而成年个体大部分都比较长寿。年幼的甲龙和角龙可能会从它们的盔甲中得到一些保护，但像年幼的犀牛一样，它们很容易受到许多敌人的攻击，而这些天敌对它们的父母并没有威胁。角龙生活的群体中包含着不同的年龄层，也许就像麝牛群在对抗狼的攻击时一样，较大的成年角龙也会形成一个保护圈，保护幼体不受伤害。除了体型优势以外，鸟脚类动物在近距离战斗中唯一的防御手段，可能是少数物种前肢上所具有的强有力的爪状拇指（见图9.2）。也许对它们来说，逃跑似乎是最好的策略，两足站立则可以让它们很好地观察敌人，时刻保持警惕。由于相对于同类的掠食者来说，鸟脚类的体型更大，因此，它们如果不想被追上，就需要有一个有利的逃亡起跑点，对有些物种来说，游泳逃脱也许是一个不错的选择。与现代爬行动物一样，任何的追逐都不可能持续太久，因为肌肉所需要的氧气很快就会耗尽。

有证据表明，一些食肉恐龙是群体捕猎的，就好比现在的狼群那样，这种群猎方式可以帮助它们战胜并捕获体型庞大的猎物。然而，根据印度尼西亚科莫多巨蜥的狩猎实力来看，这些兽脚类恐龙很可能能够捕食比自己体型稍大甚至大得多的猎物。科莫多巨蜥是一种身长达3米的巨蜥，它们凶猛得能够杀死一头水牛。对头部结构的研究表明，在某些物种中，如果恐龙张开大嘴攻击猎物，其头部的强度足以承受攻击带来的猛烈冲击。此外，它们后腿上强有力的爪子也可以用来将猎物开膛破肚。尽管有些兽脚类恐龙的前腿可以用来帮助攻击，但对有些恐龙，比如暴龙及其近亲来说，它们的前腿非常短，其前腿的作用仍然是一个谜团。

海洋怪物

可以呼吸空气的大型爬行动物在海洋和陆地上都得到了蓬勃发展。最早回归海洋生活的物种出现在三叠纪时期，但正是在本章所述的时期（侏罗纪和白垩纪），这些海洋生物的多样性达到了顶峰。

有着像金枪鱼一样流线型身体的鱼龙（ichthyosaurs，见图9.6），就像是侏罗纪时期的海豚。三叠纪的鱼龙种类繁多，尽管当时的鱼龙没有后来出现的物种那样符合流线型，但有些鱼龙的体型非常庞大。其中已发现的体型最大的是秀尼鱼龙（*Shonisaurus*），身长约23米，身体结实粗壮，可以容纳大量内脏，尖尖的脑袋上长着小小的眼睛和牙齿。尽管有时人们会错误地将鱼龙与鲨鱼进行比较，但因为鱼龙需要呼吸空气，所以它们总是倾向于浮在水中，这一点与鲨鱼非常不同。像海豚一样，鱼龙必须从肺里挤出空气才能潜水捕食鱼类、头足类动物（比如乌贼）和其他猎物。我们之所以能够了解它们的饮食结构，是因为人们在一些化石中发现了它们最后一顿饭的残骸。更引人注目的鱼龙化石是那些记载了鱼龙死于分

图9.6 鱼龙示意图（参考自 Charig, 1979）

娩过程中或分娩之前的化石。

鱼龙在水下分娩时，幼崽尾部先脱离母体，此后雌性鱼龙必须迅速将幼崽带出水面，并在幼崽第一次呼吸时予以支撑，这跟现存的鲸的分娩过程非常相似。鱼龙在侏罗纪数量非常丰富，但到了白垩纪就变得非常稀少了，并且在白垩纪末期灭绝。

虽然我们可以想象鱼龙的生活方式与现代的海豚非常相似，但那些长脖子小头的蛇颈龙（plesiosaurs）与任何现存的动物都很不一样（见图9.7），当然，除非“尼斯湖水怪”是真实存在的！蛇颈龙的四条腿经过演化，成为强大的桨，其功能可能与海龟的四肢相似，不过其他一些研究表明，它们的腿并不能抬高到水平面以上。蛇颈龙有着非常锋利的牙齿，这表明它们以鱼类和其他海洋动物为食，它们可能是利用长脖子的优势迅速发动头部攻击来捕捉猎物。让我们一起想象这些蛇颈龙沿着海岸捕猎，一只大螃蟹或其他类似的猎物正在仓皇逃窜，企图躲到附近的岩石缝隙中寻找掩护，然而

图9.7　蛇颈龙示意图

来不及了，蛇颈龙发动攻击并迅速咬住了它。还有其他的一些蛇颈龙，它们的脖子更长，头部也更大，这些就是上龙（pliosaurs）。有些上龙的体型大得惊人，比如克柔龙（*Kronosaurus*），其体长可达12米。如同今天的虎鲸一样，上龙也是当时那个时代海洋中的顶级掠食者。但是有些上龙仍然会捕食小型猎物，人们在它的胃里发现了许多菊石类生物的化石。蛇颈龙最早出现在三叠纪晚期，但它们在白垩纪末期灭绝了。

沧龙（mosasaurs）是大型的海生蜥蜴，其体长约4.5～9米。它们的四肢结构适合游泳，但和现代的蜥蜴一样，沧龙游泳时获取的大部分推进力很可能是由尾巴提供的。小部分沧龙具有适合咬碎贝类的圆形牙齿（如图7.14b和c所示），但是大多数沧龙的牙齿都十分尖锐锋利。像上龙一样，它们也是凶猛的掠食者。然而，沧龙在生命的万花筒中只是昙花一现：它们在白垩纪晚期才演化而来，却在白垩纪结束时就灭绝了。

在侏罗纪和白垩纪的海洋中，有两类爬行动物在该时期末期发生的大灭绝中幸存了下来，它们中的成员直到现在仍然存在，即海龟和鳄鱼。一些龟类在三叠纪就出现了，但它们在侏罗纪和白垩纪达到了物种多样化和数量顶峰。其中的一个代表成员是古巨龟（*Archelon*），它的龟壳长度超过了3米，鳍肢长达4米。对于陆龟来说，龟壳是一种有效的防御手段，因为陆龟可以完全缩进龟壳中取得庇护。但对于海龟来说，龟壳的价值就没那么大了，因为海龟无法把头部和鳍肢完全缩到龟壳下。成年海龟的主要防御手段只有庞大的身躯，虽然成年海龟也可能会成为大型鲨鱼掠食的牺牲品，但死亡率极高的还是幼龟。我们可以设想，这些古代海龟的生活与它们今天的后代非常相似，它们几乎是同时从大洋各处长途跋涉来到它们的特定海滩产卵。雌性海龟会在沙子里挖出一个洞或坑，产下50～100枚数量不等的卵（依具体物种不同而不同）。这些已经被产下的龟卵还有可能会被其他忙于筑巢的雌性海龟挖出并毁掉。其他常见的危险还来自于各种不同的敌人，如巨蜥、浣熊、狐狸和猪等，它们会嗅出巢穴的位置，挖出并吃掉这些蛋。幼龟孵化后，它们会以最快的速度从海滩奔向大海，在这一段路程中，它们有可能被各种各样的掠食者吃掉。人们推测，海龟同步产卵和孵化的习性是为了“淹没”这些敌人，从而保证一部分幼年小海龟在数量庞大的同伴的掩护下幸存。顺利逃脱的幼龟会游离它们出生的这片海滩，而少数存活下来的成年海龟则会在许多年后，再回到它们出生的海滩产卵。所有的海龟一开始都是肉食动物，有些海龟（例如棱皮龟）会继续保持食肉的习性，但是大多数海龟逐渐变成了杂食动物，它们会以海草和海藻为食，也会捕食一些水母、螃蟹、贝类、鱼类和海绵等。

和恐龙一样，鳄鱼也是由三叠纪晚期的祖龙类恐龙演化而来的，早期的鳄鱼是陆生的。在侏罗纪和白垩纪，这一类群变得非常多样化，既有淡水物种，也有海洋物种，其中一些鳄鱼的体型也变得非常庞大，比如恐鳄（*Deinosuchus*），其体长可达12米。有些鳄鱼长着桨状的脚，除了雌鳄会将自己拖到岸上产卵之外，这些物种可能一辈子都生活在水里。但其他大多数的鳄鱼可能是两栖的，就像今天的鳄鱼一样。从解剖结构上看，现代鳄鱼与某些远古鳄鱼在形态上没有什么不同，因此有关现代鳄鱼生活方式的信息可能会让我们对远古物种有一些了解。

尽管鳄鱼、短吻鳄和它们的其他近缘动物有食肉的习性，但它们的牙齿和颌部并不适合切割。因此，如果它们要捕食大型猎物，必须撕下猎物身体的一部分。它们用下颚咬住猎物，通过扭动、旋转整个身体来完成撕咬。鳄鱼的脖子特别强壮，可以为下颚的动作提供力量支持，并承受拉力。鳄鱼以鱼类和呼吸空气的动物为食，后者包括爬行动物、鸟类和哺乳动物，它们经常被鳄鱼拖到水下杀死。鳄鱼的消化过程比较缓慢，尽管它们的消化液中具有强酸，但几乎没有酶。因此，如果它们捕获到大型猎物，不会一下子将其吃掉，而是会储存起来，例如储存在河堤下。这种习惯导致它们经常吃腐肉，实际情况是，如果有机会，它们也会直接进食腐肉。鳄鱼的强酸性胃液可以防止它们发生食物中毒。鳄鱼大部分的时间都会待在河流和河口的岸边，它们对食物的需求量很小，一年可能仅会消耗两倍于自身体重的食物。这与小型鸟类形成了鲜明的对比，小型鸟类通常在一天内就需要消耗掉相当于自己体重的食物，这与它们是温血动物并且体型较小有关。相对于它们的体重，鸟类的体表面积较大，因此热量损失也会比较多，需要的食物也会增多。

生活在阴暗区域的雌鳄鱼会收集成堆的植物，并在其中产卵，植物堆会发酵并为卵的孵化提供热量。那些生活在开放栖息地的鳄鱼会在地上挖一个洞，在其中产下大约50枚卵，并借由太阳的热量孵化这些卵。雌性鳄鱼产卵后，会待在产卵地的附近，不遗余力地保护自己的卵，通常不吃东西。然而，不可避免的是，鳄鱼妈妈也可能会打瞌睡，而这时其他大型蜥蜴和其他动物便有了可乘之机，挖洞取卵。一旦产卵地洞穴被挖开，鳄鱼妈妈不会尝试掩埋剩余的卵，而是任由它们全部死去。产卵后大约两到三个月时，幼鳄准备孵化，这时它们会发出嘶哑的声音，然后鳄鱼妈妈会用它的身体推开覆盖在卵上的泥土。孵化后的幼崽会被带到水中，有时会被雌鳄鱼衔在嘴里带走；雌鳄鱼通常会和自己的孩子们待上一段时间，然后就会把年幼的小鳄鱼们单独留下，任其独立生活。年幼的小鳄鱼是凶猛的掠食者，但由于它们体型较小，使得自己在许多敌人面前变得很脆弱，这些敌人也包括那些体型较大的同类鳄鱼。因此，幼鳄在生命的最初几年里会远离成年个体的栖息地，在茂盛的植被和小水域中度过自己的生长期。鳄鱼大约需要10年左右发育成熟，只有极少数个体能活到那个时候。然而一旦成年，它们除了人类之外几乎没有天敌，并且至少还能再活30年。你或许会想知道鳄鱼的存活率，一个简单的计算方法是，假设一只成年雌性尼罗鳄平均每年可以产下50枚卵，那么在它的一生中，一共可以产下1500枚卵，而如果想要保持种群的稳定，只需要两只孵化出来的幼崽活到成年。

丰富的海洋生物

在侏罗纪和白垩纪时期，海洋中的爬行动物处在食物链的顶端。它们和一些鲨鱼的体型是如此庞大，这一事实有力地证明了当时处于食物链底端的生物是非常丰富的，即小型生物分布密度大，并且生长和繁殖迅速。事实也确实如此，与地质历史上任何其他时期相比，这一时期海洋中进行光合作用的浮游生物的数量要多得多。它们被其他众多的原生生物、滤食性贝类（软体动物）、藤壶、珊瑚虫和蠕虫等所捕食。海洋中还有很多菊石类和其他头足类动物，虾以及早期的龙虾，它们捕食体型较大的游动猎物，包括活的以及死去的。掠食性软体动物，通过在猎物的壳上钻孔来捕食，它们的数量比以往任何时期都要多；除此之外，当时生活在海床上或者会在海床上活动的生物还包括海星、沙钱和海胆。硬骨鱼类种类繁多，数量巨大；在软骨鱼类中，首次出现了魟鱼。现在我们开采的石油矿藏，其中有一半以上是在白垩纪这一具有丰富沉积物的时期形成的。

支撑这个巨大生命金字塔的最丰富的光合作用生物，可能是浮游生物中的定鞭藻（haptomonads），它们是一种游来游去的金色原生生物。定鞭藻中的大多数都有一个休眠阶段，即颗石藻（coccolithophorid，见图9.8a）——这两个阶段（休眠期和非休眠期）长期以来被认为是两种不同的生物，因此被赋予了不同的名称。当这些浮游生物由自由游动阶段开始向静止阶段转变时，细胞内部会形成钙质板，并逐渐向外移动。这些钙质板被称为球石粒，每一个的直径只有几毫米，但正是这些极其微小而美丽的板块的积累，造就了现在位于多佛的白色峭壁和世界上许多地方的白垩沉积层。这类生物最初是在三叠纪晚期的沉积物中被发现的，并且在白垩纪末期达到了顶峰，沉积物形成过程中涉及的生物数目，简直是天文数字，超出人们的想象。在那个时期结束的物种灭绝事件中，尽管只有很少的物种幸存下来，但是从那以后，开始演化出了新的物种。

当时白垩纪海洋中还大量存在另外一种原生生物，硅藻（见图9.8b）。它们是初级生产者，具有绿棕色的叶绿体和二氧化硅壳。今天，硅藻仍然广泛分布在淡水湖泊以及海洋中，甚至包括极地地区。已知最古老的硅藻来自侏罗纪晚期，到白垩纪末期，它们已经变得丰富多样。

在食物链中处于更高位置的是有孔虫，它们属于有孔虫目，也是形成这一时期岩石沉积物的重要组成部分。有孔虫具有悠久的地质历史，如前面章节所述，有孔虫最早被发现于寒武纪，并且在石炭纪开始大量存在（见图7.17a）。有孔虫的数量和种类在白垩纪变得非常丰富和多样化，却深受这一时期末物种大灭绝事件的影响。对有孔虫的外壳进行研究发现，其外壳包含了一个基本的有机框架，并含有碳酸钙和/或其他材料（见图9.8c，d）。在有孔虫外壳上的某一个部分，有一个孔，通过这个孔，细长的细胞可以延伸出来；在外壳之外的地方，这些延伸出来的细胞形成了一个网络，用来困住它们的猎物，包括蓝细菌、其他原生生物，甚至是浅虫以及甲壳类动物。有孔虫中的许多物种生活在海底，有些甚至生活在深达7000米的海域。其他一部分则营浮游生活。其中一种浮游性有孔虫在白垩纪中期开始变得很常见，直到今天仍然很繁荣，那就是抱

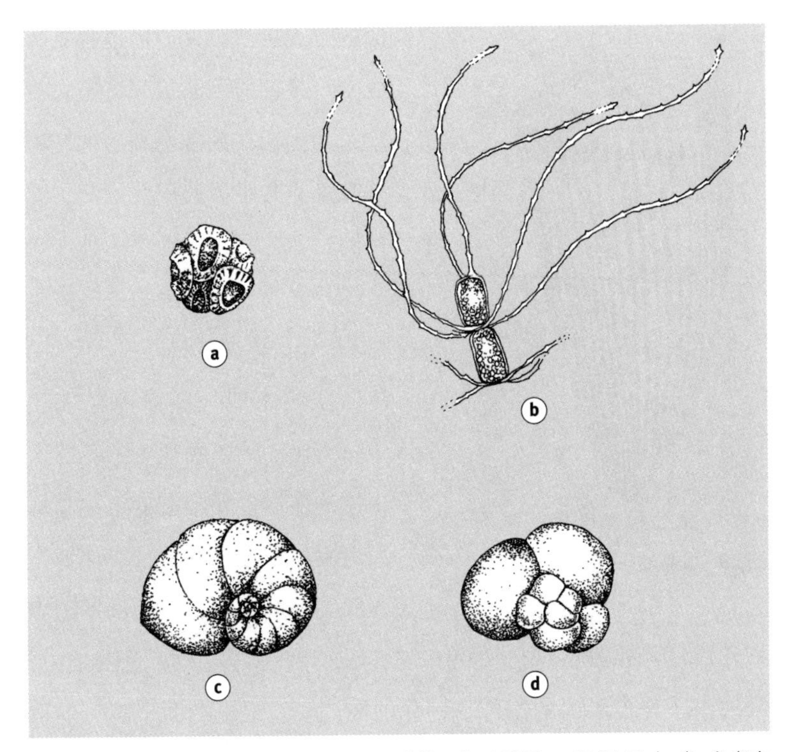

图9.8 微观海洋浮游生物：a颗石藻；b硅藻，角毛藻属；c和d有孔虫（b 参考自Fogg，1968； c, d参考自Parker和Haswell, 1898）

球虫（globigerina）。它们死亡后其钙质外壳沉入海底，并在海底形成钙质软泥，被称为“抱球虫软泥”。彼时大多数有孔虫的尺寸仅是肉眼可见，但在白垩纪和下一个时期，也就是第三纪，出现了一些直径可达15厘米的大型有孔虫物种，它们可能是有史以来最大的自由生活的单细胞生物。（爬行动物和鸟类的卵都是单细胞，但它们并不是真正的可以自由生活的生物。）今天的大型有孔虫，其直径可达3厘米，多生活在光照充足的热带浅海中，并与藻类共生，从中获得大部分生命所需要的营养；那些已经灭绝的物种很可能也曾

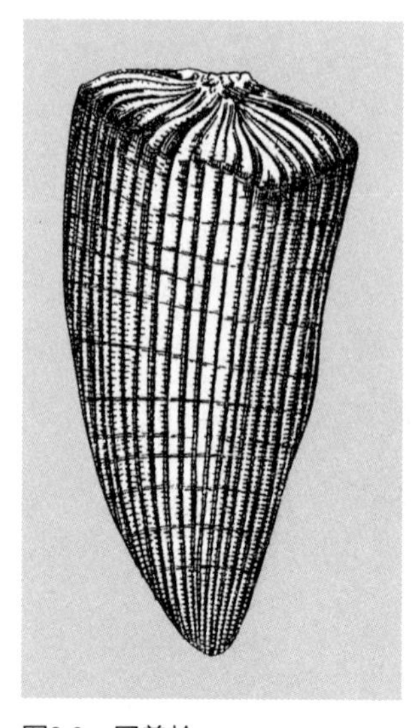

图9.9 固着蛤

以类似的方式生活。人们可以将其类比于巨蛤，这种蛤蜊的贝壳可超过半米长，它们生活在热带珊瑚礁的浅滩上，并有藻类共生体。据此推测，这种共生的生活方式，加上身体外侧带有的坚固外壳，使一些生物或多或少地摆脱了一定的体型限制。

在白垩纪末期，随着海洋表层海水中自由游动的生物数量的不断增加，生物的多样性和丰富度也逐渐增高，而造礁生物也是如此。在侏罗纪早期，珊瑚礁很少见，但从侏罗纪中期开始，珊瑚礁的分布变得越来越广泛，造礁的石珊瑚（见图8.10）辐射出了许多不同的物种。钙化的海藻和海绵也有助于礁石的形成，它们有时甚至是主要的造礁物种。在这一时期，还有一些不寻常的造礁者，即带有双壳的贝类，它们属于软体动物中的双壳类。其中一些双壳类动物是牡蛎，它们与钙质藻类和苔藓动物生活在一起，形成了巨大的礁石，那里生活着各种各样的穴居动物。在侏罗纪和白垩纪时期，生活着一群那个时期独有的双壳类动物——固着蛤（rudists，见图9.9）。固着蛤其中一个壳瓣的功能像一个盖子，而另一个壳瓣是锥形的，供动物居住。固着蛤可能并不是真正的礁石建造者，而是在软沉积物中形成集群，从而帮助物质积累。

翩翩飞舞的生物

在侏罗纪和白垩纪时期，出现了两种与恐龙有关的会飞的爬行动物。其中一种是翼龙，它们演化于三叠纪晚期，也是最早能飞上天空的脊椎动物。它们在这一时期的化石记录中广泛存在，其中一个物种的翼展是所有已知动物中最大的。另一类是鸟类，但是直到侏罗纪时期它们才出现在化石记录中，而且化石数量并不多。在这一时期，鸟类看起来似乎并没有翼龙那么有优势，然而翼龙在白垩纪末期灭绝了，而鸟类却在第三纪得以进一步扩张、繁荣起来。这让我们再一次看到了灭绝事件在生命万花筒中起到的重大作用，它使得在一个时期不引人注目、显然没有希望的动物，得以在灭绝事件发生后的下一个时期变得繁荣起来。

翼龙的骨头和翅膀都很脆弱，对于飞行来说十分轻便，因此在已经发现的众多化石中，这一部分大多数都没有被完美保存。由于有关翼龙翅膀的确切解剖结构仍然不确定，专家们对此的看法也各不相同，尤其是关于其后腿和翅膀后缘的关系。翼龙翅膀的前缘，由爪部第四指加长变粗成为的飞行翼指支撑，而且翼膜本身也似乎有被加强。几年前有研究表明，翼龙的翅膀比较窄，且独立于它们的后腿，将这一发现结果进一步延伸，可以得出结论，翼龙或许可以像鸟类一样靠后腿奔跑（也就是说，它们是两足动物）。然而，最近在蒙古发现了一些相关化石，让人们对上述观点提出了质疑，并认为翼龙是一种更像蝙蝠的动物，它们翅膀的后缘附着在后腿上。根据这一解释，翼龙可以将手掌平放在地面上，用四肢行走（见图9.10），后一种观点得到了一些足迹化石的支持。这些蒙古的

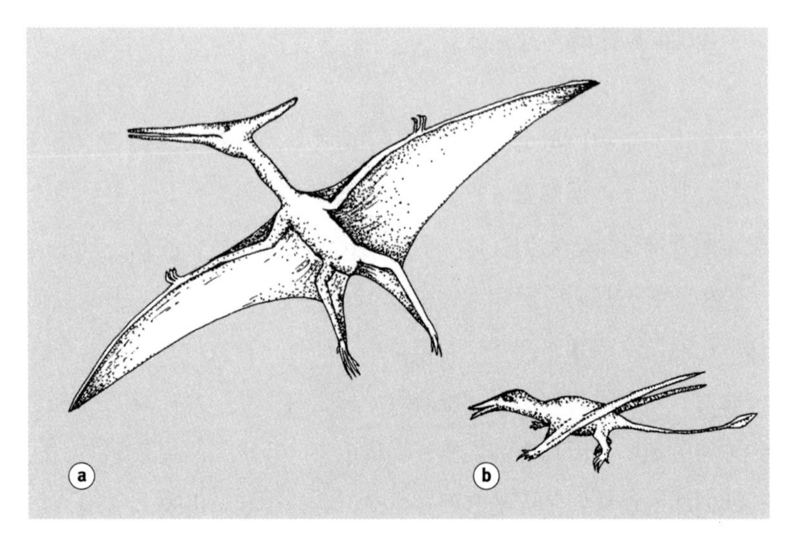

图9.10 翼龙类：a会飞行的翼手龙，无齿翼龙属；b在地上行走的早期翼龙类

化石还表明，至少这些较小的翼龙身上覆盖着皮毛，因此它们很可能是温血动物。事实上，大约一百年前就有人指出，想要达到飞行时所必需的肌肉协调度，需要较高的以及恒定的体温。

那么，是什么导致了翼龙飞行的演化之路呢？有关这一问题，目前主要有三种推测：它们从树上滑翔下来，它们沿着地面奔跑后起飞，它们在树枝间跳跃。如果它们在如图9.10b所示的地面上行走，那么，它们将无法快速奔跑或在从树上跳下后轻松地再次起飞。因此，最具说服力的说法是，它们可能是为了在树林间捕捉昆虫，从一根树枝跳到了另一根树枝上。因此，在身体两侧、两腿之间长出的任何皮肤薄膜，都能帮助延长它们的跳跃时间以及准确着陆，就像现代鼯鼠身上的飞膜一样。最早的翼龙有着长长的尾巴和牙齿，但在侏罗纪晚期和白垩纪早期，它们似乎已经被其他尾巴很短的物种所取代（见图9.10a），其中一些没有牙齿。后者被称为翼手龙类，需要注意的是，这个词有时会被错误地指代所有翼龙。

关于翼龙的食物来源，人们提出了各种各样的假设。也许像风神翼龙（*Quetzalcoatlus*）这样拥有巨大翼展（15米）的物种，会像秃鹫一样翱翔，扫视着地面搜寻恐龙尸体作为食物。然而，它们的下颌和颈部似乎决定了它们不能胜任这项相当艰巨的任务。因此更有可能的是，它们中的大部分都是食鱼动物，比如巨型的无齿翼龙（见9.10a），它们的翼展可达12米，可以几乎毫不费力地滑翔过海洋，就像今天的信天翁那样，从水面捕获包括鱼类在内的小型猎物。然后就出现了其他的“怪兽”，最终依赖于白垩纪海洋中丰富的浮游生物为生。化石证据表明，无齿翼龙可能像鹈鹕一样有一个喉囊，如果是这样的话，那它们奇特的冠脊就可以解释为在头部转动时所需的平衡龙骨。在海洋或沿海水域的岩石中发现了许多如同鸽子大小的较小的翼龙化石，很可能它们也是以捕食鱼类为生。看起来它们不太可能真的潜入海水中后再次升空。然而，如果可以接受“它们的后腿很适合跳跃”这一解释（见图9.11），那么它们也许能够从地面上起飞。如果实际做不到这一点，那么它们很可能就会像许多现代的鸟类那样，尽量避免在地面着陆，而是在悬崖上（如海雀）或树上（如军舰鸟） 休息和筑巢。它们前腿上的三根短爪和后腿上的四根短爪似乎很适合抓住岩壁或者树枝。

在远离海洋的陆地上也发现了翼龙化石。在这样的环境中，化石形成的可能性要小得多，因此它们在海洋中的相对丰度可能并不能反映它们的实际分布情况。这些内陆翼龙物种很可能保留了其祖先食虫的习惯。它们可能会像燕子或雨燕那样飞起来，张开嘴捕捉落在翅膀上的昆虫，如果它们不生活在树林中，它们也同样可以像那些鸟儿一样，在内陆的悬崖和沙洲上休息和繁殖。

即使考虑到化石化的可能性较低，翼龙显然没有演化到像鸟类那样，在自然界中扮演着各种各样繁杂的角色。最近的证据表明，它们的前肢和后肢是由翅膀连接在一起的，就像蝙蝠一样，所以翼龙的前后翼实际上是被绑在一起的。相比之下，鸟类的前后肢得到了独立的演化，前肢用于飞行，后肢用于行走、游泳、攀爬、捕捉猎物以及其他各种各样的功能。在鸟类中，让这种前后肢分离得以实现的结构是羽毛，鸟类通过羽毛的管状结构来维持翅膀的刚性。尽管羽毛在鸟类飞行的进化过程中意义重大，但似乎它们的出现早在飞行之前，是为了另一个目的演化而来的。这是结构演化的另一个例子，为了一个小的适应性出现的结构，却成了主要演化过程中的一个关键适应步骤。例如，为推开水草方便游泳而演化来的鱼鳍，成为动物可以上岸并在陆地上行走的最重要的四肢结构；为可以快速地掠过水面而演化为薄垫的昆虫幼虫的鳃，成为了让动物可以飞行的翅膀。

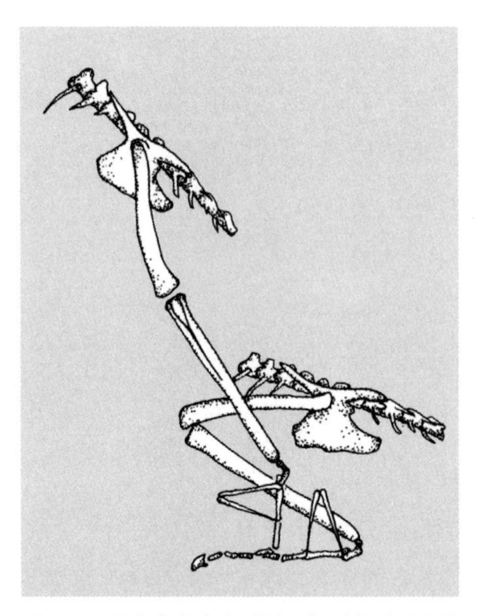

图9.11　翼龙在休息和跳跃飞行时的后肢骨骼示意图（参考自Bennett, 1997；来源Historical Biology，www.tandf.co.uk/journals，并且得到Taylor 和 Francis Ltd.的许可）

各种兽脚类恐龙化

石，特别是在中国义县发现的兽脚类恐龙化石表明，它们的身上覆盖着绒毛和羽毛。这些化石可以追溯到白垩纪早期，比著名的侏罗纪晚期的鸟类始祖鸟（*Archaeopteryx*，见图9.12）晚了一段时间。然而，在早期的兽脚类恐龙身上尚未确定发现羽毛的事实，因此很难对此进行解释。这些长着羽毛的恐龙来自兽脚类恐龙的不同类群，因此看起来羽毛在兽脚类恐龙中似乎十分普遍，可以用来保持体温和/或在性展示中发挥作用。如果这些羽毛的功能是调节体温，那么可能只有在小型物种和大型物种的幼体身上才会有羽毛。由于这些羽毛覆盖物出现在许多不同的兽脚类恐龙身上，因此很可能最早出现在侏罗纪早期（当时它们都有一个共同的祖先），后来才演化出复杂的飞行作用。

图9.12　始祖鸟，一种原始鸟类

尽管有些人对这种观点持怀疑态度，但人们普遍认为鸟类是从恐龙演化而来的。具体来说，鸟类是从一群小型的、奔跑速度较快的两足兽脚类恐龙，驰龙类（dromaeosaurs）恐龙演化而来的，包括1米高的伶盗龙（*Velociraptor*）。与大多数兽脚类恐龙不同的是，驰龙类恐龙的前肢没有退化。有人对这一结论提出了质疑，主要理由是兽脚类恐龙脚上的三趾和鸟类脚上的三趾，是由原来的五趾中不同的趾演化而来的。然而，有关鸟类发育的研究表明，在鸟类中，脚趾类型是由基因控制的，因此在演化的角度上来说，并不具备那么大的重要性。因为鸟类是由恐龙演化而来的，它们具有恐龙的所有基本解剖特征，所以从逻辑上来说，鸟类应该被划为恐龙的类别。然而，考虑到两者之间的区别及其在实际应用中的意义，并没有进行如此分类。当我们看到一只鸟快速奔跑时，它的脖子前伸，尾巴近乎平行于地面，我们可能已经十分近似地在近距离地观察一只灭绝已久的、身体覆盖有羽毛的恐龙在奔跑。

这些爬行动物最初是如何演化出飞行能力的呢？多年来，一直有两种相互矛盾的理论，分别是“从树上下来”和“从地面爬上去”。在前一种说法中，人们认为原始鸟类生活在树上，它们能够在树枝间滑翔，并通过拍打翅膀来增加飞行的长度以及改善着陆效果。然而，“从地面爬上去”理论的支持者不赞同这一观点，他们认为如果原始鸟类是两足兽脚类恐龙，那么它们在快速奔跑后开始起飞这一场景更为合理。但这种观点的问题在于，最初形成的、尚不成熟的翅膀会减慢奔跑速度，而且想要实现扑翼起飞需要更加精巧的翅膀（结构）和比较大的动力。那么，在翅膀演化过程的中间阶段，每一步的变化是如何成为一种演化优势的呢？最近有人提出了一个解决这个难题的理论：这种原始鸟类是一种伏击性捕食者，它们从树上或者岩石上跳下来捕食猎物。翅膀结构的演化和发展，能够改善原始鸟类在伏击猎物过程中的控制能力和机动性。这一理论的优点是，我们可以通过兽脚类动物和鸟类的演化，对前肢转变为翅膀的各个阶段进行追溯；每一个新的发展都以与动物祖先相对应的适当顺序发生；每一步的演化都会给它的拥有者带来优势。

基于分子钟（见图2.1）的研究表明，在白垩纪期间可能已经演化出了几个鸟类类群。事实上，始祖鸟具有的许多原始特征，如在翅膀前部的爪子，带齿的喙和尾巴上的骨骼，使得它很可能成为侏罗纪晚期的活化石。在之后的时期里，鸟类逐渐成为动物群的主要组成部分。到目前为止，已知的鸟类物种大约有9000多种，但是据估计，曾经存在过的鸟类，其物种总数可能高达15万种。鸟类的多样性与前面提到的昆虫的多样性一样，都与开花植物的多样性有关，这些关联包括开花植物独特的花朵、果实以及生态空间等多个领域。

生命画布上色彩的承诺

迄今为止，地球上存在的主要的蕨类植物、裸子植物和其他植物，普遍以绿色为主，并带有一点点棕色。但是在白垩纪中期，化石记录中出现的第一批开花植物长出了白色的花朵，经过一段时间后，慢慢地出现了我们今天所看到的丰富的颜色。这种颜色的演化发展是由植物和动物的协同演化所驱动的，它们依赖于动物的运动活动。在植物的生长过程中，有两种运动方式，即使不是必需的，也是它们的生长优势：一是受精，将花粉送到胚珠上；二是种子离开母体向外扩散。早期植物，如针叶树和一些开花植物，特别是草和树木，如橡树和桦树，会依靠风来传播花粉。因此，只有大量同种植物生长在一起时，异花受精（通过来自另一株植物的花粉完成受精）才有可能发生。这种受精方式无疑需要大量的花粉。（这对花粉过敏的人来说真是个噩梦！）相比之下，经由动物，通常是昆虫，来传递花粉的受精方式效率更高：仅由动物携带少量花粉，就可以送到距离较远的同种植物的花上，完成受精过程。尤其是在某种昆虫专一于一种植物时，这一方式更为有效。因此，植物演化出了许多典型的适应性，这些适应性既有利于吸引专一的昆虫完成授粉，也阻碍了非专一昆虫的参与。这些演化特征包括特殊形状的花朵，比如只有蜜蜂才能强行打开的甜豌豆花，或者是将花蜜存在于长管底部，只有具有长喙的蛾或蜂鸟才能接触到的花朵。

由于许多昆虫会吃花粉或者像蜜蜂一样把花粉收集起来带给幼虫，因此，植物会通过演化来减少这种“浪费”，并用生产的“廉价”的含糖花蜜来奖励传粉者，这种糖是光合作用的产物。一天中，植物的花蜜可能会在与传粉者飞行时间相对应的特定时间内流出。趋于互补的演化力量驱使昆虫逐渐走向专一化，因此它可以更有效地进食某一种特定类型的花，而且在某种意义上，如果这种花的特征是特意为它保留的，那么昆虫就可以更有信心地成功完成授粉。因此，这种越来越紧密的连锁适应被称为协同演化。

开花植物（被子植物）的特征是种子包裹在子房壁中，有时也包裹在花的其他部分，从而形成果实。这种果实为其中的种子提供了良好的营养储备，当种子发芽时，幼苗的生长就能有一个良好的开端。果实或种子的贮藏量越大，它们就越重。蕨类植物的孢子储量很小，因此比较轻，可以被风吹到数百千米外，但是风力传播对开花植物的作用是非常有限的。有些植物演化出了特殊的结构，可以帮助它们捕捉到风，比如蒲公英种子的毛和枫树种子的翅；另外还有很多植物则演化出了利用动物，尤其是鸟类和哺乳动物，来传播种子的能力。从动物的角度来看，种子中含有蛋白质，是非常有营养的食物，但这种消耗（被动物进食）对植物来说是一种损失。因此，植物通过演化使种皮变得更加坚韧，这样它就可以安然无恙（不被消化吸收）地通过动物的肠道，并与“少量肥料”一起沉积在动物碰巧出现的任何地方。当然，这对动物来说没有任何好处，它们可能会放弃进食不能消化的种子。针对这个问题，植物也演化出了各种各样的解决办法：一种方法是生产大量的可食用种子，这样偶尔就会出现不会被消化掉的种子幸存下来得以繁衍，这种方法就像是一种中奖概率很小的彩票；另一种演化途径是为动物产生除种子以外的奖励，如培育出一种含有一颗或多颗带有硬壳的种子的肉质果实，例如桃子或西红柿。这样，动物会进食并消化掉果实，而选择拒绝进食内部的种子或是将通过动物肠道的种子毫发无伤地排泄出来。对于某些植物来说，通过动物肠道还是种子随后发芽所必要的过程，而且这种肠道作用还可能只来源于某一种特定的动物。可食用的水果通常会以鲜亮的颜色来吸引动物，少部分会通过气味来推销自己。一些热带植物，它们的果实并不特别显眼，但是它们与某些鸟类演化出了一种特殊的关系来帮助其完成种子传播。

坚果是种子传播的另一种策略。坚果坚硬的外壳，确保了只有特定的少数一些动物能够打开它们，动物们常常会把这些坚果带走打开，然后在途中丢弃它们。但有些坚果会被故意收集走并储存起来，之所以会发生这种情况，是因为每颗坚果中都含有大量的营养，而且在植物的结果期往往会产生很多坚果，因此动物们不需要一下子把它们全部吃掉，而是把它们储存起来以备日后食用。动物贮藏坚果时，通常会选择某种方式将其掩埋起来，但是由于动物们总是会遗忘某些掩埋的位置，因此某些掩埋位置适宜的坚果就会慢慢地发芽。例如，松鸦和星鸦会掩埋橡子，松鼠则会储藏橡子和其他各种坚果。在亚马孙雨林，有一种啮齿动物，刺豚鼠，会被果实落地的声音所吸引，进而食用树上的果实并将其埋在地下。它们通常会打开外壳来获取里面的种子或果实，在这一过程中，部分种子或果实会掉落到地上。如果这些果实没有被发现和打开，里面的种子就不可能有机会发芽，其中巴西栗，这种被戏称为“森林炮弹”的果实，就是一个非常引人注目的例子。类似于巴西栗，很多果实会演化得体积非常大，这样它们落下时就会发出很大的声音，从而吸引动物前来，确保自己会被发现。这些大型果实中的一部分可能演化出了以大型动物为媒介的传播机制，而这些媒介动物现在已经灭绝。同一时间内可获得的果实越多，果实或单个种子被储存和遗忘的可能性就越大，这对树木来说显然是一种优势。因此，产坚果的树通常在某些季节会迎来大丰收，“充斥整个供需市场”，而在其他季节则只出产少量。此外，任何的水果害虫（很可能是昆虫）的数量在作物产量较少的年份也会相应地减少。值得注意的是，同一地区的所有树木的繁殖现象都将是同步的，这种现象在山毛榉树中特别明显。在生长着茂盛树木的森林里，许多动物数量的变化往往也受到树木结实周期的支配，这种联系在演化过程中已经变得非常紧密。

还有一些植物则单方面地演化出了一种与动物之间的关系，来传播它们的种子。它们大多会在果实外面形成刺状物，这些毛刺则会附着在经过的哺乳动物或者鸟类的皮毛上，从而被携带和传播到很远的地方。一些植物，如槲寄生浆果，有着黏性的果实。一些鸟类，如欧洲的槲鸫和澳大利亚的澳洲啄花鸟特别偏爱它们，在压榨出浆果并吃掉果肉后，这些鸟儿会在树皮上清洁自己的喙，这样就可以将种子播种在它们需要的位置——要知道槲寄生是一种寄生植物，它不生长在地上，而是寄生在树上。要是想选出最为单方面的演化关系，那么腺果藤可能会拔得头筹。腺果藤生长在几乎是纯沙地的珊瑚岛上，它的种子非常黏，如果附着在一个相对体型较小的鸟身上，比如燕鸥，那么这只鸟极有可能因为无法摆脱这些黏性的种子而死去，因此为幼苗提供了极好的堆肥，让植物得以在贫瘠的栖息地开始生长。

但是，这种协同演化的轨迹是如何开始，以及何时开始的呢？开花植物（即被子植物）是什么时候出现的呢？开花植物是由许多解剖学和生殖学特征来确定的，其中最可靠的判断方式称为“双受精”。在双受精过程中，雄性生殖细胞不仅会与雄花的胚珠配对产生花粉，而且在雌花中还会与胚珠内含两个极核的中央细胞融合，产生胚乳，胚乳会成为种子的营养储存库。这种特征，以及在某种程度上的其他特征，即使并非不可能，也很难在化石记录中被鉴别出来。不过，花粉通常可以保存完好，而且其复杂的结构（见图9.13）也非常便于辨认，在比较新的沉积物中甚至可以辨认出实际的植物种类，这样就可以对当时的植物区系有更详细的了解。在欧洲、南美洲和非洲发现的一些具有被子植物特征的花粉粒，它们来自于1.27亿—1.2亿年前（早白垩世晚期）的沉积物，被认为是证明最早的有花植物存在的确切证据。

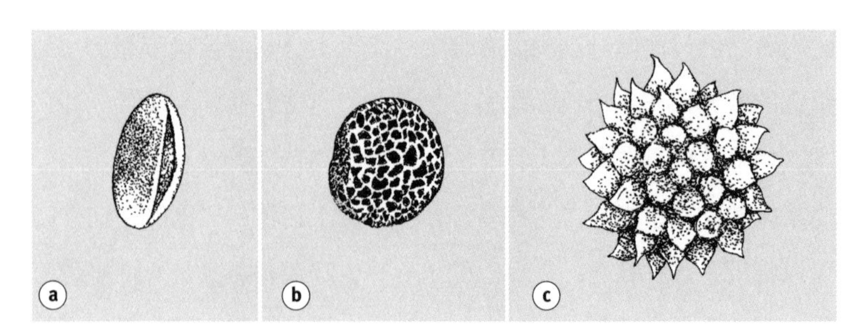

图9.13　开花植物的花粉粒：a 七叶树；b 百合；c 千里光

人们认为，最早由昆虫授粉的花朵是呈碗状的，就像现代的木兰、毛茛或玫瑰。其开放式的花朵结构意味着它们最早可能是通过风来授粉的，直到适应了昆虫成为更重要的授粉媒介为止。最早的有关这种类型的花的化石记录是发现于美国堪萨斯州白垩纪中期（大约9700万年前）的岩石中的古花（*Archaeanthus*，见图9.14）。它被认为是木兰属植物的近亲，甲虫会飞到这些花上取食花粉，这些昆虫很可能就是早期的传粉者。有趣的是，虽然大多数蝴蝶和飞蛾都演化出了一种类似吸管的细长口器，它们可以通过这一口器吸食花蜜，但最原始的飞蛾（Micropterygidae，小翅蛾科）长有下颚，这一结构自白垩纪以来几乎没有发生过变化，因此它们实际上很可能会咀嚼花粉。这显然代表了昆虫传粉的早期阶段，那时的飞蛾还没有演化成为植物花粉授粉者。如今，在世界大部分地区的毛茛属植物和其他碗状花中，都可以找到这些飞蛾传粉的例子。一些最密切的演化关系发生在蜜蜂和植物之间，这一关系的历史非常悠久，人们在一枚来自白垩纪的琥珀中发现了镶嵌其中的蜜蜂。

我们可以设想，到白垩纪末期的时候，花朵和它们的传粉者之间已经演化并建立起了特殊的关系。但是许多早期的植物是风媒传粉的，比如那些与悬铃木有关的植物。化石证据表明，这些早期的被子植物多生长在河岸边或其他类似地点的不稳定土壤中，它们被称为“杂树”。前面的介绍中已经提到了这种植物类群与恐龙之间可能存在的关系。同样有趣的是，悬铃木就像银杏（另一种从早期的近亲中幸存下来的树）一样，以能够抵抗二氧化硫和其他污染而闻名——这也是在火山活动时期的一个优势。

图9.14　早期的开花植物，古花（参考自 Dilcher 和 Crane, 1955）

到白垩纪末期，有花植物（被子植物）比针叶树及其近亲（裸子植物）的种类更加多样化，但数量相对较少。与后者依赖风媒传播不同，开花植物主要依靠动物来传播花粉和种子，因此它们可以在与同种植株保持一定距离的情况下茁壮成长，并成功繁殖。携带花粉的昆虫、鸟类或蝙蝠会寻找另一株同种植物并完成授粉。此时地球植被的画布上会出现不同的绿色、白色甚至其他颜色的斑点。尽管在现代，被子植物已经从温带地区蔓延到了极地地区，但人们仍然可以看到以下这两种模式。在一片热带雨林中，几乎每棵树都与旁边的树不同，而在寒冷地区，却依然可以看到白垩纪的植被“图景”，即经常会分布着数公顷的同种针叶树。许多被子植物的叶子无法承受冰冷的环境，它们失水速度很快，因此同样也容易受到干旱条件的影响。在白垩纪，被子植物演化出了落叶的习性：它们的叶子在遇到对生长不利的条件时会脱落，在这种休眠状态下，植物便能够更好地承受干燥、寒冷或长时间的黑暗等条件。这种落叶的能力对于应对这一时期末期出现的情况可能是极其重要的，而只有少数的裸子植物具有落叶能力。

在白垩纪晚期的化石记录中发现了20多种现存植物。与这些植物有关的现代成员包括睡莲、帚石南、锦葵、桃金娘、胡桃、桦树、大戟和荨麻。与当时存在的许多其他生物不同，它们很显然在白垩纪末期存活了下来。

白垩纪/第三纪（K／T）大灭绝

人们早就认识到，恐龙是在白垩纪末期从化石记录中消失的，随着知识的积累，人们发现更多其他生物也在这一时期消失了。在这一时期结束之前，像蛇颈龙、翼龙和固着蛤等生物的数量变得越来越少了，而鱼龙更是如此。其他物种，如沧龙、淡水鲨鱼和菊石类生物，似乎在这一时期结束前都很繁荣，然后就突然消失了。更多详细的研究表明，许多双壳贝类、腕足类和苔藓动物也灭绝了，具有钙质壳的微小浮游生物也遭受了巨大的损失，大约85%的颗石藻类，以及除少数有孔虫外的其他所有的有孔虫也都消失了。海洋生物也未能逃过白垩纪灭绝。白垩不再沉积，从这些微小的浮游生物，到菊石类和其他无脊椎动物，再到沧龙，这条主要的海洋食物链的基础已然崩溃。有些物种似乎得以幸免于难，如微小浮游生物中的硅藻，它们凭借着自己的硅质外壳和艰难的休眠阶段得以逃脱厄运。另外还有深海生物中的许多鱼类，以及像鹦鹉螺这样的食腐动物也活了下来。

在陆地上，灭绝事件不仅仅是发生在大型动物身上，除翼龙和恐龙等受到影响之外，体型较小的哺乳动物在世界范围内损失了约35%的物种。植物也受到了影响。在北美洲，79%的植物没能存活下来，人们还注意到，幸存下来的植物通常是落叶植物，它们会脱落叶子并使自己处于“关闭”状态，而其他植物则是以种子的形式得以保存。如同在海洋中一样，陆地上的一个关键食物链似乎也崩溃了，即以树叶为基础的食物链。这些树叶是一些哺乳动物和草食性恐龙的食物，而草食性恐龙又会被肉食性恐龙吃掉。此外，这些大型恐龙很可能繁殖速度较慢，这也增加了它们灭绝的风险。鳄鱼、龟、鸟类和昆虫似乎没怎么受到影响。鳄鱼和龟能够在没有食物的情况下存活很长时间，而且它们都是食腐动物。的确，在当时，大量其他动物的死亡和许多植物的枯萎，使得以生物残渣及碎屑为基础的食物链应该是供应充足的。许多昆虫以死去的物质为食，而且大多数昆虫有至少一段的艰难的休眠期。在不利于生长的条件下，一些甲虫可能需要很长的时间才能完成发育成熟：有记录证明，某种甲虫的幼虫在枯木中生活了40多年才长成为成虫。尽管有些鸟类是食腐动物，然而基于分子钟的研究表明，许多种鸟类的幸存仍然是一个谜。

在发生这些灭绝事件之后又发生了什么样的生物学故事？在白垩纪和第三纪沉积物之间的边界层（常被称为K/T边界）及边界层之上，又发现了什么？在很短的一段时间内，海洋沉积物中的主要微生物是硅藻和甲藻（dinoflagellates）。甲藻是有两根毛发状鞭毛的原生生物，其中一根鞭毛位于细胞中心周围的沟槽中。这两种生物得以存活下来，其主要原因是它们具有能够形成保护性包囊并沉在海底的重要特征。除此之外，在这些沉积之上，是其他微小浮游生物的遗迹，但它们的类型与白垩纪晚期存在的浮游生物类型有着很大的不同（见图9.15）。在陆地沉积物中，蕨类植物孢子的急剧增加标志着世界上许多地方边界的形成，正如人们从二叠纪大灭绝后蕨类植物的大量出现所注意到的那样，它们是贫瘠土地的早期“殖民者”。蕨类植物，在被称为“蕨类尖峰”的这一时期中，也被发现于一些海洋沉积物中（很可能是大量的蕨类孢子被吹到世界各地），而且它被发现在浮游生物消失的同一层沉积物中。我们可以得出结论，在当时，主要的海洋和陆地事件是同时发生的。

关于恐龙灭绝，人们提出了许多理论，但大多数都可以被摒弃。自1980年以来，人们开始了更多的有针对性的重点调查，然而这些研究理论仍然充满着争议性。1980年，来自加利福尼亚大学的路易斯·阿尔瓦雷斯（Louis Alverez）和沃尔特·阿尔瓦雷斯（Walter Alverez）父子以及他们的同事发表了有关金属含量测定的研究成果。他们对分布在意大利、丹麦和新西兰的来自白垩纪和第三纪岩石边界（K/T边界）中的各种金属含量进行了检测。恰如科学上许多其他的重大发现一样，研究中他们意外发现稀有金属铱的含量恰好在K/T边界处突然变得非常丰富，然后又慢慢减少至消失。这种现象被称为“铱尖峰”，目前相似的现象和结果已经在世界上超过100多个地点的K/T边界的矿床中被检测到（见图9.15）。铱存在于陨石和火山物质中，但在后一种情况中，镍和铬的含量也会同时升高。然而镍和铬等金属元素的含量在K/T边界却不是特别丰富，

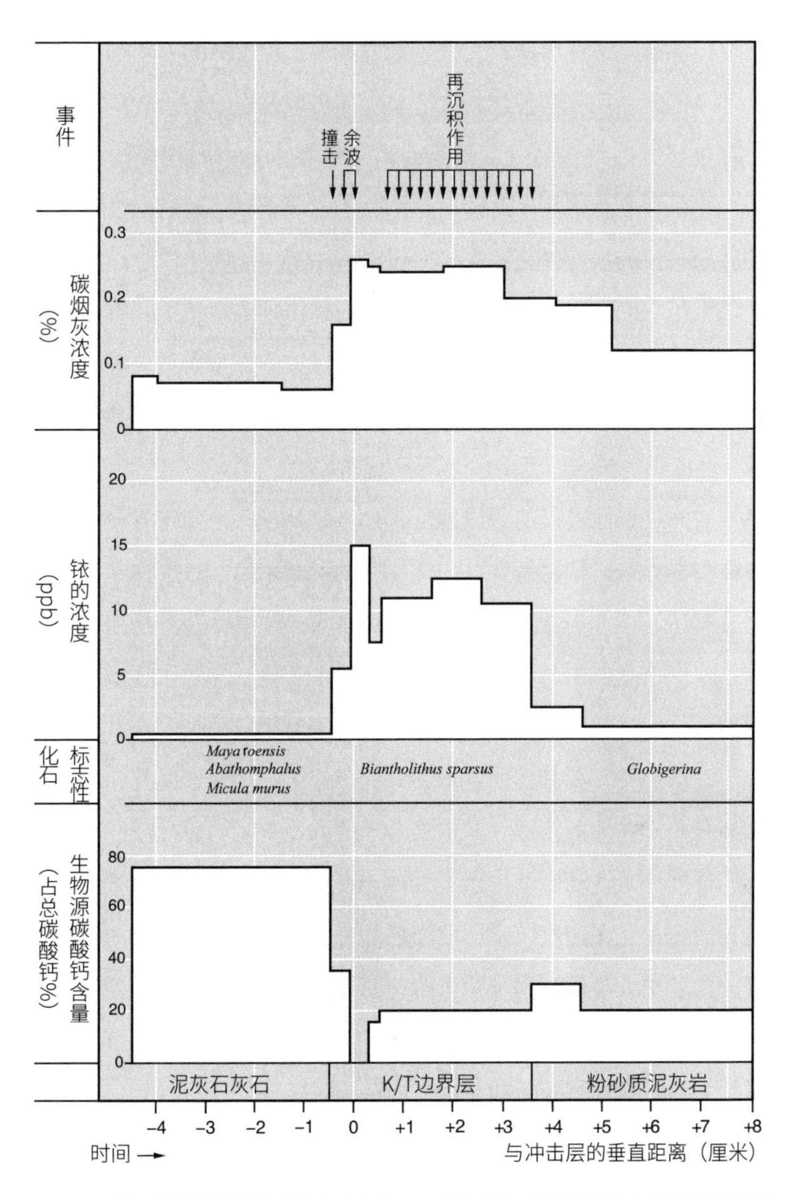

图9.15 萨尔斯堡附近埃伦格拉木地区的K / T边界及其相邻岩层的成分分析结果图（参考并修改自Preisinger等人, 1986）

阿尔瓦雷斯父子得出结论，铱元素的激增是由于6500万年前的一颗大型小行星（现在常被称为火流星）撞击地球造成的。他们根据分布在世界各地的铱的含量计算得出，这颗小行星的直径约为10千米，并在撞击地球后形成了一个宽度为150千米的陨石坑。这种情况的后果与核战争没什么两样，对于当时生活的生物来说，这种撞击无疑带给它们一个艰难的“核”冬。在撞击地点附近的岩石会被熔化掉，大大小小的碎片会被抛向空中；巨大的灰尘云覆盖地球，遮挡阳光，如果撞击发生在海洋里，那么所形成的巨大潮汐波（即海啸）会席卷海岸线，无论远近，无一幸免。

这一灾难性毁灭的假设理论，在当时并没有得到普遍接受。其他许多科学家，特别是那些研究化石的科学家们（古生物学家）认为（有些人至今仍然这样认为），生物大灭绝事件并不是突然发生的。他们主张，由于大陆漂移带来的地理变化，导致了气候和海平面的变化，进而导致了不同的生物在不同时间段消失。这种观点偏向于渐进主义，而其他的观点更倾向于灾难性地快速毁灭，却牵涉那些开始于陆地的事件。其中最合理的假设是，当时处于一个长期且广泛的火山活动时期（这一说法现在被认为是导致二叠纪灭绝的重要因素）：在印度以及印度洋的部分地区，德干暗色岩的形成以及火山岩的大量倾泻均发生于这一时期。还有一种说法是，那一时期地球上曾经发生过大规模的，甚至是全球性的火灾，在K/T边界地区观测到的煤烟沉积有力地支持了这一说法。

为了进一步寻找小行星存在的证据，人们付出了许多努力。最关键的问题是，陨石坑在哪里呢？对美国爱荷华州的曼森陨石坑进行的初步调查结果似乎印证了这个日期，然而进一步的研究表明，曼森陨石坑是在白垩纪结束之前大约1000多万年形成的。尽管人们对这个陨石坑失去了兴趣，但是问题仍然存在：如果一颗小行星曾在当时造成了如此重大的撞击，那么在化石记录中，这一颗小行星的痕迹又在哪里呢？也许某些在白垩纪末期之前消失的物种受到了这次撞击的影响。

1992年，位于墨西哥尤卡坦半岛边缘的希克苏鲁伯陨石坑被提名为候选陨石坑。希克苏鲁伯陨石坑中熔岩的年代正好是6500万年，此外，从加勒比海和北美洲周边地区收集到的各种证据都表明，这里曾经发生过一次大规模的撞击。陨石撞击，就如同原子弹爆炸时一样，所产生的冲击波带来的巨大压力会使石英颗粒中出现分层。这些多层的石英颗粒被称为冲击石英晶体，在北美洲许多地点的K/T边界层中都有发现，却仅有少量出现在欧洲和太平洋区域。由此可以得出结论，曾经发生过一次巨大的撞击，而撞击地点在北美洲或其附近地区。当熔化的岩石喷溅到空气中时，形成了许多小的玻璃球和较大的珠状物体（即玻璃陨石），现在已经在向东几百千米的海地以及西北边的科罗拉多州和新墨西哥州都发现了这些玻璃陨石。远在加拿大中部，人们还发现了一些火山喷出物，它们是从火山口喷出的岩石，并且具有尤卡坦半岛下层岩石的特殊特征。此外，在美国得克萨斯州和墨西哥东北部地区还发现了海啸的证据，当时巨大的海浪席卷了陆地，最后又流回墨西哥湾，因此在海洋沉积物中发现了树叶。对陨石坑的研究表明，这颗小行星的直径约为10千米，这正好是阿尔瓦雷斯父子根据全球铱含量计算得出的数值。地表的物质被炸出的深度达14千米，最初形成的陨石坑至少有150千米宽，甚至更大。

结合这项发现，以及对稀有元素、岩石形式及其成分的其他研究，我们现在可以确定的是，在白垩纪末期，一颗小行星撞向了地球，撞击地点在现在的尤卡坦地区。撞击产生的热冲击波摧毁了大片地区的生命，其后带来的影响更是全球性的。接下来的数周内，尘埃云会遮挡阳光，并在今后的数年内削弱阳光强度，而这种“熄灯”现象会使得植物停止光合作用。前面我们已经提到，以光合作用为基础的两条食物链受到的影响最大：其中一条是以海洋中的浮游生物为起点，另一条则是开始于陆地上的树。海洋中的幸存者是可以形成孢囊的硅藻和甲藻；而在陆地上，可以暂时停止进行光合作用的落叶植物，以及可以形成耐受性孢子或种子的植物得以幸免。野火燃烧产生的烟尘，进一步减弱了光照强度，死去的植被逐渐枯萎，变得更加干燥，从而更容易被闪电点燃。大部分被汽化的岩石是石灰石，这一过程将会产生大量的二氧化碳，这些二氧化碳溶解在水蒸气中，最后以酸雨的形式降落下来。不难想象，酸雨对于那些带有碳酸钙壳的微小浮游生物来说又是一次沉重的打击。然而相比之下，淡水生物受到的伤害可能会更大。奇怪的是，尽管淡水鲨鱼灭绝了，其他大多数群体似乎都幸存了下来。所以，也许当时雨水的酸性并没有想象中的那么强，又或者大多数淡水生物的生活环境起到了很好的酸缓冲效果。

由以上分析，我们可以确定的是，希克苏鲁伯小行星对生命产生了巨大的影响，而且这些影响是在很短的时间内发生的。一名研究人员表示，通过对当时残留的植物遗骸进行的研究表明，行星撞击地球是发生在6月份。但是仍然存在着不少的疑问：这颗小行星是否足以导致当时发生的全球性灭绝？又如何解释，根据化石记录显示，似乎在某些地方不同程度的生物灭绝在行星撞击地球之前就已经开始发生了，而这些时间段是可以在地质尺度上区分开的。地质时间尺度如此的不同，的确是这场辩论的争论点之一。要知道，一厘米深的沉积物就可能代表了一千年的历史，而某一层很有可能会受到穴居动物挖洞等行为的影响；地质学家可以为自己的估计精确度达到百万年以内而感到自豪。有机体的生存状态必须从世代的角度来考虑，在这种情况下，有机体可以在特定的休眠阶段（如孢囊或种子），或者简单地称之为假死的状态下“停止”多久？从生物学的角度来看，小行星撞击对生命带来的致命影响的持续时间不会超过几年，影响时间的长短取决于阳光能否穿透烟灰层照射进来，哪怕只是一点点，都将拯救那些休眠期足够长的动物。它们会从休眠期中醒来，并且能够在已经发生了巨大变化的环境中继续生存下去。我们再一次注意到，有很多幸存者是腐肉和碎屑的食用者，或者是食腐食物链中的一环，比如食虫性哺乳动物本身就以昆虫为食，而昆虫又以真菌或是被微生物分解的物质为食。当然，在最初远离火球的地区（小行星撞击地球的地区及附近），它们将会有充足的食物供应。

也有些人认为希克苏鲁伯小行星并不能解释许多K/T物种灭绝的原因，尽管我自己（作者本人）认为这样的小行星撞击一定对当时的生命产生了广泛的影响。然而，确实也有充分的证据表明，一些物种灭绝事件的确发生在6500万年之前，这也是与包括气候、海平面变化和火山活动等其他解释相关的地方。这些因素结合在一起导致了二叠纪末期的大灭绝事件，毫无疑问，它们也会对白垩纪末期的生态过程造成压力。人们认为，与印度德干暗色岩形成有关的火山活动意义重大，并且对这些较大范围的玄武岩的年龄有着各种各样的估计。1999年，巴黎地球物理研究所的地质学家克劳德·阿莱格雷（Claude Allegre）和他的同事们估计这片玄武岩是在6560万年前形成的，准确度为正负30万年。他们通过对该区域进行大范围和不同深度的测量得出上述结论。这项研究结果表明，从生物学的角度来说，这些火山活动早在小行星撞击地球很久之前就发生了，在此之后的30万—90万年，才发生了小行星撞击。因此，火山活动对生命带来的影响应该要早于小行星撞击。

通过上述研究，我们可以得出结论：尽管这次灭绝事件似乎是由一个主要因素主导的，但就像早期发生的其他大灭绝一样，是一系列环境变化叠加的结果，这些变化以新的方式向生命发出了挑战。不同的是，这次的变化带来的挑战规模之大，是前所未有的。那些在这次大灭绝之后发展起来的主要的陆生生物，包括哺乳动物、鸟类、昆虫和开花植物等，便是到今天仍生存在地球上的那些生命形式。

第10章 现代世界格局的出现

第三纪与第四纪

6500万年前至今

我们现在所处的这个时期，通常被称为新生代。其中新生代开始的第一部分，第三纪，是迄今为止历经时间最长的一部分，现在一般认为这一时期从距今6500万年前开始，一直持续到距今约181万年前。第三纪本身又被分为几个时期，分别是古新世（至5500万年前），始新世（至3370万年前），渐新世（至2350万年前），中新世（至520万年前）和上新世（至164万年前）。新生代第二部分的大部分，第四纪，距今约164万—1万年前，通常被称为更新世。[1]

在第三纪开始的时候，特提斯海仍然位于劳亚古陆和冈瓦纳古陆之间，但它正受到由于印度板块、阿拉伯-非洲板块向北俯冲而产生的挤压。随着板块之间的相互挤压，陆地被抬升，导致了阿尔卑斯山脉和喜马拉雅山脉的诞生。最终，大陆板块直接接触，特提斯

1　在最新制定的地质年代表中，第三纪、第四纪的定义和分界均有所变动。新的地质年代表将第三纪分为古近纪（包括古新世、始新世、渐新世）和新近纪（包括中新世、上新世）两部分，“第三纪”不再使用；第四纪为新生代最新的一个纪，包括更新世和全新世，其下限年代多采用距今260万年。——编者注

海不复存在。在白垩纪末期急剧下降的海平面（见图4.1）于古新世时期再次上升，欧洲南部和亚洲西南部的大部分地区被副特提斯海所覆盖。副特提斯海向北延伸，一直穿过俄罗斯中部，在乌拉尔山脉以东的区域被称为奥比克海，它通过图尔盖海峡与北冰洋相连。后来，副特提斯海和奥比克海逐渐萎缩，到今天只剩下巴拉顿湖、黑海、里海和咸海，以及向南延伸的地中海。大约1900万年前，副特提斯海与波斯湾之间的连接被切断了，变成了今天的样子。在那之后，非洲动物就可以进入劳亚古陆，同时劳亚古陆的动物也可以去到非洲。据研究，当海平面达到最高点时，当时的海域面积可能可以从地中海向下延伸，横穿撒哈拉，一直延伸到几内亚湾。

冈瓦纳古陆在第三纪开始时就基本分开了，不过大洋洲和南极洲在大约3000万年前的渐新世才变得比较接近。而劳亚古陆在更早的时候开始分裂，早在始新世的早期，随着北大西洋的扩张，北美洲和格陵兰岛从欧洲分裂出来，这种分裂如今仍然以每年大约1厘米的速度进行着。现在的北冰洋已经与大西洋相连，毫无疑问，洋流发生的重大变化对邻近大陆的气候产生了深远的影响。

到了中新世，海平面变得很低，直布罗陀海峡消失，地中海中的海水随着水分蒸发而变得盐度非常高，一直到上新世开始（大约500万年前），全球的海平面再次上升，大西洋冲破陆地的障碍重新注入了地中海。因此，今天地中海海域里的生物反映的是大西洋的情况，而不是那些可能从特提斯海和印度洋继承下来的更为丰富的动物群。

在白垩纪和古新世时期，尽管北美洲和南美洲被一个不怎么连续的大陆桥——大安地列斯岛弧相互连接，但当该岛弧跟随其所在的构造板块向东北移动时，这种连接就中断了。直到大约3000万年后，也就是上新世中期（大约350万年前），南北美洲之间才又重新建立起了当前的联系。在隔离时期，两块大陆上的哺乳动物分别演化，因此动物群的组成非常不同。但随着物种的融合，即所谓的南北美洲生物大迁徙，动物的多样性在总体上减少了。相对来说，来自南美洲的动物群遭受了更大的灭绝，据统计，从南方迁移到北方的动物有12个属，比从北方迁移到南方的动物（约27个属）要少得多。此外，在向北迁移的12个属的物种中，仅有3个属存活至今。相比之下，来自北方的入侵者则要成功得多，随着它们的发展和不断壮大，逐渐演化出了新的物种。针对这一现象，有一种解释认为，这是因为南美洲的动物群中包括了许多可以被描述为原始动物的物种，在竞争中被更有效率的北方物种所淘汰。然而，也有人指出，在上新世早期，南美洲的哺乳动物群就已经开始出现了一些减少的迹象，因此可能是环境发生了变化导致了南美洲物种的减少，而来自北方的动物只是占据了空白的生态位。这两种观点，恰好反映了关于"群落结构中的竞争"的辩题，两者之间的辩论往往是非常激烈的。在我（本书作者）看来，这两种因素都有可能起到了一定的作用，虽然我们不应该把竞争视作两种动物之间的直接争斗（除了在食肉动物和它的猎物之间），而应该看作是，一个物种的成功生长及繁殖，将会在某种程度上减少另一个物种的食物。

新生代时期，温度变化很大（见图10.1）。从白垩纪中期到古新世早期，地球整体的温度水平一直在下降，而在此之后，全球温度或多或少地持续上升了约1700万年，这种回暖一直持续到始新世中期，也就是大约4800万年前。在当时，两极还未覆盖冰盖，亚热带

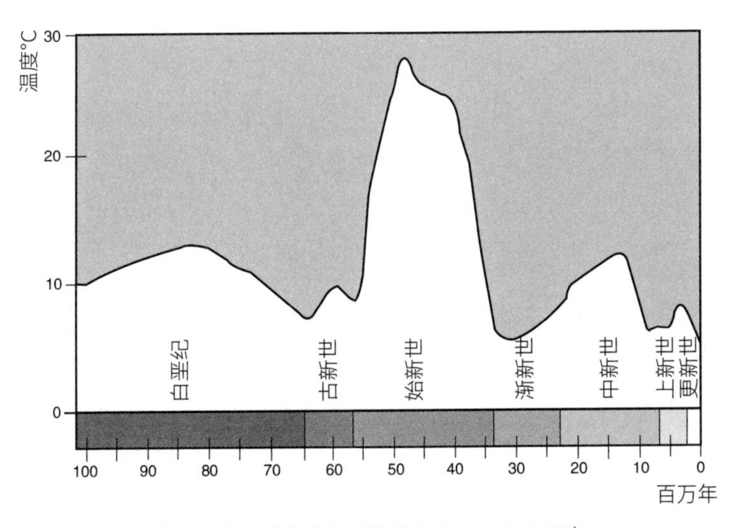

图10.1　新生代时期年平均温度的变化（参考自 Novacek, 2000）

植被一直延伸到了北纬60º，大概是现在的挪威首都奥斯陆附近。对伦敦黏土中化石的研究表明，英国南部在始新世早期出现的植物区系与今天在东南亚发现的植物群非常相似。这是最后一个真正的温暖时期，从这个高峰开始，出现了一次大降温，到了距今3800万年前的始新世末期，南极地区开始逐渐出现了冰层。渐新世时期全球环境都十分寒冷，但是在中新世中期（大约1400万年前）气温又有所回升，然后在上新世晚期（300万年前）再次回落，形成了一个较小的峰值。在这些温暖时期，南极大部分的冰层开始融化，随之带来的是海平面上升以及更加潮湿的气候。在更新世初期，气温非常低，此时在北极的周围也逐渐形成了冰原。

在发生K/T灭绝之后，世界大部分地区的植物区系被蕨类植物占据。美国地质调查局的杰克·沃尔夫（Jack Wolfe）和加兰·厄普丘奇（Garland Upchurch）对在北美洲发现的树叶化石进行了研究，

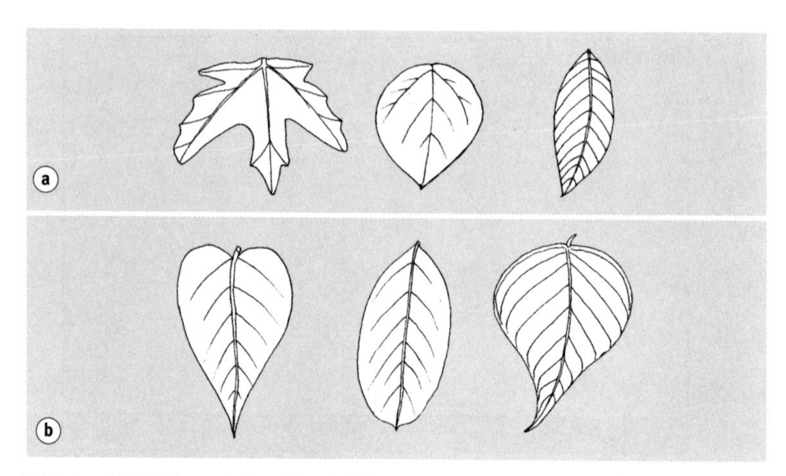

图10.2　树叶形态：a来自早第三纪的树叶；b来自热带雨林树木的叶片，带有滴水叶尖（a 参考自 Wolfe 和 Upchurch, 1987）

结果表明，在蕨类植物之后出现的物种是典型的受干扰地区的早期“殖民者”。这些物种被称为“演替早期物种”，因为它们是在一系列植物群落中最先出现的，只要栖息地环境不变，群落之间将会发生相互演替，最后留存下来的被称为“顶极群落”。在K/T灭绝事件之后的150万年，植物叶片的形态发生了变化，叶片的锯齿状边缘和浅裂特征逐渐消失了（见图10.2）。新的叶片有着光滑且连续的边缘，并且其末端有一个尖，即滴水叶尖。这些叶子是生长在温暖潮湿气候中的树木的特征，这也是在极地冰川融化和海平面上升之后，可以预料到的变化。因为这些叶子通常是常绿的，而且其植株的存活时间很长，它们需要保持叶片表面干燥，以阻止真菌、藻类和地衣的生长；而滴水叶尖的存在，可以帮助叶子更好地排走其表面的水分。我们养在家里和办公室里的一些植物，如绿萝等，都有明显的滴水叶尖的特征，这表明它们的自然栖息地是热带雨林。

最富饶的大自然

在第三纪时期，地球上已经清晰地形成了今天我们仍然拥有的主要植被带：冻原（亦作苔原）、针叶林、落叶林、草原和热带雨林。就植物和动物的多样性而言，到目前为止，最丰富的地方当属热带雨林。热带雨林具有郁闭林冠，即乔木的树冠彼此重叠在一起，并且是多层分布的，树木在多个层次上伸展枝条（见图10.3）。在这些乔木中，最高的树可能会超过50米，但在它们之下，不同的层次之间的区别有时非常明显。为了研究雨林里的生物，人们在雨林里建起了高塔，当沿着塔向上或者向下移动时，不仅会被不同的视觉特征所震撼，还会发现每一层都有着其独特的气味。

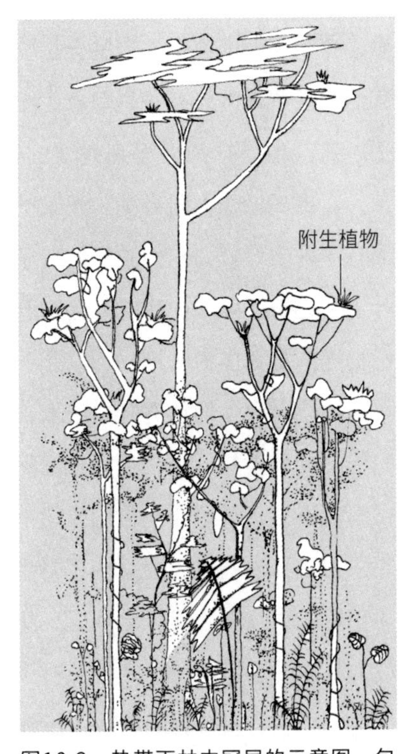

图10.3　热带雨林中冠层的示意图，包括附生植物和攀援植物（参考并修改自Richards 与 Oldemann, 1974）

热带雨林中乔木种类的多样性各不相同，而这种多样性可以非常惊人，以秘鲁地区为例，一公顷的雨林中可能会发现300种不同的物种。但是乔木绝不是雨林植被的唯一组成部分，除它们之外，热带雨林中还有攀援植物，它们依靠乔木的支撑，一直可以生长到最高的树冠层。此外还有附生植物，它们并非生长在土壤里，而是生长在树干或树枝上，如苔藓、兰花、蕨类植物以及凤梨科植物等。仅这两类植物的种类数量就可能等于甚至超过了不同乔木的数量。

而雨林中动物的多样性大大超过了植物。据估计，仅与一种树木相关联的甲虫的种类就在200～400种之间，其中约有十分之一只生活在这种树上。热带雨林中数量最多的昆虫是蚂蚁，通常有几十种，它们也有着很多不同的生活习性：有的在树上用树叶编织成巢，有的在地上筑巢，有的会在朽木上筑巢，还有更多的蚂蚁有着其他的生活习性。有些蚂蚁会为了占领特定的区域而互相争斗。几乎所有其他动物都会受到蚂蚁的影响，一些动物会得到它们的庇护，而更多的动物则会受到蚂蚁的攻击，并且经常被吃掉。在南美洲有一种切叶蚁，它们破坏的叶子数量可能比其他所有动物吃掉的叶子加起来还要多。切叶蚁会把叶子带回巢穴，在上面“种植”一种特殊的真菌作为食物。（这是一个非常典型的例子，用来说明动物需要依靠微生物从树叶中获取营养。）蚂蚁与植物之间还有许多其他的关系，并且常常是互惠互利的。有些种子的外部结构对蚂蚁很有吸引力，蚂蚁会把它们捡起来带回巢穴，借此散播种子来使植物获益。另一些蚂蚁会生活在附生植物的一个特殊腔室里，这些附生植物的根没有生长在土壤里，蚂蚁们在植物腔室中产生的碎屑可以为其提供氮源，而蚂蚁自己也获得了庇护所。

如果你有机会看到那些生活在热带雨林中的稀有鸟类，它们的多样性和聪明才智一定会让你大为赞叹。贾里德·戴蒙德（Jared Diamond）是研究鸟类（以及许多其他生物）的专家，与他在新几内亚的一个森林里散步时，他在四个小时的时间里辨认出了超过120种不同的鸟类叫声，尽管我们可以直接看到的鸣禽寥寥无几。许多热带雨林的鸟类以昆虫为食；还有一些，比如鹦鹉，以水果为食；而另一些鸟类则以哺乳动物和其他鸟类为食。在中美洲和南美洲，翅展长达2米的角雕可以捕捉到大型的猴子和树懒。貘、某些野猪、鹿、大型猫科动物（如美洲虎）、大型啮齿动物，以及中非部分地区的大象和獾狮狓，都生活在森林地面上及其附近地区；而雨林中数量最多的大型哺乳动物——猴子，则生活在树上，通常它们只有在喝水或舔食岩石以获取特定的矿物质的时候才会来到地面上。从岩石中获取矿物质对于那些主要以树叶为食的物种来说显得尤为重要，树叶也是树懒和麝

图10.4　南美洲雨林的食叶动物：a麝雉；b树懒

雉的唯一的食物（见图10.4）。麝雉这种鸟类十分奇特，它们的幼鸟在翅膀前端长有爪子。水果是大多数猴子的主要食物，它们成群结队地在森林里穿行，寻找那些有水果的乔木；这项工作需要团队成员之间的协调合作，而关于不同季节的食物记忆和代代相传的知识，对于它们来说则是一个很大的优势。较小的动物，尤其是啮齿动物，虽然很少见到，但实际数量非常多，在热带雨林的树洞里经常会出现啮齿动物组成的迷你动物园。

所有这些生物体都通过复杂的食物网联系在一起，经过数百万代的运转，不同的生物体演化出不同的适应性，以使自己可以更好地进食，或者提高自己不被吃掉的可能性。也就是说，增加生存和繁殖的可能性，是演化成功的标准。尽管热带雨林中的物种如此丰富，但许多物种之间具有专性关系，因此一些物种将一起演化，而这种相互作用被称为协同演化。许多协同演化带给生物体的适应能力是显著的，往往特别引人注目的协同演化的例子就来自于热带雨林。

得克萨斯大学的拉里·吉尔伯特（Larry Gilbert）和他的同事们对一个丰富的协同演化网络进行了深入研究，其中一个例子是与中美洲的袖蝶（*Heliconius*，见图10.5）有关的演化网。我们在这里只能简要地概述一下，但即使是这些很少的细节，也能让我们对雨林中成千上万个物种之间的联系的复杂性有个大概的了解。不幸的是，由于人类破坏了它们的栖息地，其中许多物种正濒临灭绝，而我们往往还未真正了解它们的存在。

供袖蝶幼虫食用的植物是西番莲。这种植物在森林中分布稀少，只偶尔会长出蝴蝶幼虫需要的幼芽。因此，袖蝶需要生活很长

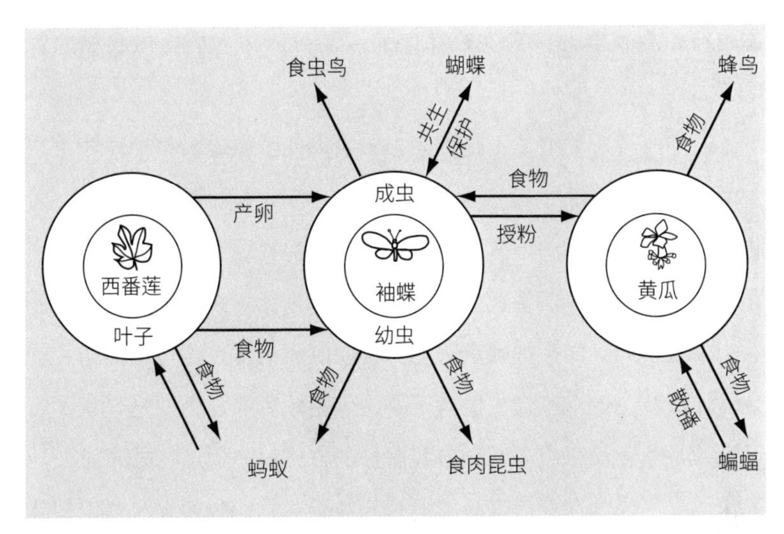

图10.5　在中美洲雨林中，围绕着袖蝶的生态网的主要环节。箭头指向从这种关系中获益的有机体。这个网络几乎无限地延伸并连接到其他所有的有机体

一段时间（可能长达六个月），才能找到足够的地方产卵。为此，它们除了需要蛋白质食物外，还需要花蜜。与其他大多数蝴蝶不同的是，它们会在“舌头”上收集一个花粉球并在其中注入唾液，然后将部分消化的花粉重新吸回去。袖蝶们从某些野生黄瓜上获得所需的花粉和花蜜。这些野生黄瓜的雄花和雌花是分开的，许多雄花开在一个单独的嫩枝上，虽然每一朵花只开一天，但整个花簇可以在长达数周时间内提供丰富的花粉。提供花粉的雄花位置不变，这样就保证了袖蝶可以经常拜访，并且把花粉带到其更加罕有的停留点（雌花），因为它们只能从那里采到花蜜。所以，雌性袖蝶必须找到稀少的生长有新芽的西番莲以及同样分散生长的黄瓜，它们在森林里日复一日地沿着某一特定的路线，以能量消耗低的滑翔方式飞行，寻找着西番莲（产卵），以及可以为它们提供食物的黄瓜花。

通常西番莲的嫩枝不是很大，一般只能够供养一只袖蝶幼虫。当两只幼虫相遇时，个头较大的幼虫会吃掉体型较小的那只。因此，这种自然选择的方式迫使雌性袖蝶避免在已经有卵的嫩芽上产卵。正因为如此，西番莲也演化出了看起来像蝴蝶卵的嫩芽，进而阻止袖蝶产卵。如果袖蝶产下的卵得以顺利孵化，孵化出的幼虫就会破坏嫩枝，但这些幼虫也有天敌，其中数量最多的便是蚂蚁了。于是西番莲还演化出了一种自我保护的方式——通过花外蜜腺在叶子基部分泌出含糖汁液来吸引蚂蚁。被引来的蚂蚁如果在食用糖浆时遇到了袖蝶幼虫，就会对其发起攻击，并将其带回巢穴供蚂蚁幼虫食用。

袖蝶是植食性动物，它们会对西番莲的自然栖息地带来主要的影响，因此西番莲会产生有针对性的演化适应。食草动物天敌的缺乏是由于西番莲中存在着对生物体有害甚至有毒的植物次生物质。袖蝶克服了西番莲的这种化学防御，并将这些毒素储存在自己的身体里，所以袖蝶本身并不好吃，它身体呈现出来的红色、橙色和黑色等鲜艳色彩，也是为了警告鸟类和哺乳动物不要来吃它。然而，这种经验必须通过艰苦的经历才能获得，因此，越多的昆虫展示出这些具有警示作用的颜色图案，它们中的任何个体存活下来的机会就越大。群居动物所具有的演化优势，使它们可以进行互相拟态，一些其他种类的蝴蝶会通过模仿袖蝶来使自己更好地生存，它们模仿得如此相像，甚至难以区分。这些蝴蝶中的大多数，其本身也还会以各种不同的方式令天敌生厌，所以拟态是一个互惠互利的相互适应性演化。博物学家缪勒（Müller）首次发现并描述了这种昆虫间的相似现象，因此这种行为被称为“缪氏拟态”。然而，演化总有例外，羽毛颜色鲜艳的鹟䴕并不觉得所有的袖蝶都令人讨厌。这种食虫鸟的喙特别长，非常适合用来摆弄蝴蝶，以便近距离观察它是否可以食用。

过去人们认为，热带雨林中生命丰富的多样性反映了这一生态环境的稳定性，这种稳定性可以在很多年的时间里都保持不变。然而，现在我们已经知道这种想法是错误的。即使是在最小的尺度内，无论是在时间上还是规模上，热带雨林总是在不断地发生着变化——雨林中的那些巨大乔木的根系相对较浅，因此它们的寿命也相对较短，经常会因为树心腐烂而倒下，而当它们倒下时，留出的这片缝隙又会很快被一系列的植物占领、填满。这些缝隙在森林中随机出现，我们看到的实际上是植被处于不同的演替阶段的斑块，这对维持雨林生物多样性起着非常重要的作用。与早先的看法相反，雨林实际上会发生火灾，婆罗洲森林的大片区域在几年前就被大火烧毁了。尽管现在这种森林火灾通常是由人类活动引起的，但在特殊情况下，闪电也有可能是引发森林火灾的原因。曾就职于莱城大学的罗伯特·约翰斯（Robert Johns）认为，由于火灾，新几内亚的热带雨林树龄大多还不到100年。

如前所述，树叶化石表明，具有热带雨林特征的植物早在古新世时期就开始出现了。随着气候逐渐变得更加温暖和潮湿，这种植被开始扩散蔓延，一直到始新世中期。在此之后，热带雨林的范围就开始出现了盛衰兴废。在中新世中期，热带地区的气候开始变得更加干燥和寒冷，到了上新世中期，这一地区的面积可能处于最受限制的阶段。在更新世时期的各个冰期中，森林面积再次减少，它们不再是大片的未被破坏的区域，而是被限制在被称为“避难所”的孤立地带。人们认为，这些分裂时期正是形成丰富的物种多样性的原因。在森林支离破碎的时候，种群会被隔离在许多不同的“避难所”里，并在那里遵循不同的演化路径。当气候再次变得温暖和潮湿时，森林区域再次扩大，来自不同“避难所”的动物和植物会再次相遇，但其之间很可能无法进行杂交，它们也因此成了不同的物种。一系列冰期会导致这种“物种泵”机制的多次运行，其方式就像是复利一样。这一理论是建立在与南美洲有关的研究基础之上的，有人提出，保持了潮湿条件的高地地区是避难所，而位于中间的低地则气候干旱，不适合热带雨林物种的生存。然而，通过对亚马孙地区湖泊沉积物中的花粉进行检测，俄亥俄州立大学的保罗·科林沃（Paul Colinvaux）认为，限制避难所形成的气候因素主要是寒冷而非干燥，因此雨林生物的避难所应该会出现在低地地区，而不是寒冷的山区。

草原的发展

干旱的气候条件，促进了一种新型植被类型的发展，即草原。有些草原上没有树木，被称为草原或干草原，而有些草原上只零星地分布着树木和灌木丛，被称为稀树草原。草的花粉最早是在渐新世时期的地层中被发现的，可能在当时的南美洲地区出现了一些草原；但在世界其他大部分地区，似乎直到气候温暖的中新世中期，典型的草原才出现。最初，这些草原上生长着大量的灌木和乔木，似乎直到更新世早期，至少在北美洲地区，才开始广泛地出现没有树木的纯草原。草原的扩张带来了动物们的演化，出现了包括以灌木和树木为食的和以草为食的食草动物，以及相关的食肉动物和食腐动物。草原可以供养大量的动物种群，部分原因是草的特殊生长形式。草的一些嫩芽被保护在土壤中或者更深的地下，当老草被吃掉（或被割掉）时，新草就会从受保护的芽中生长出来。因此，当这些草失去一根芽时，可能会有更多的芽在原来的地方长出来，直到达到特定的密度，就像我们在花园草坪上看到的那样。

许多动物群体的演化都受到草原的出现和扩散的影响，这其中就可能包括我们人类自己和我们的近亲。大型食草动物的发展历史中，与草原紧密相连的是有蹄类动物。有蹄类动物可以分为两大类：第一类是脚趾数目为偶数的偶蹄动物，它们的脚趾数为两个或四个；第二类是脚趾数目为奇数的奇蹄动物。其中偶蹄动物包括牛、绵羊、山羊、鹿、长颈鹿、骆驼和美洲驼等，它们也被称为反刍动物，其名称来源于这些动物所具有的多胃室（有三个或四个胃袋组成）中的瘤胃（见图7.11）。反刍动物进食后，食物最初被储存在瘤胃中，在这里，纤维素分解细菌会开始分解食物，然后这些被半消化的食物会从胃里返回到嘴里（反刍），并被动物再次咀嚼。被二次咀嚼的食物再次被吞下，如果食物已经被处理得足够小，就可以通过消化系统的其余部分；如果食物还是不够小，就会被再次反刍。奇蹄动物包括马、斑马、貘和犀牛等类群。这些动物将草料集中在后肠消化，因此能迅速地消化大量食物，可以很好地适应以高纤维为主的食物，比如稻草或茂密的灌木嫩枝。反刍是一个较慢的消化过程，但这种方式可以帮助动物们吸收更多的营养。因此反刍动物可以在食物量较小的情况下生存，且可以更有效地吸收食物中的水分；但由于它们无法应付含有大量纤维的食物，这些纤维往往会堵塞住胃部相对较小的开口，所以反刍动物的食物必须相对优质。由于这些原因，相比马及其近亲（奇蹄动物）而言，反刍动物往往在食物分散但食物质量相对较高的栖息地上（如成片的草地）生存得更好。马和犀牛需要进食大量的食物，这些食物会很快地通过它们的肠道，因此它们需要花更多的时间来进食，而它们锋利的门牙使其更好地适应了这一生活方式。与反刍动物相比，奇蹄动物更依赖水源，因此这些动物在有着充足的高纤维植物及水源的栖息地上有着生存优势。

在大陆块还相互连接的时期，世界各地都存在着可被宽泛称之为古代有蹄类的动物。然而到了渐新世末期，在除南美洲以外的世界各地都失去了它们的身影。在劳亚古陆，奇蹄动物和偶蹄动物就是从这些古代有蹄类演化而来的；而在南美洲，这些古老的有蹄类动物延续了下来，并演化出多种体型，与现代劳亚古陆族群的演化相平行：其中有些动物外表看像骆驼，另一些则像大型野牛，还有一些更像猪。其中许多物种一直持续到上新世中期（约距今300万年前），它们的消失似乎与北美洲和南美洲之间大陆桥的建立以及随后来自北方的其他有蹄类动物和新的捕食者的入侵同时发生。还有少数类群一直生活到更新世，直到来自北方的其他食肉动物——人类的入侵。

早期的奇蹄动物体型较小，和梗犬差不多大，并形成了三个主要的类群。尽管这三个类群至今都仍然存在，但是其中只有一个类群的物种数量较多，那就是马属动物。在更新世开始时，这一属从北美洲穿越白令陆桥到达亚洲，然后从那里逐渐扩散到非洲和欧洲，并演化成各种各样的马、驴和斑马。具有讽刺意味的是，马在更新世中期就在北美洲灭绝了，所以如果不是一些马从阿拉斯加穿越到西伯利亚，那么在今天，马只会以化石的形式被我们所知，也不可能在人类历史上扮演其重要的角色了。在它们的全盛时期，三趾马非常多样化，在中新世早期和中期的北美洲曾经有过30多个物种。这些早期的马被认为是主要的食草动物，但是随着草原的扩张，它们的数量反而减少了，与之相对的是反刍动物数量的增加，这或许反映了上述两组动物消化系统效率的不同。与此同时，现代的单趾马也演化成了食草动物。

有关马类的化石记录保存很好，因此我们可以追踪马在演化过程中的各种趋势，包括它们体型的增大、腿和脚的变长、侧趾的减少，以及对中趾（即现代马走路时的受力点）的依赖性增强、上下门牙的加宽（以便更好地切割和进食草类食物）。由于在这一过程中，有处于不同演化阶段的动物同时出现，因此这些演化过程似乎并不是简单的渐进转变。据推测，很可能是其中某一个分支种系发生了突变，而其他谱系的动物在同一时期几乎没有变化。不过，这是一个非常具有争议的领域，其他解释也是有可能的。

除马之外还有其他种类的奇蹄动物，其中有两种动物到现在还生活着，即犀牛和貘（见图10.6）。虽然有一些已经灭绝的犀牛看起来体型很轻巧，身长不足2米，但这类动物在演化道路上似乎整体倾向于体型变得更加沉重和庞大。在渐新世和中新世的亚洲发现的巨犀（*Braceratherium*），是体型最大的犀牛。人们曾认为它们可重达30吨，是迄今为止最大的陆生哺乳动物，但最近对近百个标本

图10.6 带着幼崽的马来貘——奇蹄动物

进行的测量表明，巨犀的最大体重在15至20吨之间，是现代大型大象体重的三倍。经过一段时间的成功生存之后，各种类型的犀牛都在第三纪晚期灭绝了。其中一个类群，即五种现存物种所属的类群，尽管当时已在北美地区灭绝，但仍一直存活到了上新世。披毛犀广泛分布在更新世温度较低的地区，并且经常出现在那个时期的洞穴壁画中。披毛犀在大约11000年前就灭绝了，目前现存的五种犀牛，有四种也正面临重蹈覆辙的危险。

从许多方面而言，貘都是现存最原始的奇蹄动物，它们的前蹄保留着四个脚趾，后蹄保留了三个脚趾。貘一直分布广泛，直到更新世末期，当它们最终从北部的土地上消失的时候，仅有两个区域的物种得以幸存——马来西亚和印度尼西亚，以及中美洲和南美洲。就像马一样，貘也在自己的演化路上的故乡灭绝了。

当今占统治地位的大型食草动物是有蹄类的偶蹄动物（见图10.7），它们的物种种类最丰富，数量也最多，其中大多数属于反刍动物。偶蹄动物的演化与奇蹄动物的演化过程有着相似之处。两者都呈现出体型逐渐增大的总体趋势，这种体型演化有以下几个优势：对于体型较大的动物，其身体的表面积与体积的比例相对较小，因此在凉爽的环境中热量散失较少；此外，体型大的动物能够

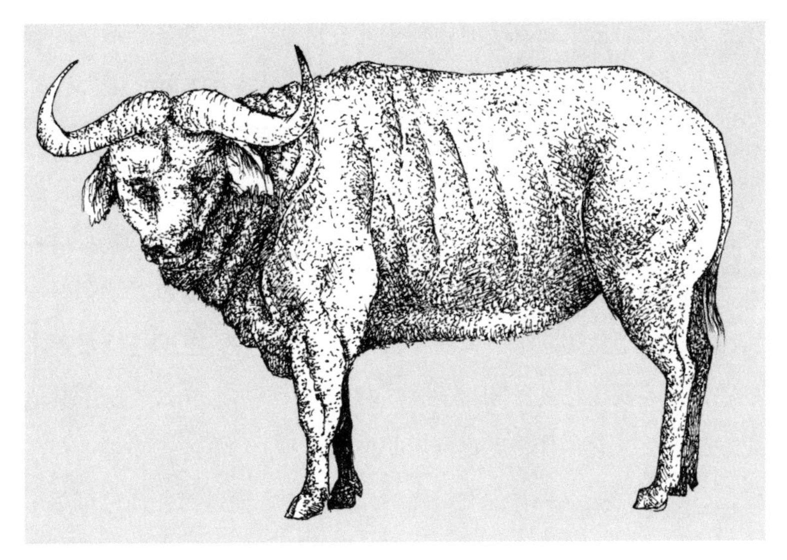

图10.7　非洲水牛——偶蹄动物

更好地抵御食肉动物的攻击，举例来说，狮子是没有办法攻击或捕捉一只成年的、健康的犀牛或者河马的。但较大的体型也有缺点，这通常迫使动物必须在更大的范围内去采集足够的食物来维持生命所需，即便如此，它们很可能也需要拓宽自己的食谱；此外，增加的体重还给其骨骼带来了更多的压力，为了保护这些骨头，大型动物必须牺牲自己身体运动的敏捷性。奔跑能力的演化是小型有蹄类动物的一个共同特征：叉角羚的奔跑速度可以达到每小时86千米。这种能力是动物们躲避掠食者的另一种重要手段，对这些生活在没有遮蔽物的草原上的种群来说，奔跑速度的演化和发展是非常重要的，没有遮蔽物就意味着这些食草动物没有办法躲藏起来，只能而且必须选择快速逃跑。与这种栖息地相关的演化还有群体生活的倾向，群聚可以让食草动物们在与食肉动物的战斗中占据优势。数量保证安全性的关键在于，群体中拥有更多灵敏的鼻子、眼睛和耳朵，可以保证动物们在敌人靠近之前就发现它。牛群中的成员可能会聚集在一起，形成防御圈：麝牛会将头部面向外侧，形成一个防御圈来对抗狼；水牛则可能会集体攻击一小群狮子。第三个演化趋势是某种形式的长角或长牙的演化。这些长角或长牙通常在种群的社会生活中扮演着重要的角色，尤其是在争斗中，雄性动物们会或实战或威慑地使用它们，以获得自己的领导地位。长牙还会被用来挖地，以寻找植物的根和其他食物。但不管这些长角或长牙的其他用途是什么，它们作为动物最后的防御武器，都有着很重要的存在价值，这与一些鸟脚类恐龙拇指的作用类似。而防御作用也可能是它们演化的最初驱动力。

将大型食草哺乳动物和恐龙的防御策略进行比较，的确是一件非常有趣的事情。它们之间存在着许多明显的相似之处，尽管大型恐龙的体型是最大的哺乳动物的三倍甚至更多。想象一下成年恐龙的平均体型，如同大象一样，它们要想跑得快并不容易。毫无疑问，部分鸟脚类恐龙的行为是最敏捷的，它们与偶蹄动物、奇蹄动物相对应，并营群居生活。三角龙就相当于白垩纪的犀牛，成年蜥脚类恐龙就如同成年大象，当它们生长成为健康的成年恐龙时，就超出了任何当代捕食者的捕食范围。发现于新生代末期（见图12.2）的巨型犰狳（雕齿兽）与小型甲龙很相似，有些甚至在尾巴末端也有一个类似狼牙棒一样的结构。目前还没有发现与剑龙类似的类群，但它们独特的结构可能更多地与体温调节有关，而非防御。这些相似之处强调了捕食作用在食草动物的演化过程中所展示出来的巨大推动力。

最早的偶蹄动物化石发现于始新世早期，这些动物演化成为多个类群。在始新世末期和渐新世相对较冷的时期，分别在欧洲和北美洲出现了猪和西猯的代表。猪（和西猯）是杂食性动物，它们以其他小动物、真菌、水果和其他植物为食，但它们不是反刍动物。尽管出现过一些大型的物种，其中有的在上新世可能和现代的犀牛一样大，但是从根本上说，猪自渐新世以来几乎没有发生过变化。目前的一些物种，如疣猪，几乎完全以草类植物为食，但本质上它们是生活在潮湿森林里的动物，经常出没于池塘和溪流。在上新世早期，一个与之有亲缘关系的类群变得更加两栖化，如今的河马就是这一类的代表动物。河马在夜间觅食，尽管它们也以水生植物为食，但草类植被仍是它们的主要食物。它们的胃里也有消化袋，但胃部结构并不像反刍动物那样复杂。和许多大型哺乳动物一样，与现在相比，河马在更新世时期的分布更为广泛。

骆驼化石出现于北美洲的始新世晚期，它们在中新世达到了丰富的多样性。骆驼是食草动物，有些还演化出了长脖子，毫无疑问，它们的生活习性与长颈鹿类似。在大约100万年前的更新世，一些骆驼通过白令陆桥进入亚洲，另一些则通过巴拿马地峡进入了南美洲地区，并在美洲大陆的南部演化出了美洲驼及其近亲。然后，大约在1.2万到1.5万年前，骆驼在北美洲灭绝了。这又是一个例子，就像马和貘一样，一群动物在它们演化而来的家园灭绝了，而这个物种存续的希望很可能寄托在跨越陆桥前往另一个大陆的少数个体身上。这就是演化生存的风险。

鹿长有令人印象深刻的可脱落的角，这类动物是在渐新世演化而来的。就像骆驼和古马一样，鹿本质上也是食草动物，它们在中新世种类繁多，但与骆驼和马不同的是，随着草原的发展和树木、灌木的逐渐减少，鹿的多样性依然存在。它们的演化中心是欧亚大陆，但也有一些个体到达了北美洲，进而到达了美洲南部大陆。有趣的是，鹿并没有入侵过阿特拉斯山脉以南的非洲地区。这可能是由于来自不同羚羊动物群的竞争吗？鹿的近亲是长颈鹿，它们有着啃食树木的特殊适应能力。长颈鹿在非洲生存得很好，直到更新世晚期人们还能在印度地区发现它们。

到现在，最成功的大型哺乳动物无疑是牛科动物，包括各种各样的牛、绵羊、山羊和羚羊等，同时，它们也是最后演化出来的动物类群。有一些化石证据表明，牛科动物的演化发生在中新世，北美洲的叉角羚是唯一一个与祖先密切相关的物种。然而，牛科动物的主要演化发生在过去的400万年左右，可能与最近一次出现的温度峰值有关（见图10.1）。它们最初集中分布在欧亚大陆北部，后来入侵了欧亚大陆南部和非洲，并变得非常多样化。北美野牛在北美地区定居并建立了自己的领地，与叉角羚一起，构成了美洲平原的有蹄类动物区系，其多样性的缺乏在数量上得到了弥补。所有的牛科动物都生长有覆盖在头骨上的角，但与鹿的角不同，牛科动物的角一旦长成就会终生保留。

除了这些大型动物以外，许多类型的草原，实际上是在几乎所有类型的栖息地中，都被小型哺乳动物占据着，尤其是兔类（包括野兔和穴兔）和其他啮齿动物。尽管有关它们的化石记录还没有得到很好的研究，但其类群在古新世时期很可能与现今截然不同。它们的后肠中存在着大量的共生微生物，它们有着强壮的牙齿，因此咀嚼食物的能力很强，且它们的门牙会不断生长。它们几乎完全是食草动物，通常专食草和草籽。虽然南美洲水豚的肩高能够超过半米，但啮齿类动物中的大多数体型都比较小，头部和身体的长度一般在5～10厘米之间，而且它们的尾巴通常也差不多这么长。由于体型较小，大多数草原小型哺乳类都能隐藏在低矮的植物叶子与坚实土壤之间的区域过着隐蔽的生活。它们经常在黑暗的夜间活动，在落叶和倒下的木头之间筑巢。草原犬鼠和野兔等体型稍大的物种会在地面上觅食，但它们有洞穴，当危险来临时，它们会冲进自己的洞穴隐藏。由于很容易受到天敌的攻击，这些隐秘的生活习性对它们的生存至关重要，不过兔子和啮齿动物们也演化出了非常高的繁殖率。较高的繁殖率可能会导致种群数量的大量、快速增长，例如，当大量的鼠类动物为了寻找新的牧场而迁徙时，就会出现田鼠和老鼠成灾，旅鼠数量爆发等现象。

到目前为止，所有讨论过的哺乳动物都是有胎盘哺乳动物（真兽类），它们将幼崽留在子宫中，幼崽通过脐带从母体的胎盘中获得营养。除此之外，还有另一个主要的动物类群，有袋动物，胚胎在早期阶段会离开母亲的身体内部，它们通常会爬到身体前部的一个袋子里，即包裹有乳头的育儿袋，幼崽可以在那里获得食物。这两种动物似乎至少都是在白垩纪时期出现的，人们在北美洲发现了有袋动物的化石，因此推断，当时有袋动物可能广泛地分布在濒临解体的泛大陆上。当胎盘哺乳动物开始扩散的时候，大洋洲和南极洲已经从冈瓦纳的其他部分分离了出来，因此这两个岛屿大陆对这些哺乳动物而言是隔绝的。有袋动物在南美洲以外的其他地方都灭绝了，在南美洲，它们与胎盘动物共存，不过到了白垩纪中期，这里也曾是一个岛屿大陆，并且如上所述，在这片大陆上演化出了许

图10.8　西部灌木袋鼠，一种生活在澳大利亚西南部开阔灌木丛中的有袋动物（参考自 Ride, 1970）

多独特的动物。与此同时，在澳大利亚，有袋动物也发生了演化，开始占据原来主要由胎盘动物占据的大部分生态位，并形成了许多典型的趋同现象（无亲缘关系的生物体因为“做同样的工作”而具有相同的特征）。开阔的森林和草地上出现了成群的快速移动的食草袋鼠和体型较小的小袋鼠（见图10.8），它们的行为模式和生活方式与有蹄类动物非常相似，而它们的种类比生活在北美地区的种类更多，但比非洲的种类要少。另一些有袋类动物则扮演着兔子和啮齿动物的角色，但当欧洲殖民者为这里引入了兔子和老鼠等外来物种之后，它们与这些有袋类发生了直接或间接的竞争，使得其数量急剧减少。

所有这些食草动物都是草原食物链的第二个环节，而且正如人们经常提到的那样，它们是下一个食物链环节——食肉动物——的食物。这些掠食者中的大多数都属于哺乳动物的两大类群——猫类和犬类。它们的演化史与其猎物的演化史一样引人入胜，但由于本书的篇幅有限，无法对其进行更加详细的描述。就像非洲大草原上的非洲野犬一样，许多犬科动物都是成群结队地活动，群聚行动可以杀死自己无法单独征服的猎物（虎鲸和蚂蚁等其他动物也采用了这种策略）。相比之下，大多数猫科动物都是单独行动，它们会偷偷地接近猎物，并发动突然袭击。然而，猫型亚目动物群体中有两名成员，狮子和鬣狗，却是经常以族群的形式狩猎，并可能会采取相当复杂的集体伏击战术。在澳大利亚，演化出了一些食肉性的有袋动物，但是它们的种类不多，并且较大型的有袋食肉动物现在也已经灭绝了。这些动物和猫、狗在样貌上惊人地相似。

有着长鼻的种群

有一种陆生动物已经演化出了足够大的体型，成年后的它们大多都能逃脱捕食者的追捕，它们就是大象，长长的鼻子是它们的特征，它们也因此而得名长鼻目（见图10.9）。正如我们在前面讨论过的，在陆地上生活面临着各式各样的挑战。我们已经知道，动物体形增大后，其重量会呈几何级增加，而其骨骼的横截面则是会成倍增长，因此，大型动物必须不断演化，以使它们的腿可以在自己的身体下方保持笔直，这样一来身体的重量就会顺着骨头的长度传递，而不是压在骨头的横截面上。在正常大小的大象身上，股骨本身会略微扭曲以达到这一目的，其结果便是大象会使用笔直的腿来行走，并且无法奔跑。

虽然蜥脚类恐龙的头部很小，但需要进食大量小块食物的温血动物需要嘴巴与体重保持一定的比例，这样它们才能摄入足够的食物。因此，大型动物（如须鲸、象、河马）似乎都有着特别大的嘴。有一种方法可以让动物一下子吃到足够的食物，那就是把食物扫起来，然后塞进嘴里。大象的鼻子基本上就是这样做的，这个长鼻子实际上是其放大的上唇和鼻子。大象的鼻孔一直延伸到鼻尖，这样它们就可以在食物被迅速送入宽阔的嘴里之前，检查其是否可以食用。大象是后肠发酵动物，这意味着它们从食物中获得的营养不如那些反刍动物，再加上它们体型巨大，这就意味着它们每天可能需要花费15～19个小时来进食。

从中新世开始，大象的一个特征是将门齿发展成两颗或者四颗大小和形状都很壮观的巨大象牙（见图10.9）；除此之外，它们的总体外观似乎非常相似。象牙的作用有很多：用于收集食物，如挖出植物或剥掉树皮；用于防御；或者用于雄性之间的竞争等。目前已知的大象种类大约有160种，其中大部分出现在中新世时期。现存的大象，亚洲象和体型稍大一些的非洲象，只有它们所属的象科是在中新世之后演化而来的。这个家族的其他成员还包括猛犸象，这种大象中的侏儒物种直到4000年前才消失。其他几个类群的代表物种一直存活到更新世，但多样性大大减少。因此，大象最终的灭绝似乎更像是在苟延残喘时受到了致命一击，而并非一个族群在其鼎盛时期被切断生命线。

长鼻目动物起源于非洲，并且很快（从地质学的角度来说）扩散到了亚洲。在占据了除大洋洲和南极洲以外的所有大陆之后，现存的大象只局限分布在其演化故乡中，这与马、骆驼和貘等形成了鲜明的对比。它们生活在各种各样的栖息地，但可能总是需要以某种形式获得充足的水源。从中新世开始，嵌齿象在不同的时期先后穿越了白令陆桥（见图10.9），并开始扩散到南美洲地区。这一类群还包括铲齿象，它们长有两对长牙，其中较低的一对呈扁平状，仿若刀片。有人认为它们是专食性的工具，可以用来铲起水生植物，但是最近佛罗里达大学的戴维·兰伯特（David Lambert）对象牙的磨损模式进行了研究，结果表明，有些物种会用它们的这种铲式象牙来切割植被，例如树上的小树枝等；另一些物种则是多面手，它们用上下象牙以各种不同的方式收集植物材料。一些嵌齿象生活在中美洲和南美洲的热带雨林中，它们可能在传播某些树木的种子方面发挥了重要作用。一般来说，大象和其他后肠发酵动物一样，可以依靠进食大量的高纤维食物为生，但是，同样地，像其他许多具有相同消化系统的动物一样，如果进食水果，它们的营养摄入质量将会大大地提高（马对苹果的偏好就是一个很好的例子）。人们注意到，一些热带树木的果实掉落在地上后大部分都腐烂了，它们似乎不太适应这种环境，是否因为它们错过了与种子传播者嵌齿象的协同演化？今天的大象经常会使劲摇动一棵已经结果的树，然后用它们的鼻子把落下的果实扫起来填进嘴里。

乳齿象有着弯曲的长牙和棕红色的毛发，在上新世（距今约350万年前）扩散并遍布北美洲，尤其是在五大湖周围地区，数量尤为庞大。人们发现了许多乳齿象遗骸，最年轻的仅距今10400年。通过分析其牙齿周围的花粉和肠道区域的植物物质，可以很好地了解它们的栖息地和饮食习惯。它们生活在云杉林地，那里也生长着少量的松树、桦树和其他树木。它们似乎以这些树的树叶为食，偶尔也会吃草。有一个物种似乎选择性地进食了桤木，这种植物有固氮能力，也许叶子更有营养。

猛犸象是入侵北美洲的第三种也是最新的一种长鼻目动物，它属于最晚演化出的象科，而不是猛犸象科，但它的学名却是猛犸象（*Mammuthus*），这实在令人困惑。它们大约在200万年前到达北美洲，遍布整个大陆并向南延伸直至墨西哥地区。在当时，出现了几个不同的物种，它们可能代表了一系列的移民，因为在欧亚大陆和非洲也发现了类似的物种。美洲猛犸象肩高达4米，体重可能接近10吨，它和其他几种猛犸象一起，经常出没在落叶林地中。它们一定生活在比较开阔的地带，因为在洞穴中发现的其粪便样本表明，它们主要以草和莎草为食。真猛玛象又称长毛象，顾名思义，它们长有一身浓密的黑色毛发和厚厚的脂肪层来抵御寒冷。这些装备对它们来说非常重要，因为它们生活在北美洲、欧洲和亚洲的苔原草原上。在冰川期，这些植被的分布远比现在的北极苔原带分布要靠南得多，猛犸象的分布范围也随之移动。对偶尔发现的、被冻结在北极冰隙中的猛犸象标本进行研究发现，它们主要取食草类，其他北极植物以及矮树。但令人费解的是，它们如何采集到足以满足自身生存需求的大量食物呢？特别是在冰期，冻原都分布在北极圈以内，那里的冬天很少或者根本没有阳光。但冷冻标本显示，体型庞大的猛犸象在5500年前就在那里繁衍生息了。

大象在水里待的时间很长，它们是游泳的好手，因此占据了许多岛屿：加利福尼亚附近的海峡群岛，地中海和东南亚的许多岛屿，以及北冰洋上的兰格尔岛等。非常有趣的是，在岛屿环境中，它们的体型演化得更小了，这些成年侏儒象站立时有时还不到1米高（见图10.10）。几个不同的大象群体演化出了侏儒物种，比如印度尼西亚和日本的剑齿象，北极、加利福尼亚和撒丁岛的猛犸象，以

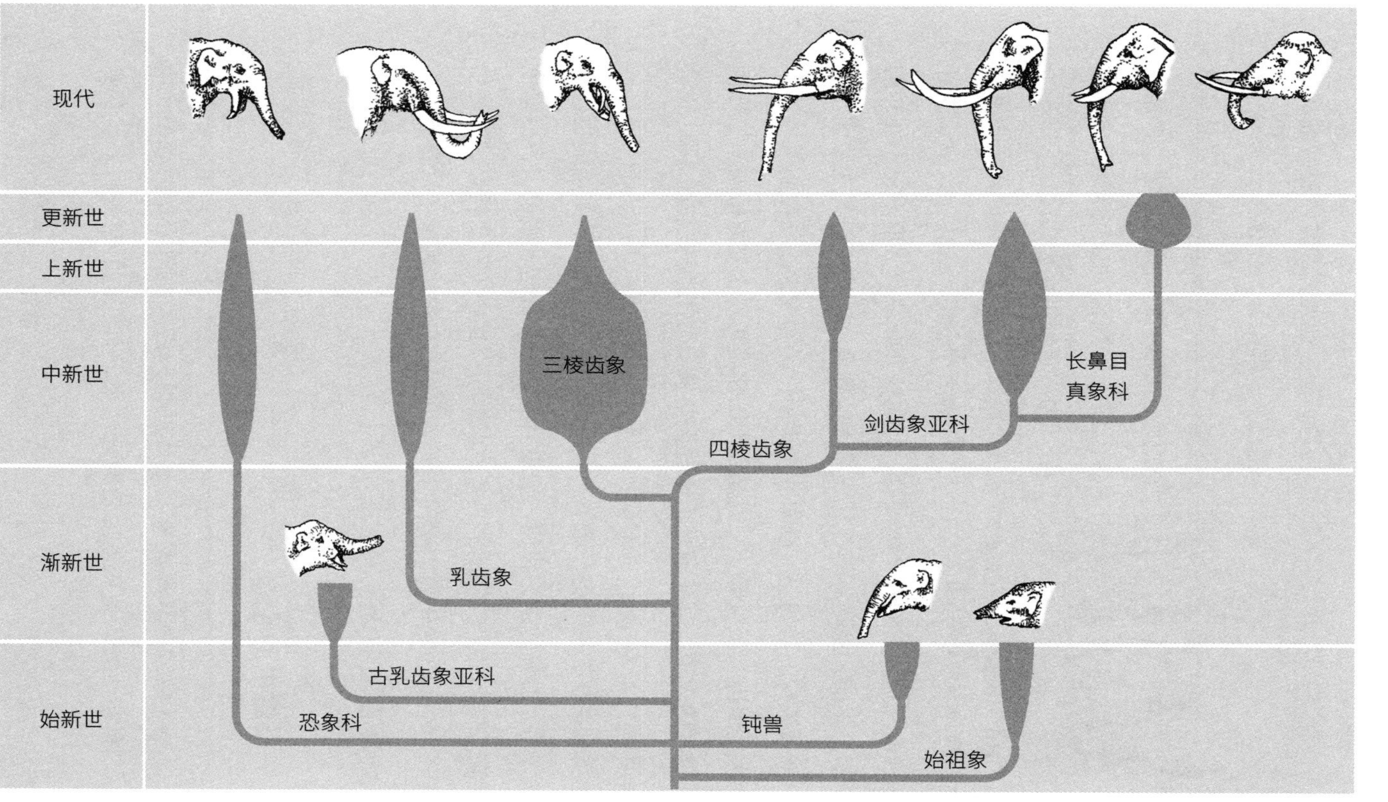

图10.9　大象的简化演化树，显示了它们在中新世中的物种多样性，以及在更新世开始时或更新世期间许多物种的灭绝（图中的线宽与该时期已知物种的数量成正比）（参考并修改自Shoshani 和 Tassy, 1996）

图10.10　印度象和已经灭绝的侏儒象的相对大小对比图

及马耳他、西西里岛和希腊各岛屿上的真象。那么，为什么会出现这种情况呢？在这些岛屿上，食物资源是有限的，如果象群的数量增加，根据自然选择，体型较小的个体就会更有优势，因为它们可以在低营养的水平下进行繁殖。在大陆上有像狮子和老虎这样的大型食肉动物，如果小象离开母亲的保护，它们就会被捕食，这也是小象成年之前不得不面对的命运。然而，岛屿环境往往没有大型的食肉动物，因此这种选择压力就会减少。我们还可以由此得出结论，陆地上的动物们保持体型庞大的原因，至少部分原因是庞大的体型可以有效地帮助动物抵御捕食者的攻击。有趣的是，这些侏儒象没有扭曲的股骨，因此股骨扭曲这一现象被解释为大象对大体型的适应性，它可以让身体巨大的重量在腿的长度上分散。于是人们认为，这些侏儒象可能更加活泼好动。遗憾的是，我们已经没有办法去验证这一假设了，尽管生活在兰格尔岛上的侏儒猛犸象比其他所有猛犸象都要长寿，一直生活到距今约4000年前，然而今天，它们都已经灭绝了（这可能与人类的狩猎活动有关）。

土壤中的生命

与大象的世界形成鲜明对比的是，许多生物主要生活在土壤中。有些动物只是在地上挖洞来避雨，有些也用这些洞来储存食物。许多啮齿类动物会这样做，有些有袋类动物以及大象的远亲蹄兔（只有约25厘米高）也会如此。土壤中还有大量的小型无脊椎动物，它们要么从植物的根或植物残骸中汲取营养，要么便是以这些植物为食。在世界各地，凡是有水分的地方，蚯蚓都是这类隐秘生命群体的主要组成部分。虽然在澳大利亚，蚯蚓的体长可能超过2米，但大部分蚯蚓的长度都在5～12厘米之间。这些蚯蚓和体型更大的甲虫和蛾的幼虫都是小型哺乳动物的食物来源。和植物的根一样，鳞茎和块茎位于土壤的上层，一年四季都可以成为食草动物的食物来源。在每一块大陆上，至少都有一类哺乳动物会采用地下的生活方式，并利用其中一种或多种植物根茎作为自己的食物来源。尽管它们属于完全不同的类群，但这些营地底生活的动物们经常会演化出相同的生活方式，而且外形看起来也非常相似（见图10.11）。这是趋同演化的另一个例子。

生活在黑暗世界里的地下哺乳动物几乎用不到视觉，因此它们要么完全看不见，要么视力很差，可能只能区分光明和黑暗。与之相反，它们的嗅觉、触觉和听觉都很灵敏。由于一生中的大部分时间都在挖土，它们的脚，尤其是前足，已经演化成为拥有强壮爪子的铲状，而尾巴则已经缩短或几乎消失了。

从化石记录来看，在地下生活的习性最早是在始新世晚期（一个凉爽干燥的时期）演变而来的，但直到中新世期间才逐渐地被越来越多动物采用，这种演变可能与开阔草原以及稀树草原的范围扩展有着紧密的联系。在这些动物中，我们最熟悉的鼹鼠属于鼹科，它们可以被称为真正的鼹鼠，其鼹鼠丘通常是欧亚大陆和北美地区潮湿草原的一大特征。它们具有天鹅绒般的黑丝绒毛皮，非常适合

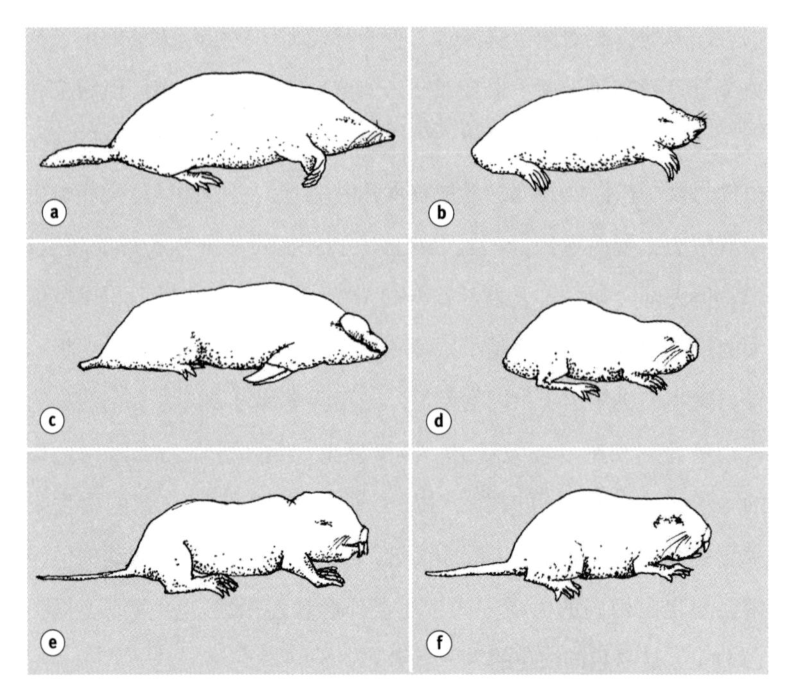

图10.11 属于不同的哺乳动物群体的各种鼹鼠，表现出了与地下生活方式相关的形态上的趋同演化：a鼹鼠（食虫类，鼹科）； b金毛鼹（食虫类，金毛鼹科）；c袋鼹鼠（袋鼹科）；d鼹形鼠（啮齿目，鼹形鼠亚科）；e滨鼠（啮齿目，滨鼠科）；f栉鼠（啮齿目，栉鼠科）

在潮湿的地洞里穿行，以前由鼹鼠皮做成的马甲和其他服装的价格都非常昂贵。鼹鼠以蚯蚓为食，同时也捕食昆虫，尤其是在夏天的时候。在吃蚯蚓之前，它们会把猎物夹在前脚之间，这样就能把蚯蚓体内的泥土挤出来。鼹鼠们每天需要吃掉相当于自己体重一半的蚯蚓，因此它们需要花费大量的时间在洞穴里巡逻，寻找那些掉进洞里的食物。在食物量充足的时候，鼹鼠们还会咬穿蚯蚓的头部但不杀死它们，而是将其存储起来。显然有各种各样的演化原因可以解释它们为什么不分享洞穴，每个鼹鼠个体都需要自己独立的狩猎区域。因此毫不奇怪，鼹鼠的领土意识非常强。

非洲有两种类型的鼹鼠，它们彼此之间完全不相关。金毛鼹的食物包括昆虫、蚯蚓、蛞蝓和小蜥蜴等，它们可能会抓住自己洞穴上方的动物，然后把猎物拖进洞里。正如人们所预料的那样，每只鼹鼠都有自己的洞穴，并且不能容忍另外一只金毛鼹入侵自己的领地。然而，在非洲还有另一种地下动物，滨鼠，它们是食草动物，可以容忍自己的领地附近有其他动物活动。对于许多食草生物来说，最大的挑战不是寻找食物，而是收获食物，因此这些鼹鼠彼此之间能够互相容忍。还有一种裸鼹鼠，它们拥有所有哺乳动物中最杰出的社会系统。在本质上，它们的生活方式很像是蚂蚁和蜜蜂这些社会性昆虫。在一个裸鼹鼠群体中，最多可能生活着80只个体，但其中只有一只雌性裸鼹鼠具有繁殖能力。大多数其他体型较小的裸鼹鼠个体在这个群体中属于工人阶级，它们负责挖掘新的洞穴，寻找并储存食物。人们认为，裸鼹鼠群体中的“女王”体内可以分泌某种激素，进而抑制了其他雌性个体的繁殖能力。如果“女王”死去，那么就会有另一只雌性个体在短时间内取代其位置。但是，占统治地位的雌性可以在圈养环境中生活长达10年之久，这对小型哺乳动物来说是非常长的一段时间。因此取代“女王”这种机会并不多见。

生活在黑海及周围干燥地区的鼹形鼠与非洲的滨鼠属于不同的类群，但也是啮齿类动物。鼹形鼠的眼睛完全被皮肤覆盖，没有视觉功能。它们是食草动物，通常是独居生活，主要的食物来源是一些分布比较分散的鳞茎植物。另一种完全失明的鼹鼠是澳大利亚的袋鼹鼠，它与其他的鼹鼠有着本质的不同——它们是有袋类动物，在育儿袋里养育自己的幼崽。不过袋鼹鼠在主要的适应性演化特征方面与其他鼹鼠相似，但是它有一个从鼻子上方一直延伸到头前的角质盾防护层。这层角质盾可能可以帮助保护它的身体顺利通过土壤，以这种方式挖出的洞穴会在其身后崩塌，无法像其他鼹鼠的洞穴那样持久。

在南美洲，没有演化出任何一种可以完全生活在地下的动物。在这里与其他地区的鼹鼠特征最接近的动物是栉鼠，但它们保留了具有功能性的眼睛和较长的尾巴。它们也会把食物拖到自己的地洞里，但它们看起来更像田鼠而不是鼹鼠。实际上，栉鼠更像是北美洲的囊鼠以及其他许多挖洞的啮齿动物，但它们大多是在地面上采集食物。南美洲没有“真正的鼹鼠”，这也许令人惊讶，因为相比于其他地区，人们认为南美洲的草地和开阔栖息地出现得比其他地方更早。自然史中总是充满了类似的悖论，并由此提出了一个问题：这种说法是正确的吗？如果是，又是怎么发生的呢？

因此在第三纪，除了南美洲和南极洲之外的每个大陆上都至少有一种动物，演化到了可以生活在土壤这一栖息地环境中。如图10.11所示，从六种不同的哺乳动物类群中总结出的适应性，表现出许多强烈的协同演化特征。

海洋中的生命

白垩纪大灭绝事件，使得一些大型食肉动物从海洋中消失，只有鲨鱼幸存了下来。化石记录表明，在始新世中期（2000万年之前），温血动物开始探索海洋；这一时期不仅气温较高，海平面也比较高。因此，有部分大陆被海水淹没：奥比克海横跨了现在的俄罗斯地区，特提斯海受到挤压，导致海底逐渐升高。尤其是在劳亚古陆，当时有很多浅海和潟湖。我们可以设想，这些环境的变化为营两栖生活方式的动物们提供了很多的栖息地，同时也增加了任何冒险进入海洋深处的动物的生存机会。

鸟类可能是从掠过水面开始回归海洋的，它们填补了一些原本被翼龙占据的生态位。之后，这些鸟类在水面上定居下来，并发展出了潜水的能力，有些还可以利用翅膀和脚来推动自己前进。现在的许多鸟类，如雁鸭、潜鸟、鸊鷉、鸬鹚和海雀等，都能做到这一点。腿部演化成为一种有效的游泳器官，这同时也意味着这一身体结构不再适合在陆地上运动。为了产卵和孵卵，这些鸟必须要在陆地上待上一段时间，但它们走路的姿势已经变得摇摇晃晃。在世界上的许多地方，海崖是鸟类筑巢的理想场所，因为这些地方意味着行走距离最短，并提供了理想的起飞条件，而且相对安全，没有天敌。因此，海崖上通常栖息着大量的海鸟。在游泳和飞行时，鸟类翅膀的运动方式是不同的（见图10.12）。对于体型较大的鸟来说，如果它们的体长超过45厘米，那么它们的翅膀就需要演化成鳍状肢才适合游泳，然而这样的话它们就不能再飞行了。在北半球，想要完成这一演化，显然是要付出代价的，因为所有不会飞的海雀都灭绝了，其中的最后的代表，大海雀，灭绝于1860年之前。它的灭绝似乎主要由于两方面的原因：第一是一种新的捕食者，即人类的出现；第二是冰岛发生的火山爆发，毁灭了它们的一个重要的繁殖地。

图10.12 海雀运动示意图：a飞行；b游泳 （参考自 Gaston 和 James, 1998）

在南半球存在着体型比较大（体长超过40厘米）但不会飞的海鸟，它们都属于企鹅家族。最早的企鹅化石来自于始新世时期，是在新西兰被发现的，这些鸟类似乎一直被限制在它们现在生活的范围内：南极洲，澳大利亚，新西兰，南非和南美洲的最南部，以及加拉帕戈斯群岛。现存的企鹅物种有17种，但从一份据悉仍非常不完整的化石记录中，我们了解到曾经存在过的企鹅物种比现在要多得多。其中一些企鹅的体型比较大，其身高是现存最大的企鹅，帝企鹅的一半（见图10.13）。企鹅作为一个群体，尤其是这些较大体型的物种，在中新世中期开始，其数量随着海豹的演化在逐渐减少。然而，企鹅很好地适应了海洋生活，它们一生中有80%的时间都是在海洋中度过的，只会在产卵和孵卵以及换毛的时候才会上岸。那些长着长而尖的喙的企鹅主要以鱼类为食，它们会潜到水下近500米的地方追捕鱼类；而那些长着扁平喙的企鹅，则主要以磷虾和其他虾类等甲壳类动物为食。

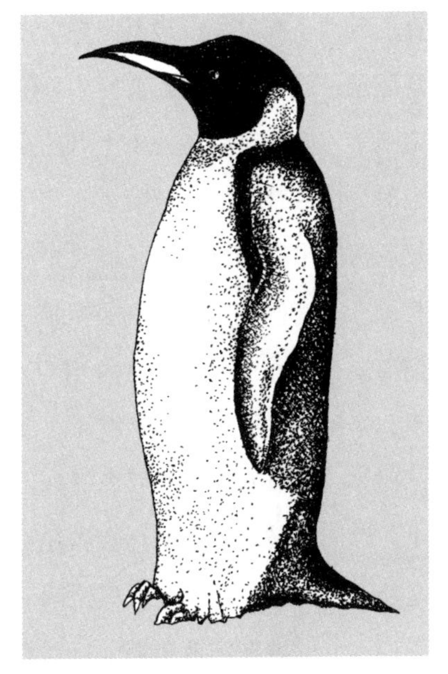

图10.13　帝企鹅（身高 1～1.3米）

我们可以从帝企鹅近乎怪异的生活方式中窥见，企鹅是如何能够很好适应其生活环境的。帝企鹅在南极稳定的冰面上筑巢，巢址通常靠近大陆边缘。尽管那里的气温可能会低至零下60℃，但是雄性帝企鹅会用脚上特殊的羽毛覆盖住自己要孵化的卵，为其保温。孵卵的雄企鹅会和其他雄性相互挤在一起，所有的雄性企鹅都背风而立，每个个体都会在这个“爸爸群”中不断地改变自己站立的位置，这样就保证了没有一只雄性企鹅会长时间地待在迎风的一侧。企鹅需要在没有食物的情况下在冰面上度过十五周，其中六周用来与配偶配对，其余九周用来孵卵；假如没有这种种群之间的互帮互助，那么它们将不得不耗尽自己所有的身体能量储备来取暖。

在冬季快要结束的时候，企鹅幼雏会破壳而出，这时候出海捕食的雌性企鹅可能已经返回来了。但是如果企鹅妈妈还没有回来，企鹅爸爸就会从自己的前肠中分泌出富含蛋白质的分泌物给企鹅宝宝喂食。当雌企鹅从成千上万的企鹅爸爸中成功地找到自己的另一半时，会接替雄企鹅照顾企鹅宝宝，而企鹅爸爸则会到海中觅食，然后再回来喂养雏鸟，并取代企鹅妈妈继续照顾企鹅宝宝，如此交替进行。它们将如此轮班喂养雏鸟六周，而每次去海中觅食，企鹅们需要在冰面上行走大约100千米到达大海，之后还要平均游500千米，来寻找食物和捕捉猎物（主要是鱼类）。当小企鹅长到六周大的时候，父母双方会双双离开外出觅食，把企鹅宝宝独自留在冰面上。这时，被留下的雏鸟会和几百只邻近的小企鹅挤在一起，这就是所谓的“育婴所”。每只企鹅父母会往返大约十次，在这期间，它们总共需要在陆地和海上行进数百千米，然后在数百只企鹅中找到自己的孩子，并给它喂食。等到夏天到来的时候，浮冰会开始融化，父母去海洋觅食的旅程也将会缩短，喂养的次数也会增加，以满足雏鸟日益增长的胃口。但如果海冰融化得太快，企鹅宝宝们休息的冰面可能会在它们准备好游入大海之前破裂，而由于全球变暖，这种情况发生的频率可能会越来越高。

当企鹅宝宝的绒毛开始脱落的时候，亲鸟会停止育雏。没有父母喂养的小企鹅，在等待一段时间后，就会开始向开阔的水域走去，此时已是仲夏，它们大概需要行走几千米到60千米不等的距离。到那时，它们也已经准备好换上新的羽毛游向大海，幸运的话，虎鲸或海豹等捕食者不会在那里等待着它们。如果这些幼年企鹅能存活下来，它们将在大约四年后再次回到繁殖地进行繁殖。一旦幼年企鹅可以到达入海游泳的这个阶段，其存活率会很高，有大约95%都能活到下一年。很明显，企鹅既适应海上生活，也能承受繁殖压力登陆活动，有些甚至能存活长达50年之久。然而，企鹅繁殖种群的孵化率和存活率很低，平均只有约四分之三的卵可以孵化出来，而真正严重的高死亡率发生在幼鸟阶段，即在父母离开幼鸟往返觅食海域与繁殖地的过程中，在此阶段，大约会有80%的幼鸟死亡。由此可见，学习成为一只真正的帝企鹅显然是一个危险的过程。

人们惊叹于企鹅非凡的生理特征和行为适应能力，正是这些适应能力使得它们在如此严苛的环境中成为合格的居民。每一种生物都是演化史的俘虏，对于鸟类来说，帝企鹅一定是经过了很长一段时间，才重新适应了回归海洋、捕食鱼类的演化结果。但在如此寒冷的环境中，恒温动物的特性又使得企鹅们比鱼类更具有生存优势：它能够更快地对刺激做出反应，从而更加有效地捕猎。另一方面，企鹅还是无法摆脱回到大陆上繁殖的需要。在企鹅的一生中，它需要花费大量的时间和精力在后代的繁殖上，尽管它所能孕育的后代数量非常有限。企鹅作为一个物种，其存在之所以是可持续的，主要还是因为成年企鹅的死亡率非常低。那些已经能够很好地适应特定且相对不变的环境的种群，经常都会采用这种策略来维持种群的可持续性——它们会将种群数量保持在栖息地的最大承载能力附近。生态学家称这一策略为“K–选择”，K代表了栖息地承载能力。它们与进行“r–选择”的物种形成了鲜明的对比，“r–选择”物种是指那些已经演化出高繁殖率的物种，它们可以更好地利用承载能力总在不停变化的栖息地环境。受较高死亡率的影响，r–选择物种需要较强的繁殖能力来维持种群的数量，比如我们熟知的老鼠。K-选择物种的繁殖率很低，所以如果由于栖息地环境突然发生改变而导致死亡率大幅上升，它们便很可能会因为无法恢复足够延续的物种数量而发生灭绝。我们可以看到帝企鹅是如何依赖现在的南极环境的，一旦南极的环境发生变化，例如冰层减少或增多，或是出现一个新的捕食者（尤其是在陆地上的天敌，因为企鹅们在陆地上时非常脆弱），或是在拥挤的鸟群间暴发某种致命的疾病，或是鱼类数量减少迫使亲鸟们不得不多游数百千米以寻找食物，而幼鸟们则会在栖息地等待时饿死——所有的这些原因中的任何一项如果发生的话，都可能会导致帝企鹅种群的衰落。对孵卵的雄性企鹅以及羽翼未丰的雏鸟来说，一个聚集在一起取暖的大群体对生存是十分必要的，如果只余下了一个小小的种群，那么它们在繁衍的道路上注定要失败。

企鹅在海洋中的主要天敌是两类海洋哺乳动物，当然，这两类动物也适应了回归海洋的过程。其中，海豹（鳍脚类）也和企鹅一样，仍然需要在繁殖期返回干燥的陆地，并且海豹保留了四肢。像海雀和企鹅一样，海豹在陆地上行走时也很笨拙，虽然它们的身体也呈弯曲状，它们那变成了鳍状肢的四肢却为游泳提供了更大的力量。鲸、海豚和鼠海豚（鲸目）已经完全演化成了海洋动物，尽管它们的前肢仍然保留了鳍状肢的功能，但其功能更多是用来掌舵，而不是为游泳提供动力；它们游泳的动力主要靠尾巴上长出的两个大而扁平的尾鳍来提供，其皮肤褶皱也被结缔组织加固。

鳍脚类动物的演化历史比较短，直到中新世它们才被发现。鳍脚类动物分为三大类，分别是海狮、海象和海豹，大多数证据表明它们与熊有着共同的祖先。这三类鳍脚类动物都是食肉动物，主要以鱼类为食，但如果有机会，海象也会捕食海鸟。正如在《爱丽丝梦游仙境》中提到的那样，海象专门捕食海底的牡蛎和其他贝类等。

鲸的海洋生活史比海豹要长，最早发现的鲸类化石出现在始新世早期，与企鹅的化石发现于同一时期，当时它们进入了逐渐缩小的古特提斯海东部边缘附近的海域，到了始新世末期，它们已经广泛分布于世界各地的海洋中。鲸起源于有蹄类动物，可能与河马的亲源较近，其生活方式也非常相似。但到了始新世中期，鲸的后肢就失去了运动功能，因此它们不能在陆地上生育和繁殖后代。这一点可以从龙王鲸（*Basilosaurus*）的化石上看出来，它的后肢还处于演化初级阶段，可能仅具有交配指向的功能。因此，在可能不到1000万年的时间里，鲸完成了十分艰难却最主要的演化：在水中产下需要呼吸空气的幼崽。这一演化的完成使得它们完全摆脱了在陆地上生存的唯一需求。然而，繁殖似乎确实对许多大型物种提出了一个要求：它们需要从极地地区回到温暖的浅水水域生育，且通常要紧接着进行交配。这样的繁殖过程可以将幼崽在生命的最初几周里的能量消耗降到最低。

鲸和它们那些体型较小的亲戚——鼠海豚和海豚——的身体表面结构已经变得呈高度流线型，可以很好地减少游泳时水带来的阻力。即使是迄今为止最令人费解的座头鲸的鳍和其头上的肿块，也已被证明可以帮助它们减少10%的水流阻力，并增加5%的升力。这些适应性特征的出现以及水的浮力，可以使它们保持长时间的高速游动。海豚能以每小时40千米的速度连续游动数小时，而陆地动物的速度尽管可以达到这个速度的两倍，但是只能维持几分钟。

另外有两种类型的鲸，它们有着不同的食物捕捉机制：分别是齿鲸和须鲸。其中，齿鲸，包括海豚和鼠海豚（见图10.14a）是食肉性动物，主要捕食鱼类、海鸟、海豹和其他鲸等，但也有一些齿鲸，特别偏爱捕食鱿鱼。虎鲸是海洋中的顶级掠食者，不仅仅因为它的体型大（身长可达5～6米），更重要的是它们会成群捕猎，并且攻击比自己体型更大的鲸鱼。小说《白鲸记》中的主角抹香鲸是现存体型最大的齿鲸（约17米长），但它们并不是贪婪的食肉动物，它们几乎完全以鱿鱼为食，包括深海中的巨型鱿鱼。为了捕食到深海中的猎物，抹香鲸会潜到水下，通常它们可以在500到800米之间深潜，但有时甚至可以潜至1千米深，每次潜水，它们可以在水下待上一个小时。

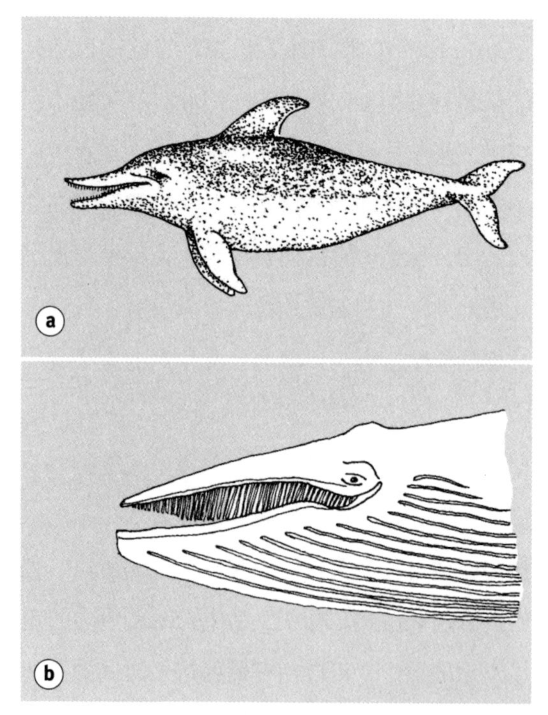

图10.14　鲸类：a海豚（齿鲸）；b一只须鲸的头部结构示意图（参考自Fraser, 1976）

须鲸（见图10.14b）是一种大型的滤食性动物，它们会将食物（磷虾和其他虾状甲壳类动物等）困在自己的鲸须中。鲸须是一种由角蛋白构成的结构（就像我们的指甲一样），它可以像帘子一样垂下来，当大量的水经由其中流出时，猎物们就会被困住，然后被须鲸用舌头卷起送到喉咙里。在须鲸类群中存在着三种基本进食方式：首先，是露脊鲸科的鲸，它们在水里慢慢地游动，保持嘴巴大张，水从嘴巴前侧进入，再从两侧的鲸须流出，这种进食方法叫作滤食式捕食；其次是须鲸，这一类群包含所有鲸类中体型最大的，也是有史以来所有动物中最大的蓝鲸，它们在进食时，会把大量的水吸入嘴里，嘴的下部有褶皱，可以大大地膨胀，然后再将这些水通过鲸须挤压出来，而剩下的不能穿过鲸须板的生物体就会被作为食物吞下，这种滤食方法叫作吸入式捕食；最后，以灰鲸为代表，它们会从海底淤泥中舀起一些物质，并将其中的水和细小的颗粒通过鲸须排出，过滤出余下的蠕虫和其他猎物等作为食物，这种滤食方法叫做滤沙式吸食。

像大多数的大型动物一样，体型较大的鲸很少有敌人，因此它们寿命都比较长，其中弓头鲸的寿命可以超过100年，但是它们的繁殖速度很慢。它们符合上面提到的“K–选择”物种的定义。一种新的致死原因可能会导致其种群灭绝，比如来自人类狩猎活动的威胁。即使是那些没有明显营群体生活的鲸，彼此之间似乎也能进行远距离的交流。幼鲸向成年鲸学习的时间很长，至少长达13年。而在那之后，学习的过程可能还会继续。在世界各海域中航行，年长的个体凭借它们积累的经验，很可能在社会生活中扮演着重要的角色。这些社会联系使得鲸类种群的生存比其单纯的存活数量本身表现出来的更加容易受到伤害，因此国际上对捕鲸活动的禁令是非常有必要的，并且应该继续维持下去。我们也应该避免因其他捕鱼活动而导致的鲸的意外死亡。许多物种，虽然不是全部，其数量都显示出正在恢复的迹象。目前看来，北露脊鲸似乎注定要灭绝，而蓝鲸的数量也仍然没有恢复到以前的水平。

在始新世时期，还有一类哺乳动物也进入了海洋，那就是儒艮和海牛（海牛目），它们与大象之间有着亲缘关系。有趣的是，所有大型陆生胎盘哺乳动物的主要类群——食肉动物、有蹄类动物和象都在第三纪演化出了回归海洋的分支，而体型较小的啮齿动物或灵长类动物却没有——除非我们接受“人类是海洋灵长类动物”的理论。海牛，顾名思义，是食草动物。虽然这一类群现在只有四个物种，但在热带和亚热带地区的所有浅海水域中几乎都能找到它们的身影。它们被认为是水手关于美人鱼的神话故事的起源，但是人们的想象力一定是被极大地夸大了，因为它们其实是一种体型巨大而且笨拙的动物，其体重可达1.5吨！像其他大型海洋哺乳动物一样，海牛的种群也正在遭受着人类的掠杀，1742年，人们在白令海的浅海发现了重达6吨的大海牛（*Hydrodamalis gigas*），然而到了1769年，这种海牛已经被猎杀殆尽。

第四纪

第四纪大约持续了164万年，这一时期见证了一些类人猿（即古人类）的演化，它们演化出了不断增强的可以改变环境和影响其他生物生活的能力。但是，和所有其他生物一样，类人猿也受到了多次冰期和其他气候变化的影响，比如在这个时期的前163万年（即更新世）期间非洲出现的干旱期。

我们对过去的气候的了解，来源于以下几项证据。首先，如果在沉积物中发现的生物是在今天仍然存活的生物，那么我们就能知道它们所需要的生存条件；例如，如果在沉积物中发现的物种是现在生活在西班牙的生物，那么我们就知道这部分沉积物形成于一个比较温暖和干燥的环境中。其次就是要找出发现这些生物化石的矿床的年代，这可以通过放射性碳定年法来完成。放射性碳定年法是基于大气中非常少量的放射性碳同位素^{14}C来进行测定的。动植物在交换二氧化碳的过程中会把这些^{14}C吸收到体内，但当它们死亡时，这些^{14}C被保存在它们的组织中并慢慢衰减，其中衰变一半的量的^{14}C需要5730年（即^{14}C的半衰期为5730年）。因此，如果某个生物化石的年龄小于7万年，那么我们就可以通过测量化石中这种碳同位素的含量，来确定它的具体年龄。此外，根据氧的两种同位素^{16}O和^{18}O的比例测定，还可以获取海水的实际温度。^{18}O质量比较重，因此在海水相对寒冷的时期，^{18}O的含量就会相对较多。贝类会把这些氧同位素以碳酸钙的形式储存进它们的壳中，其壳内的氧元素比例与环境中氧的比例相同，而这个比例在贝类死去后，仍然会在壳中保持下去；这一比例可以在深海岩心中测得。除上述方法之外，我们也可以从沉积物的性质中获取信息，比如被风吹干的土壤层代表了当时干旱的环境条件；我们可以从被困在极地冰盖的气泡中测量空气中二氧化碳的浓度，如气泡是来自大范围冰川活动时期，其二氧化碳浓度会较低；我们还可以从树木和珊瑚的年轮中获取信息，树干中的新生木质每年都会形成一个独特的环纹，如果树木受到环境压力，则当年形成的环纹就会变窄，如果生长环境条件良好，这个环纹就会比较宽。落基山脉生长着一种可以存活长达8000年的长寿松，它为这一阶段的环境历史信息提供了非常精确的记录。与之相似的是，在石珊瑚骨骼中出现的不同密度的条带，在某种程度上似乎也反映了水温和光照的差异。

似乎在更新世期间有过多次冰期，冰期循环的次数很大程度上取决于每一次的冷却程度是否足以被计算为一次冰期。根据这一判断标准合理折中地计算后得出，在当时总共出现了15次冰期。为了查明这些冰期出现的原因，人们做了许多研究。研究发现，造成冰期反复出现的主要原因似乎是地球轨道性质的变化进而导致的太阳辐射模式的周期性变化：这些变化被称为“米兰科维奇周期”，其周期数值可以根据天文信息进行计算。然而，它们并不是导致冰川出现的全部原因。人们对深海岩心进行测定，发现了过去35万年来海洋的温度变化，对此现象最好的解释是米兰科维奇周期和二氧化碳水平变化的组合，即温室效应和逆向温室效应共同作用的结果。

来自深海岩心的海洋温度测定的数据表明，从大约130万年前开始，有一个阶段，寒冷的气候持续的时间非常短，大约持续了3万年，但到了大约80万年前，寒冷期变得更长。来自北半球的大多数研究表明，在随后的70万年里，出现了四次大的冰期。由于欧洲、亚洲和北美大陆板块一直在向北移动，现在北极附近出现了大片的陆地。因此，北半球在寒冷时期会形成巨大的、位于陆地上的冰原（陆架冰），海平面则会发生下降。因此，大量的水被锁在这些冰里，所以当时的降雨量通常也会比较少。这些冰原不仅会阻碍河流的流动，尤其是那些处在俄罗斯境内原本会向北流入北冰洋的河流，它们的存在还会改变洋流的方向。这两种情况都会对区域性气候产生直接而且往往是相当迅速的影响。

中更新世时期一般被认为开始于距今约70万年前，并一直持续到距今约12.7万年前，在此期间，北半球有三次大冰期。第四次也就是最后一次冰期发生在晚更新世时期，即从距今约12.7万年前延续到距今大约1万年前的冰期末期。这些冰期和间冰期在不同的地区有不同的名称，有关它们之间的关联程度，到现在仍然存在着争议。由于这些术语经常出现在其他关于第四纪的著作中，所以在这里列出了各个不同的时期（见表10.1）。

表10.1　不同地区的冰期和间冰期的名称列表

	莱茵河口	不列颠	阿尔卑斯地区	北美洲
晚更新世	维斯瓦冰期	末次冰期	维尔姆冰期	威斯康星冰期
晚更新世	伊缅间冰期	间冰期	里斯-玉木间冰期	桑加蒙间冰期
中更新世	萨埃尔冰期	伍尔斯顿冰期	里斯冰期	伊利诺伊冰期
中更新世	荷斯廷间冰期	霍克斯尼间冰期	Gt.间冰期	亚茅斯间冰期
中更新世	埃尔斯特冰期	盎格鲁冰期	民德冰期	堪萨斯冰期
中更新世	克鲁莫间冰期	克罗莫间冰期	贡兹-民德间冰期	阿夫唐间冰期
中更新世	明纳普冰期	比斯顿冰期	贡兹冰期	内布拉斯加冰期

在最后一次冰期的开始，海洋温度与今天的海洋温度并没有太大的不同，但是在距今约12万年前到8万年前，北半球开始形成巨大的冰原。大约1.8万年前，冰原面积达到最大，覆盖了现在加拿大的大部分地区以及美国的北部地区，欧洲西北部的大部分地区（在现在的阿尔卑斯山还有另外一片冰原）（见图10.15），以及西伯利

亚的至少一部分地区。人们认为南半球的冰川范围较小，在整个第四纪，南极洲都被陆架冰所覆盖。北半球的冰期似乎以更广泛的海冰为标志。在某些地方，北半球冰盖可能厚达3千米，而且由于大量海水停止了循环，当时的海平面至少比今天低120米也就不足为奇了。在当时只有欧洲的最南端被树木覆盖，其中大部分是针叶树，中部的大部分地区是苔原或森林苔原，也是猛犸象和披毛犀出没的地方。

上一个冰期结束得比较快，在大约距今17000年前开始，全球气温回暖，并一直持续到了距今约11000年前，之后出现了大概持续了一千年之久的约2℃的逆温现象，被称为“新仙女木时期”。当融化过程重新开始时，进行速度非常之快。在距今约10000年前到8000年前，洛朗蒂德冰盖（在今加拿大地区）的泄流速度被描述为“几乎

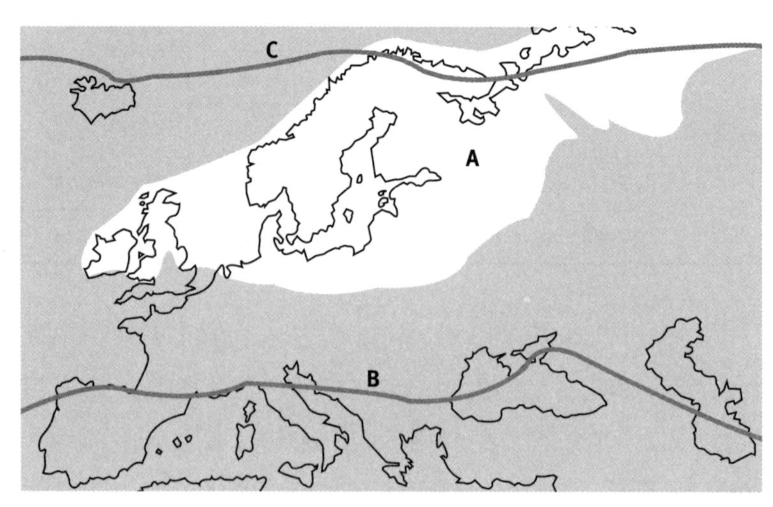

图10.15　冰川作用的范围：A在最后一个冰期的最大值和木材生长的最靠北的位置，冰期之后B到现在C（参考自 Goudie, 1983）

是灾难性的”。在英国，当北海解冻，洋流再次开始席卷海岸时，环境发生了突变。这一突然性的变化表明了气候变化并不总是渐进的——可能会出现跃迁式的发展。

如果认为在过去的8000年里，气候环境一直保持着今天的样子，那你就错了。在距今6000年前、距今1250到700年前（即公元750到1300年）之间，英国都曾经历过一个较温暖的时期，这个时期，也是英格兰酿酒葡萄广泛种植的高峰时期。此外，这期间还出现了三次较冷的时期，分别是在距今约5000年、3000年和200年前。如今全球气候正在变暖，但有一个新的因素正在起作用，即一个颇具能力、强大并且数量众多的类人猿种群——人类的作用。

第11章

猿人的演化

2000万年——3万年前

类人猿，即人类（智人，*Homo sapiens*）的起源，属于哺乳动物的灵长类。它可能是在白垩纪从食虫哺乳动物演化而来的，与今天的鼩鼱之间的亲缘关系并不遥远。它们有许多特点，其中一个显著的特点是保留了原始的五个手指或脚趾，拇指和大脚趾变得更加灵活并且独立于其他的手指或脚趾。此外，它们的指甲是平的，而没有演化为爪，因此手指和脚趾的尖端发展出了良好的触觉。相比之下，类人猿的嗅觉能力减弱了，鼻子也缩短了。为了保持它们广泛的饮食习惯（杂食性），它们保留了原始哺乳动物具有的几乎所有牙齿。此外，它们的大脑也逐步发展扩大，而且构造也变得更加精细复杂。牛津大学的保罗·哈维（Paul Harvey）和剑桥大学的蒂姆·克拉顿–布罗克（Tim Clutton-Brock）对不同物种的大脑进行了比较，结果表明，与动物的体型相比，吃水果的物种比吃树叶的物种拥有更大的大脑，这可能是因为就空间和时间维度来说，水果在森林中相比于树叶更加分散，更难获得。正如他们所描述的那样，大脑的某些部分充当着环境的三维地图。在这里，我们再次看到了

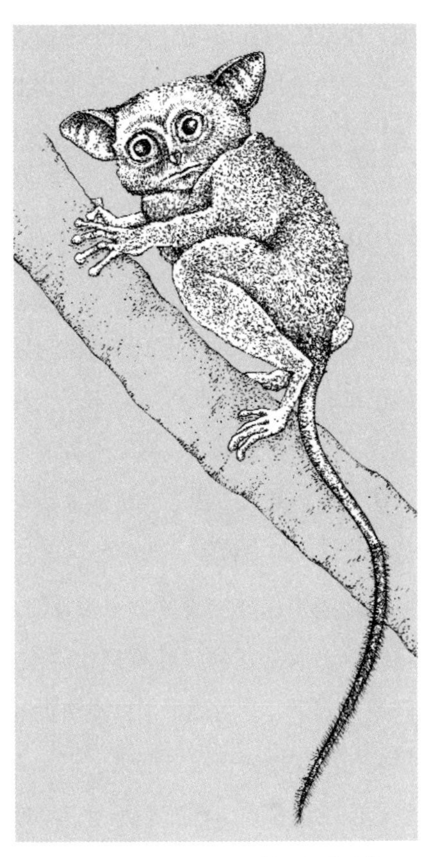

图11.1　眼镜猴，一种原始的灵长类动物

动物和植被特征之间复杂的演化互动，这显然也是一个简单的因素最终导致了重大的演化的例子。一个在本书开始讨论过的例子，就是植物堵塞了水道，最终导致了动物四肢的演化，而这种适应性特征的出现，被证明对登上陆地是有利的。

在始新世早期，至少出现了两种灵长类动物：其中一种更接近于今天的狐猴，而另一种则与猴子和猿类关系更为密切。后一类，始镜猴科（Omomyidae），似乎具有许多现代眼镜猴的特征。它们是一种小型的、敏捷的夜行性动物，主要以水果和昆虫为食。这些早期灵长类动物的化石大部分是在北美洲和欧洲发现的，因此很难将它们与该类群现存的成员之间建立联系，但是根据最近在非洲出土的化石记录证据来看，非洲大陆，甚至亚洲大陆，可能是早期灵长类动物的演化中心。出现在其他大陆上的演化分支则最终进入了生命发展的死胡同。

由于化石记录证据相对较少，有关灵长类动物的演化史相比其他大多数的哺乳动物的演化史来说，具有更多的不确定性。可能当时存在的灵长类动物远没有其他类群（比如有蹄类动物）的数量丰富，因此也未能留下详细的化石记录。

中新世的猿

最早的猴化石发现于始新世晚期，但在渐新世出现的有关的化石记录非常少，由此可见，第一个类人猿，即今天的猩猩和人类的祖先，在中新世早期从狒狒和猴类及其相关的种群中分离了出去。灵长类动物基本上属于热带和亚热带群体，它们适应了在温暖的环境中生活。但是也有一些例外，尤其是人类和猕猴，它们具有在较冷的环境中保持温暖的特殊方法。日本猕猴会经常泡温泉，而喜马拉雅山脉附近的恒河猴则生活在寺庙周围，经常接受来自僧侣们的“宠爱”。由此看来，渐新世的较寒冷的气候条件很可能限制了灵长类动物的分布。相比之下，中新世中期出现的炎热环境则对它们的生存有利，在那个时期，早期灵长类动物的种类也变得繁多起来。

最早的类人猿物种辐射似乎出现在中新世早期的东非地区，在那里，有几个物种可以被粗略地归类为原康修尔猿（*Proconsul*）。它们似乎是生活在森林里的居民，大部分时间都待在树上。它们拇指的结构使得手能够握住物体，这是人类演化史上重要的一步。在这一时期的中期，也就是距今约1900万年前，板块构造运动将非洲和阿拉伯半岛推向欧亚大陆，这样动物就可以在这些大陆之间自由移动。几百万年后，猿类才开始了这一旅程，但到了距今

1600万到1100万年前，已经有许多物种生活在欧洲、亚洲和非洲地区。这与中新世是一个比较温暖的时期有关，这也是地球近代史上最热的一段时期（见图10.1）。这些“中新世猿类”包括在欧洲西南部和中部发现的森林古猿（*Dryopithecus*），在东非发现的肯尼亚古猿（*Kenyapithecus*）和非洲古猿（*Afropithecus*），在希腊发现的希腊古猿（*Graecopithecus*）以及在亚洲发现的西瓦古猿（*Sivapithecus*）。在中新世末期，在演化历史上出现了分支，其中一支演化成猩猩，以西瓦古猿为代表，而另一支则演化为大猩猩、黑猩猩和人类的祖先。

在东亚的化石记录中，中新世末期出现了类人猿的另一个属——巨猿（*Gigantopithecus*），大多数专家把它们归为猩猩类。至少在距今约47.5万年前就已经出现的步氏巨猿（*Gigantopithecus blacki*），是目前已知的体型最大的灵长类动物，据估计其体重可达200千克。它们似乎与直立人同时出现，有时在一些中药店里可以发现在售的猿类牙齿。可能正是由于它们的遗骸的发现，引发了一系列骇人的雪人或雪怪的传说。

原始人类的黎明[1]

遗憾的是，即使按照灵长类动物的标准来看，在距今约1000

1　类人猿，通常指最大的类群——猿、人类以及相关的化石物种，而“原始人”指的是非洲猿类和人类及其相关的化石物种。因此，“原始人”仅包含与猿类分离后演化而来的人类及其相关的化石记录物种。

万到400万年前，其相关的化石记录也很少。1991年在希腊发现了一块来自于1000万年前的灵长类化石，它被命名为奥兰诺古猿（*Ouranopithecus*），可能代表了非洲猿类和人类的演化线上的祖先，这也是迄今为止发现的有关原始人类的最古老的化石。2000年，人们发现了位于这条演化线上的迄今为止第二古老的化石，该化石可以追溯到距今约600万年前。这份化石记录是在肯尼亚的图根山发现的，因发现时恰逢千年交替，故被命名为“千禧人”，最近正式被定名为图根原初人（*Orrorin tugenensis*）。这块原始人化石特别有趣，因为它生活的年代正好是大猩猩、两种黑猩猩和人类祖先演化线产生分化的时期（见图11.2）。确定这一分化时间的证据来自于对现存物种的生物化学研究：包括测定导致这些物种间差异的关键分子的差异性，以及这些差异需要多长时间才能完成积累，即利用分子钟的测定方法。

1963年，美国韦恩州立大学的莫里斯·古德曼（Morris Goodman）提出，人类与非洲猿类的关系要比非洲猿类与猩猩和长臂猿的关系要近得多，这打破了许多人关于人类与猿类发生分离的猜想。

这项工作基于对血液蛋白质的免疫学研究。从那以后，人们又进行了更多深入的研究，特别是针对细胞核和线粒体DNA的详细结构，所有的这些研究结果都证实了古德曼最初的结论。黑猩猩和人类的DNA相似度为98%，而与大猩猩的DNA之间的相似度则要低得多。但在许多其他方面，比如指关节着地的四足行走方式——指背行走，非洲猿类彼此之间则非常相似。对这些信息的详细解释至今仍存在着争议，但有人认为大猩猩是在黑猩猩和古人类分化之前很短的时间与其他物种分离的。这三者分化的时期根据不同的证据和解释而有所不同，但一般认为是在距今约700万到500万年前。

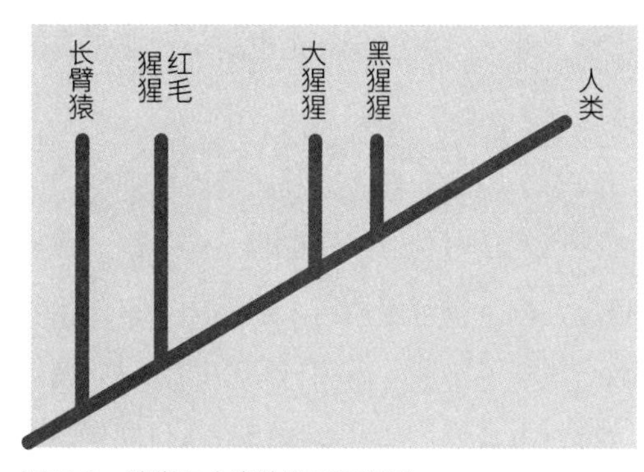

图11.2　猿类与人类的关系示意图

演化过程中非常重要的一步是“直立行走”的发展，也就是仅用后肢两足着地的方式完成行走功能。虽然许多其他的哺乳动物也可以用后腿站立，但它们在行走时都是用四条腿走路的，它们的脊椎骨弯曲形成一座桥，身体悬挂在上面。非洲猿类以这种方式走路时双手紧握，即所谓的“指背行走”。有关是什么演化压力导致这种行走习惯的出现，至今仍存在着很多争论，但这似乎与生物从森林迁移到更开阔的原野生活有关。在气候变得更加凉爽干燥的中新世晚期和上新世早期（距今约600万—500万年前），森林的局限性越来越大，古猿类开始向稀树草原迁移，在有狮子和其他大型食肉动物生活的开阔草原上，直立的姿势可以极大地帮助猿类警戒、瞭望。直立行走带来的另外一个优势，可能是增加了智人群体之间发出友好或敌对信号的距离；敌人来袭时，更大的视野范围可以避免近距离的身体接触，以及由此产生的战斗伤害。此外，直立行走也可能具有一定的生理优势：如果较少的身体部位暴露在阳光下，那么产生的热应力以及由此带来的水分流失都会减少，所以对饮用水的需求也会相应地减少，根据计算，直立行走每天会帮助减少最多2.5～1.5升的饮水量。此外，大跨步行走也是一种非常有效的移动方式，可以节约体能。

可能以上提到的所有这些因素都推动了两足动物的演化，除此之外可能还有其他因素也起了作用。一旦前肢脱离了运动的功能角色，它们就有可能被用来搬运物品，包括将工具或是没有行动能力的幼崽从一个地方搬到另一个地方。原始人确实是直立行走的，这不仅可以从它们的骨骼结构中得到证实，也可以从在坦桑尼亚发现的莱托利脚印化石中得到确切的证据。我们推测这些脚印是在350万年前，由两个成年人和一个孩子在刚落下来的火山灰中踩出来的，当时的火山灰被雨水冲刷成了泥浆，毫无疑问，他们正在努力逃离已是满目疮痍的家园。

人们在非洲东部和南部，发现了距今约460万—160万年前生活着的各种早期古人类的化石证据。到目前为止，已经确认了大约16个不同的物种，该列表中的最新成员是在2001年发现的平脸肯尼亚人（*Kenyanthropus platyops*）。由于这些发现中的大部分是近期才发现的，我们可以预见对古人类演化情况的研究会变得更加复杂。其中有一些物种在生存时间上是不重合的（见图11.3），有一部分物种是由于其生活的地理位置产生了隔离，还有一些物种则可能是由于不同的饮食被分化开，这正是在任何活跃演化的动物群中都会出现的现象。

大部分生活在这一时期的古人类可以被宽泛地归类为“南方古猿”。它们会被归入一个特定的属，属名即它们学名的第一部分。而随着更多的化石被发现，物种的属也在不断修正，这也是专家们经常争论不休的地方。而一个物种的种名则不会发生改变（尽管有可能出现因某个特定的化石被误认，而应被重新命名的情况）。因此，为了更好地理解本书和其他书中的演化故事，我们应该将注意力集中在物种的种名上。

除了生活在距今约580万年前到450万年前的最早的物种——埃塞俄比亚的始祖地猿（*Ardipithecus ramidus*）外，其他南方古猿可以大致分为两类，健壮型和纤瘦型。前者被归为傍人属（*Paranthropus*），它们有着强壮的下颚和巨大的磨牙。与其他南方古猿和智人的饮食习惯不同，傍人被认为是专门的素食者，主要以坚果、块茎和其他植物的坚硬部分为食。埃塞俄比亚傍人生活在距今250万年前的东非，当时正处于上新世干旱时期的开始。后来它似乎在东非被鲍氏傍人（*Paranthropus boisei*）所取代，而另外两个物种则生活在南非地区。其中一些生命力旺盛的物种一直存活到更新世，可能与早期的人属物种同时代。在肯尼亚的一处遗址中，被昵称为"胡桃夹子人"的鲍氏傍人似乎和某些人属物种在同一个乡村共同生活过。那么，它们之间是会相互交流还是互不理睬？我们无从得知。但是，从黑猩猩会攻击其他灵长类动物、甚至攻击它们自己的同类的行为方式来看，如果不同的智人之间会发生相互接触，很有可能其相处模式并不那么友好。我们同样也无法知道这是否与健壮型物种的最终消失有关，但是，像许多其他的类群一样，傍人属被证明是演化过程中生命发展的死胡同。

目前已知的南方古猿中大约有6个物种被认为属于纤瘦的类群，其中至少有一些物种很可能处于或非常接近于人类的演化线。最著名的是阿法南方古猿（*Australopithecus afarensis*），其中发现的一副

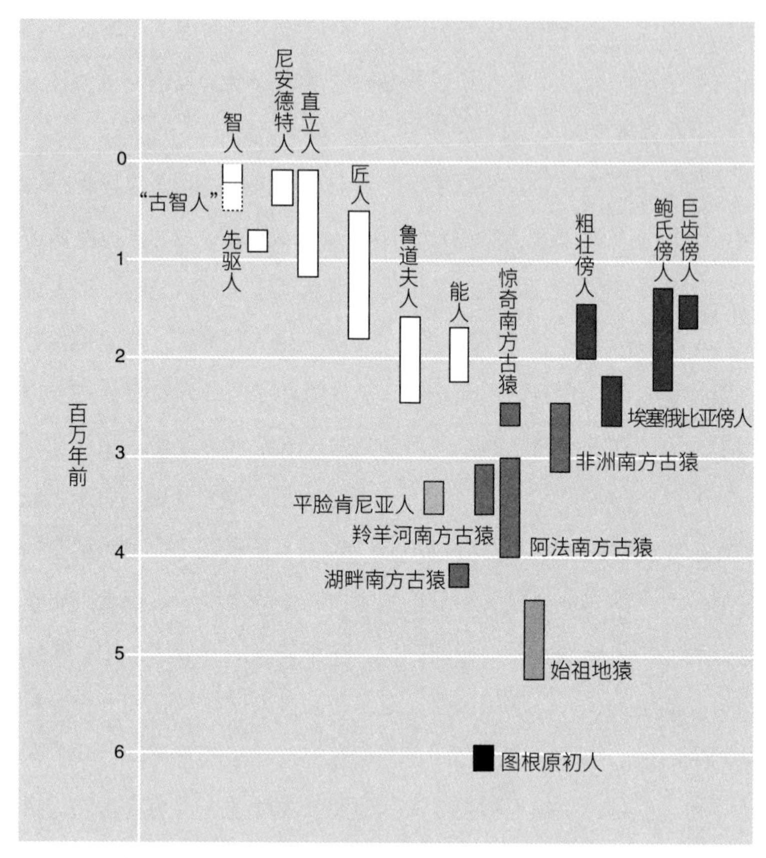

图11.3　人类的祖先及其亲属之间的关系（拓展并修改自Aiello 和 Collard, 2001）

比较完整的骨骼化石被昵称为“露西”[1]。该物种似乎从大约400万年前开始出现，在随后的一百多万年间，广泛分布于从埃塞俄比亚到

1　在“露西”骸骨的最初部分被发现的那天晚上，它的发现者唐纳德·约翰逊（Donald Johnson）和汤姆·格雷（Tom Gray）正在留声机上反复播放着披头士乐队的歌曲《Lucy in the sky with diamonds》，“露西（Lucy）”由此得名。

坦桑尼亚的区域内。据推算，阿法南方古猿的成人身高约为1.4米，体重约为40～50公斤。其他的南方古猿在距今350万到230万年前的不同时期都很繁荣，在非洲的很多地方都发现了它们的踪影，包括远在西北的乍得湖，东部的埃塞俄比亚，以及南部的开普省等。在非洲大部分有宜居地的地方，可能也生活着南方古猿，包括一些尚未被确认的物种。从在一些地方发现的动植物来看，这些物种可能生活在河流和湖泊的岸边；它们是杂食生物，其食物构成可能包含小乌龟、青蛙、贝类、搁浅的鱼类，以及其他原始人食用的水果、昆虫、鸟类和小型哺乳动物等。 正如耶鲁大学的伊丽莎白·弗尔芭（Elizabeth Vrba）所指出的那样，大约在240万年前，非洲的气候发生了变化，逐渐变得凉爽和干燥。也许正是这种环境的变化导致了其他物种的演化，这些物种可以清晰地归入人属（*Homo*）。

走近我们的祖先

在大约距今240万—150万年前，有两种古人类，它们介于南方古猿和后来的人属物种之间，具备一些二者的混合特征。尽管一些专家认为它们应该被排除在人属之外，但我（指本书作者）在本书中仍将继续把它们归为人属。这些古人类在化石记录中的出现与简单石斧（如图11.4中所示的来自奥尔德沃文化时期的石斧）出现的时期相一致。因此，能人（*Homo habilis*）这个名字适用于当时最广泛分布的物种。人们曾一度认为，制造工具的能力是人类和非洲猿类在演化之旅中分化的原因。然而现在我们知道，黑猩猩不仅会使用工具，还会制造工具。例如，它们会用棍子从蚁冢中取出白蚁；在

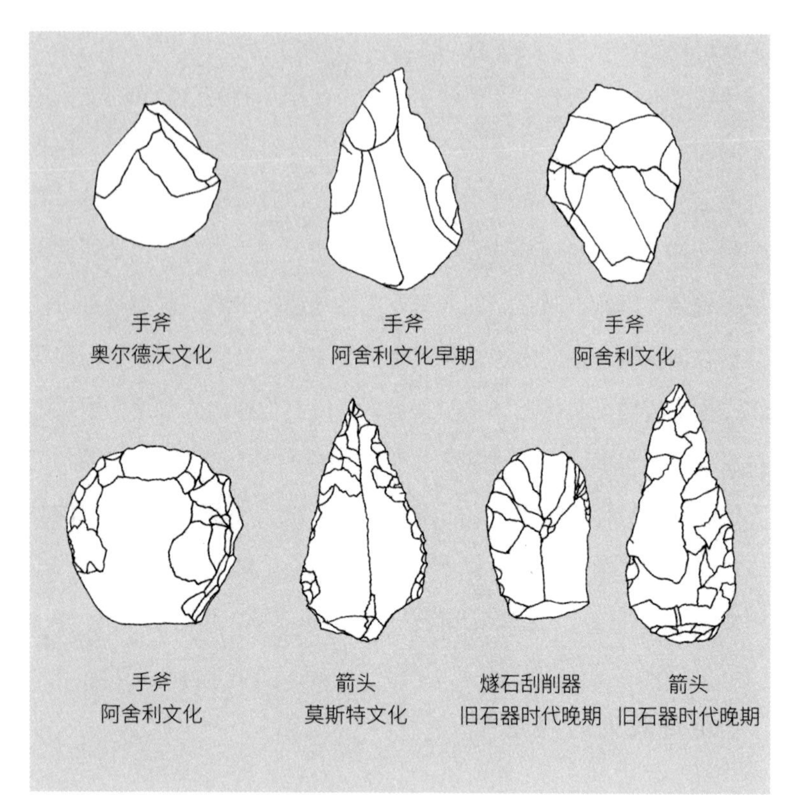

图11.4 来自不同时期的石材工具，显示出了越来越高的复杂性（参考自 Oakley, 1975）

圈养环境中，倭黑猩猩（两种黑猩猩中的一种）会将一块石头扔到大理石地板上摔碎，获得锋利的石片，然后用这些石片割断绳子，从而获得自己喜爱的食物。黑猩猩通常用石头或坚硬的木头来充当锤子和铁砧，敲碎坚果，它们甚至还会将一块石头垫在“铁砧”下以使其保持平坦。生活在非洲的不同地区的物种，所使用的工具也不同，就像人类社会中拥有不同的工具使用“传统”。当黑猩猩需要工具时，它们会在附近找一个，完成手头的任务后就会把工具搁置在一边。在这一点上，它们与人类不同，它们发现或使用的工具不会成为其长期财产。然而，当它们下一次需要工具时，它们可能会去搜集曾经使用过的旧工具，如果有必要的话，它们还会把旧工具带到不远处的新的觅食地点。

能人的工作能力，相比于黑猩猩，甚至是南方古猿来说，究竟在多大程度上取得了重大进展，这一问题仍然存在着争议，但能人所具备的特征中有两点似乎非常重要：首先，经过加工的石质工具在距离能人的自然栖息地约10千米远的地方被发现，所以它们一定是带着制作和使用它们的意图来搜寻这些石头的；其次，这些被发现的加工过的石头薄片，是通过使用另外一种石头逐渐砍砸而制作出来的。如果一种工具被用来制造另一种工具，那么它就被称为辅助工具。有人提出，辅助工具的使用标志着能人已经开始有别于其他原始人。

从表11.1中可以看出，南方古猿的大脑比更早出现的其他原始人类的大脑体积要大，而能人的大脑相比于前两者，其体积也得到了快速增长。

这一结果虽然看起来很诱人，但假如简单地认为“脑容量和体重的比例越大就越聪明”，很可能会产生误导，因为一般来说，（需要较大的后肠来消化食物的）草食性动物的体重要比杂食性动物的体重大得多，因此尽管两种动物的智力可能相当，但食草动物的脑容量/体重比会更低。在具有从本质上来说不同的身体结构的动物中，其大脑中的身体控制功能（类似于电话交换机）所需要占据的大脑比例，与被称为智能功能（类似于计算机）所需要占据的脑容量相比是不同的。大型动物可能有一个庞大的大脑，但可能只是为了控制庞大身体的各项功能而已。然而当我们比较体型大小相似的动物时，这种影响就会被减弱。因此，撇开素食主义者鲍氏傍人不说，表11.1显示了在古人类演化过程中智力的增长变化。

表11.1　原始人的脑容量以及脑容量与体重比，按从小到大排列

原始人类	脑容量（cm^3）	比例：脑容量/身体质量（cm^3/kg）
鲍氏傍人	513	12
非洲南方古猿	457	13
能人	552	16
直立人	1016	18
尼安德特人	1512	20
智人	1355	26

那么，推动这一发展的演化力量是什么呢？首先，与工具制造的进步相对应的各种演化步骤似乎都与气候的变化有关，因此环境对于一个杂食动物来说更具有挑战性。对它们来说，使用工具是获取食物的主要辅助手段：从地下挖出食物，打开坚果，磨碎植物的茎，以及屠宰动物。当工具取代了爪子，它们就可以猎杀动物，或者捡食猎物（就像现在的鬣狗一样，把食肉动物从它们捕获的猎物身边赶走）。奥尔德沃文化斧头（见图11.4）的制作需要花费大量的时间和精力，而且这些斧头曾经被远距离携带，这都得益于南方古猿演化出的直立行走能力；此外，这些两足能人似乎也具有很好的攀爬能力。

制作工具，步行以寻找散落的食物（如在广阔的大草原上），以及拥有“财产”，这些特性都会促进较大容量大脑的演化。这些特征也会增加年轻的个体需要学习的信息量，因此年轻个体仍然需要依赖它们的父母生存。后一代从上一代身上学到的东西越多，它们就会演化得越成功，各种生活习惯（即文化）的演化也会越来越快。此外，成功还来自于复杂的社交技能，这些社交技能的获得不仅来自家庭群体内部的交流，还来自与其他群体的接触。演化心理学家理查德·伯恩（Richard Byrne）指出，社会专业知识的演化，比如拥有洞察他人想法的能力，是人类演化的关键驱动因素。我们可以想象，这种马基雅维利式的智慧对于实现家庭群体之间的和平合作是非常重要的，这种合作反过来可能会提高人们在寻找重要饮食成分时的效率，比如狩猎以获取肉类。

“图尔卡纳男孩”和直立人

大约在距今约180万年前，全球又经历了一段时间的降温，与此同时，人们制造出了被称为“阿舍利石器”的新型工具，其特征是两面都削成薄片，并且具有切削刃（见图11.4）。直到几十万年前，整个非洲、欧洲和西亚各地区还在一直使用这种工具，有时它们被使用的地点距离岩石的产地足有20千米之远。化石记录还揭示了同一时期出现的两种新的人种：匠人（*Homo ergaster*）和直立人（*Homo erectus*）。最著名的匠人标本是在肯尼亚的图尔卡纳湖附近发现的一个处于青春期的男孩，正如它的非正式名称“图尔卡纳男孩”所指的那样。如果这个男孩可以活到成年，那么他的身高很可能会超过1.8米。这两个物种的爬树能力都不如能人，这可能与后者一直生活在树木附近有关系。由于对树木的依赖程度降低，我们可以想象匠人们走进了一片基本上没有树木的平原，这样的宽阔原野将不再成为它们扩散的障碍。

在距今约180万年前之后的大约100万年时间里，发现了许多化石材料，对于它们的分类，仍存在着相当大的不确定性，甚至存在争议。在某种程度上，这是由于其中大多数是化石碎片。我在本书中将遵循斯坦福大学的人类学家理查德·克莱因（Richard G. Klein）提出的一种相当简单的方法进行分类。理查德·克莱因提议，将那些在非洲大陆发现的直立人，包括从西部的摩洛哥到东部的埃塞俄比亚，再到南部的南非，都称为匠人，而只将那些在亚洲发现的化石标本称为直立人。在亚洲的格鲁吉亚，人们发现了一个可以追溯到170万年前的直立人化石，拥有更大容量的大脑的直立人很可能是从这个物种演化而来的，它们一直向东扩散到了中国和爪哇岛。它代表了第一次“走出非洲”的人类物种的迁徙，而这种迁徙至少还会出现两次。理查德·克莱因认为，直立人最早出现在大约100万年前的东亚，直到最近才消失。总的来说，在这段时间里，直立人的骨骼结构似乎并没有发生太大的变化。

尽管在非洲、欧洲和西亚经常可以发现阿舍利石器，但在东亚却鲜有出现，直到几年前人们才在中国境内发现了一些阿舍利石器，其年代为距今约80万年前。这些东亚阿舍利石器的设计与匠人的阿舍利斧有些不同。也许它们的稀有性表明了，在当时直立人更多地使用木制工具，而这些木制工具没有被保存下来。最近在爪哇岛中部发现的古人类化石可以追溯到距今约27000年前，这些化石被认为是直立人，它们可能与现代智人生活在同一时代。由于这些化石不太可能是最后一个生活在亚洲的直立人，我们可以推测，传说中的苏门答腊野人，即印尼神秘“小脚怪”，很可能是民间在遥远记忆中的直立人的基础上，强化以当代动物所具备的部分特征或其扭曲的脚印而建立起来的形象。

在距今约80万至10万年前的某个时期，人类演化史上经历了另一次或一系列的物种爆发，在非洲以及邻近的欧洲和亚洲出现了我们可以称之为智人（*Homo sapiens*）的物种。这些演化的证据来自于在西班牙阿塔普埃尔卡发现的距今约78万年前的化石材料[1]，足以区分这一物种与其他物种的不同，许多专家认为这是一个新种，并命名其为先驱人（*Homo antecessor*）。此外，在非洲赞比亚布罗肯希尔（即卡布韦）发现的化石，来自于距今约40万年前，该化石被许多人认为其代表着与现代人类（智人）相同的物种，不过两者之间仍存在着差异性，它因此被归为一个非严格定义的类群——“古智人”。在过去的50万年里，这些不同的古人类演化成（现在认为的）两个物种：尼安德特人（*Homo neanderthalensis*）和智人。不过在讨论这些问题之前，我想我们应该稍作暂停，反思一下人类演化的某些特征。

人类演化的突飞猛进

1976年，演化论者斯蒂芬·古尔德基于早期观点，提出人类的演化历史并不呈阶梯状发展，而是一个并不稳定的过程，该过程

1　来自同一地区的其他化石年龄为32.5万—20.5万年。

可以很好地用树状结构来表示（见图11.3）。正如我们所看到的那样，古人类的演化史似乎是由一系列重大变化的爆发期组成的。古尔德提出，这些变化是由于身体各部分发育速度的变化而引起的，即所谓的异时性。人类在性成熟的同时，仍保留了幼猿的许多特征（见图11.5），包括大脑与身体的比例较大，犬齿较小。这种保持幼年形态的性成熟的特殊现象，被称为幼态延续。这一现象在动物王国的许多物种身上都有体现，它通常会导致个体的体型更大，寿命更长。这一理论很好地解释了人类的许多特征，并解释了控制人身体各个部分发育的基因变化是如何迅速发生演化的。人类是性感的少年！

在这条演化的道路上，一切都不是一帆风顺的。大脑的增大与促进两足行走而产生的臀部变窄相冲突。南方古猿的生产过程和猿类一样是容易的，但是人类的出生通常十分困难，需要胎儿在产道中旋转。似乎人类胎儿的大小已经达到了极限，有人认为，如果按照胎儿的生长进展来计算的话，人类宝宝至少应该留在母亲体内21

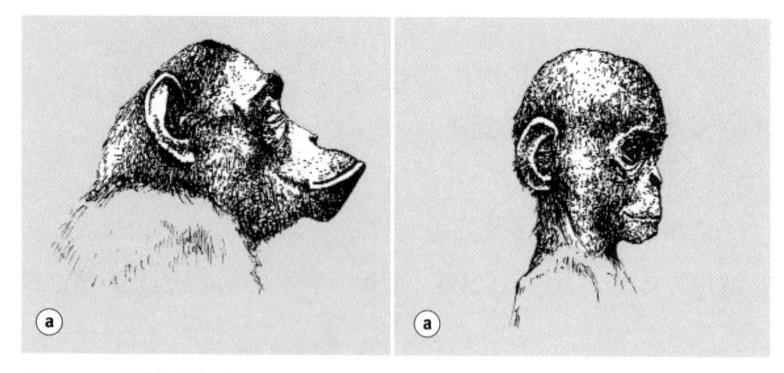

图11.5　a成熟黑猩猩和b幼年黑猩猩的面部比例示意图（参考自图片Naef, 1926）

个月。的确，与幼猿相比，刚刚出生的人类婴儿是如此的无助，按照这一论点，刚出生的人类婴儿被描述为“宫外胚胎”。在这个阶段，婴儿的生存几乎全部依赖于母亲的持续照料，如果母亲不来照料他，他就会不停哭闹。但是这种哭闹的行为在野外可能会引来捕食者，而在类似的情况下，幼猴却能保持安静。我们只能假设，在这个习惯的演化过程中，对人类的新生儿来说，被遗弃比被掠食者发现带来的威胁更大。

关于人类婴儿为什么如此吵闹，有人提出了一个相反的观点，这个观点基于一种非正统的理论，即人类曾经是水栖类人猿。人类婴儿身上有一层白色脂肪，其数量比任何其他灵长类动物的都要多得多。人类婴儿没有理由比其他灵长类幼崽需要更多的能量储备，最近的研究也表明，这种脂肪并不是特别适合保温，但是这种白色脂肪层能够提供浮力。除此之外，持有这一观点的人，尤其是作家伊莱恩・摩根（Elaine Morgan）还指出，婴儿有时在蹒跚学步之前就会游泳，许多女性发现在水中分娩相对比较容易，而且我们大多都没有毛发，就像水生哺乳动物一样。因此，婴儿在陆地上比在水里要无助得多，这就是为什么父母必须抱着婴儿，而婴儿在与父母分开时就会大喊大叫。这是一个有趣的想法，但也有许多事实证据与之相悖，例如并没有在海洋生物化石中发现类似人类的化石；而且根据已经发现的化石证据，演化序列的正统理论中并没有出现时间差，供那些尚未发现的截然不同的物种出现。不过正如前面已经提到的，有证据表明，一些南方古猿可能生活在湖泊和河流的岸边。因此我们可以推测，如果婴儿在妈妈觅食离开时不幸滑入水中，那么可以漂浮就会成为它们的一大生存优势。当然，我们不知道在人类演化史上婴儿是什么时候开始发育出这些脂肪层的，但一定是在从非洲猿类分化出来之后的某个时间。

我们的表亲，尼安德特人

在欧洲和西亚发现的一些古人类化石材料，来自于距今约30万—3万年前，他们在许多特征上与现在公认的现代人不同，包括更强壮的四肢，更突出的眉脊，更大的鼻子和脑壳，以及较小的下巴。与之相关联的是各种各样的手工工具，它们比阿舍利石器更加精致，很多工具的边缘进行了打薄，形成了许多小薄片（见图11.4），这一时期的工具被称为莫斯特石器。因为有关他们的第一批遗骸是在德国的尼安德特山谷被发现的，因此这些古人类被称为尼安德特人（*Homo neanderthalensis*）。目前发现的尼安德特人遗骸最北出现于北威尔士，最东来自于乌兹别克斯坦，最南靠近直布罗陀附近地区和以色列南部，这一整片地区有时被称为“尼安德兰”（Neanderland）。在冰河时期，这片土地上的气候寒冷而干燥，大部分地区覆盖着针叶林。往北是冰川或苔原大草原（到今天这种栖息地已经不复存在了），曾生活着食草的猛犸象、铲齿象、披毛犀、马、驯鹿和野牛。鹿在森林里吃草，山羊和绵羊在山坡上吃草，所有的这些生物都是尼安德特人的潜在的食物。

尼安德特人一定是生活在已经存在的洞穴里，但他们会在保留一个大本营的同时，随着季节的变化而迁移自己的营地。从他们用来制造工具的岩石看，每一群人的领地面积都相对较小，大约有7000公顷。尼安德特人的武器是否精良到足以杀死大型哺乳动物还不得而知，但从收集到的骨头可以推测，他们确实会吃大型哺乳动物。他们会把较大的骨头打破，取食里面的骨髓。在某些情况下，他们似乎会利用悬崖或沼泽等自然地貌作为陷阱，将动物驱赶进这些地方，这样，即使哺乳动物还活着，也可以更容易捕杀。也有人认为，他们可能也会捡食狮子、鬣狗或狼等食肉动物洞穴中的猎物，甚至可能把这些捕猎者赶走。

尼安德特人的生活当然充满了风险和艰辛，因为从很多发现的化石骨头上都能看到旧伤愈合的痕迹。其中一副骨骼中显示出了刀伤的痕迹，似乎是由一名右手持刀的攻击者从正面攻击造成的，受害者在被袭击后似乎在部落的其他成员照顾下还存活了大概几周的时间。人们发现的完整尼安德特人骸骨通常是侧卧，双腿蜷曲，所以这些死者的尸体一定是经过了埋葬，以保护其不受鬣狗等食腐动物的侵袭。如果没有刻意地埋葬，那么秃鹫等野生动物，就会来吃这些尸体，而身体骨骼也会散开。不过很难解释坟墓中发现的一些其他植物和动物遗骸的意义，有时还会在坟墓中发现不寻常的石头，有些看起来似乎是故意放置的，这可能表明尼安德特人那时候就已经有了我们现在所说的宗教信仰。尼安德特人的骨头中还有一些证据表明，他们曾经被切割或者被屠杀，这似乎表明尼安德特人是食人族，但这种食人的情况发生的环境，仍然不得而知。那是一段生活压力很大的时期吗？受害者被吃掉前就已经死了吗？他们是陌生人还是来自同一族群的成员？

尼安德特人可以说话，但他们的声音范围可能比现代人更有限。这一观点是基于对其头骨的详细解剖得来的，解剖结果表明他们的喉部是在喉咙较高的位置，就像现在的婴儿一样。他们的头骨内部也反映了其大脑结构，与智人相比，他们的大脑中与语言和理解有关的区域更加受限。另一方面，人们还在一副骸骨中发现了完整的舌骨，它与现代人类的舌骨相同，在发声中起着关键作用。

正如前面已经提到的，在寒冷气候条件下生活的灵长类动物中，人属实际上是独一无二的。尽管查尔斯·达尔文曾注意到巴塔哥尼亚的当地人可以在冰川条件下赤身裸体地生活，但尼安德特人很可能会用动物的皮毛裹住自己取暖。关于这一推测有以下几点证据。在当时，石刮刀非常常见，尼安德特人的前牙也经常出现特殊的磨损纹路，这表明他们在刮取动物身上的脂肪和其他组织结构时，会用牙齿钳住兽皮。炉灶在他们的洞穴中也很常见，这表明他们会使用火来做饭、取暖，以及吓退危险的动物。生火对尼安德特人来说是一项非常重要的技能，在他们或他们的祖先（可能是匠人）完成了第二拨人属生物“走出非洲”的迁移潮之后，生火的技能使得他们得以在更寒冷的地区定居下来。然而与智人不同的是，他们还是无法在欧亚大陆中部最寒冷的地区生活。

大约10万年前，生活在黎凡特地区（亚洲土耳其、叙利亚、黎巴嫩和以色列的沿海地区）的尼安德特人遇到了其他具有不同特征的人类，即从非洲漂流过来的智人。在这里发现的智人化石似乎与在非洲布罗肯希尔发现的非常相似，和非洲智人一样，他们也被归类为古代智人，但经常被称为“克罗马农人”。这些信息来自于在以色列发现的智人遗址：发现于卡夫泽洞穴和斯虎尔洞穴的年代约在10万年前的古人类化石，他们被归类为智人，与来自塔邦的尼安德特人化石年代相仿。在阿木德和卡巴拉生活的尼安德特人遗骸可以追溯到大约5万年前，因此他们可能一直在此生活（是或再次返回此处）。尼安德特人和克罗马农人在黎凡特地区共生存了大约4万—5万年，直到我们随后会提到的，在另一次也是最后一次“走出非洲”的迁徙浪潮中，克罗马农人从黎凡特迁移到了欧洲地区。而在距今约2.7万年前，尼安德特人灭绝了。

我们自己

关于现代人类的起源有两种理论。一种理论认为，生活在非洲、欧亚大陆，也许还有澳大利亚的不同地方的早期古人类，发生了或多或少的“同步”演化，从而形成今天的人类种群，这就是“多地域演化”理论。另一种说法是，我们都起源于一种生活在距今约20万到10万年前的人类亚种，他们很可能生活在东非，因此这种理论通常被称为“走出非洲”理论。后一种理论以最直接的形式假设，在古代智人和他们在离开非洲时遇到的其他古人类之间没有发生杂交，即“没有基因流动”。但是有一些证据可以证明，杂交的确发生过，尽管发生的概率非常低。如果这一推测正确的话，那么这两种理论之间的鲜明对比就更少了，因此没有一种理论是完全错误或者完全正确的。我稍后将对这一证据进行概述。

现代人类的遗骸，可以通过他们的解剖学特征来识别，比如高而短的脑壳，垂直的前额，变小的眉脊（特别是在中间部分），以及更加突出的下巴，出现年代约在距今10万年前。然而，至少又过了5万年，才出现与现代人有关的工具和其他的人工制品。这是一个非常关键的时期，在这一时期，生物演化几乎停止了，取而代之的是文明的演化，这一时期被称为“伟大的飞跃”。复杂语言的发展、知识的传播以及猜测别人想法的能力（心理理论）的快速发展，似乎都促进了这一跃进。

考古学家们早已认识到早期现代人类的“工具箱”的独特性，并称这一时期为“旧石器时代晚期”。这些石制工具做工精细，器型细长尖锐锋利（见图11.4），还有一些则用做钻孔器或者刮刀。然而还有另外两个特征，可以将它们与之前尼安德特人有关的莫斯特文化（旧石器时代中期）区分开来。首先，人们经常使用除石头以外的材料，尤其是骨头和鹿角；其次，有些物品并没有实际用途，显然只是用作装饰。艺术出现了。32000年前，人们就开始雕刻小雕像，并开始装饰自己居住的洞穴的墙壁。很多工具明显带有手柄，通常使用的是木制把手。最近通过对尼安德特人和来自黎凡特的古智人的手骨结构和磨损程度进行的比较表明，尽管还没有发现他们使用的工具具有显著的区别，但是尼安德特人的手骨结构使得他们更适合直接传递力量的动作，例如握住锤石或没有手柄的斧头；而古智人的手骨结构则更适合在某个倾斜的角度上传递力量，例如握住锤子的手柄来用力。这种手部握持方式的变化，可能为智人在旧石器时代晚期发明并使用各种工具开辟了道路。

1994年，研究者们开始将现代分子生物学的方法运用到人类演化的研究中。加利福尼亚大学的贝姬·卡恩（Becky Cann）和她的同事对仅通过雌性进行遗传的线粒体DNA的组成进行了研究，这些线粒体基因取样自大量现代人类。他们得出的结论是，我们都是从大约20万年前的同一个女性祖先演化而来的，因此这个祖先被称为“线粒体夏娃”。根据他们的数学分析结果，这个女性祖先来自于非洲。其他研究，包括一些对仅在雄性间进行传承的Y染色体的研究，佐证了当今人类拥有相对接近的共同起源的理论。智人之间的基因变异非常小，甚至比一个黑猩猩亚种的基因变异还要小。据计算，我们的祖先曾经有大约10000人。大约5万年前，人口迅速增长，这中间大概经历了约2500代。在生物学上，这一世代数量其实很小，要知道，家鼠只需要313年就已经可以繁殖2500代了。因此，人类在基本的基因构成上有着如此高的相似度也就不足为奇了。

尽管对早期线粒体研究数据的进一步分析表明，我们无法证明人类的祖先起源于非洲，但在2000年年底发表的对完整线粒体基因组的研究明确支持了非洲起源说。因此，这些遗传学研究强烈支持“走出非洲”理论，但对此目前仍然存在着很大的争议。

现代人类的祖先似乎不止一次地离开过非洲。也许早期的移民曾经穿越了红海的南端，因为在当时正处于末次冰期开始的时期，冰盖聚集了大量的水使得海平面下降。另外，黎凡特地区的那些古智人可能也已经迁移到了亚洲。这些迁徙之旅大约开始于8万年前，他们此后一路穿过亚洲到达中国。有些人在大约6.2万年前（该时间存在争议）最终横渡海洋来到了澳大利亚，他们的后代被称为“蒙戈人”。其他古智人，如我们所见，仍然留在黎凡特（这实际上是非洲的延伸），然后在大约4万年前开始向北迁移，穿越欧洲，横扫亚洲，最终在大约1.3万到1.2万年前进入美洲地区。

以上的这些假设具有高度的推测性，我们期待可以通过分子生物学技术的研究，结合不断完善的考古材料年代测定方法，以及更多新的化石材料，来找出更多新发现，进一步完善我们的故事。如果人们接受“走出非洲”理论，那么一个最具有争议性的问题就是：现代人类是否与他们在迁徙过程中遇到的古人类发生过杂交？理论上来说，智人与尼安德特人之间的差异并不比两个黑猩猩亚种之间的差异大，而他们与直立人之间的差异也不大。从纯粹的生物学角度来看，这几种古人类间的基因结构都非常接近，因此产生可育的杂交后代的可能性非常大。不过，他们彼此之间可能存在着文化或是行为障碍。

虽然已经发现了一些被认为是过渡人种的遗骸，但有关他们的解释还无法得到确认。被多数人认可的一种猜测是，在大约4万年前，当现代人类和尼安德特人共存的时候，尼安德特人收集的工具和其他物品与当代的智人非常相似；例如，有些物品似乎已经被用于个人的装饰。这些来自夏特贝朗文化（来自法国中部和西南部以及西班牙东北部）的手工制品表明，这两个族群之间存在着某种文化交流。历史上关于探险者和入侵者行为的记载表明，除非存在巨大的文化障碍，否则无论是通过强奸还是求爱等方式进行的基因混合都是有可能实现的。然而，来自分子生物学的大多数证据表明，即使这些基因混合情况发生过，那也是发生在一个非常小的范围内。我们可以确信，尼安德特人的基因并没有对线粒体基因组做出贡献。但一些研究人员已经鉴定出了某些核内基因，它们似乎代表了一种非常古老的变异，因此可能来自另一个基因库。与红头发有关的基因似乎就是其中之一，因为它最初只存在于欧洲地区，所以有人猜测它来自尼安德特人。一些人则认为，另一种略微反常的基因存在于生活在安达曼群岛上的居民，而从蒙戈人身上发现的线粒体DNA则也被认为存在着一种已经灭绝却非常古老的成分。未来几十年的研究必将改变我们对有关人类演化的诸多问题的理解。

毫无疑问，正是我们改变环境的能力使得现代智人得以遍布世界各地，并成功占领了尼安德特人和直立人的领地，以及那些他们在此之前从未踏足过的地方。

第12章

人类：伟大的改造家

4万年前至今，及未来

所有的生物都会对它们所生活的环境带来影响。从形成珊瑚礁的珊瑚虫到建造水坝的河狸，有些生物对自然环境有着非常切实的影响。但是，自5万—4万年前“伟大的跃进”以来，智人所带来的影响更加多样化，并且变得越来越广泛。然而这正是我们成功的关键，我们有着强大的生存能力，而且几乎能够在地球上的每个角落生活。尼安德特人存活了30万年之久，比现代人类已经存在的时间要长很多倍，但他们的生活区域从未超越过欧洲南部和亚洲西部（尼安德兰），即使考虑到当时不适宜生存的冰原的存在，他们的活动范围也是相当有限的。

技术创新使人类能够以有益于人类的方式来改变环境的生态，栖息地承载能力的变化很好地说明了这一点。承载能力是一种生态尺度，用来衡量在一个单位的栖息地中能够维持的特定的有机体的数量；如果群落中的总生物量超过了这个栖息地的承载能力，通常会导致饥荒。有时栖息地遭到破坏也会使其承载能力永久性地下降。复活节岛的故事就是有关人类过度开发环境的一个例子。根据1平方英里（约2.56平方千米）土地所能养活的人口数量，对各种“耕作”方式所能达到的承载能力的评估显示，随着技术的进步，可以承载的人口数量急剧增加：

狩猎采集（热带雨林）1；
移耕农业15；
中世纪农业50；
热带密集型农业（新几内亚）125；
现代集约农业（西欧）400。

承载能力的大幅提高有三个原因：工具的日益复杂，如从使用木箭到搭乘飞机；某些植物和动物被驯化；大量使用矿物（包括化石燃料、金属、黏土等），或直接使用或用来制造新材料，包括人工肥料。正如珊瑚、树木和白蚁为自己和他人创造生态空间一样，人类也通过建筑为自己创造生态空间，无论是茅屋还是摩天大楼。这种技术进步体现在一系列不同的生活方式上：狩猎采集者、农业从业者，城市居民，工业劳动者。显然，早期生活方式向后期生活方式的转变是渐进的，在世界不同地区的发生时间也不同。即使大多数人口现在已经遵循了城市生活方式，但是狩猎采集型社会仍然存在，农业（粮食生产）仍然是最基本的食物来源。

狩猎采集者

有证据表明，尼安德特人的饮食结构中包含很多的肉类，但是我们尚不能确定他们实际可以狩猎到大型猎物的程度，因为除非他们将石斧连接到手柄上，否则狩猎大型猎物意味着很多非常危险的近身搏斗。然而，他们的遗骸确实也显示出了许多骨头受损和愈合的迹象，这与克罗马农人相对没有骨折的情况形成了鲜明的对比。毫无疑问，当克罗马农人发明了长矛、弓和箭等可以与动物保持一定距离的武器后，狩猎大型动物的危险系数就大大降低了。这可能发生在至少距今约2万年前，在之后的六千年内，各种抛射物和鱼钩开始被大量使用。大约在1.2万年前被驯化了的狗，进一步增强了人类“远距离狩猎”的能力，从而减少了危险。在欧洲南部的洞穴发现的壁画形象地表明了狩猎的重要性和被狩猎的动物的种类，其中的一些壁画（例如多尔多涅省的卡萨克洞穴）据信可以追溯到距今约3.5万—3万年前，在其他地方的岩画中也可以观察到类似的场景（见图12.1）。

在人类不断完善狩猎技术的同一时期，许多大型动物都灭绝了。这二者之间似乎很可能存在着某种因果关系。大约1.2万年前，

图12.1 来自印度博帕尔的中石器时代（距今约1.2万—1万年前）的岩画显示了一次似乎并不太成功的狩猎犀牛活动，不过位于右侧个头较大的人物可能代表逆转命运的英雄（参考自 Neumayer, 1983）

人类穿过了西伯利亚和阿拉斯加之间的白令陆桥，在随后的几千年里，猛犸象和其他种类的象、一种巨型野牛、四种骆驼和另外28种大型哺乳动物都灭绝了。同样在一千年之内，人类开始在南美洲殖民，与此同时，当地身长超过5米的巨型地懒、身长近3.5米重达2吨的犰狳，以及其他44种动物都灭绝了。与“闪电战”理论相反，有人认为彼时是末次冰期最冷的时候，随后经历了气候变暖（1.2万年前），再次变冷（1.1万—1万年前的“新仙女木时期”），最后又再次变暖。这些气候条件可能会使许多动物的数量减少，这也可能是导致它们灭绝的原因。然而，大部分动物们在冰河时期早期的气候波动中幸存了下来，而且似乎并没有普遍灭绝。受影响的只是那些体型非常大的动物（因为它们的繁殖速度会很慢），这种灭绝尤其发生在那些智人刚刚到达的大陆上。

发生在澳大利亚的情况就不那么清晰了。这里也生活着很多巨型动物，如2吨重的袋熊，2.5米高的袋鼠，以及3米高、体重可达半吨的巨型鸟类奔鸟。大约在1.4万—1.3万年前，16种大型动物中有15种灭绝了。正如我们在上一章所提到的，有一些证据表明智人在这里生活的年代比物种灭绝早得多，至少是在蒙戈湖附近。然而，有关这种可能的共存，存在着许多不确定性。如蒙戈人的年代测定准确吗？如果准确，在第二次智人迁入之前，人类在澳大利亚的分布是否一直受到区域限制？蒙戈人和他的同胞们有足够的狩猎技术来安全地对付巨型动物吗？还是说先进的狩猎技巧是由后来的一波入侵者带来的？人为火灾是什么时候开始对澳大利亚的生态产生重大影响的？

在非洲和欧亚大陆，物种灭绝的范围较小，同步灭绝的程度比

图12.2 生活在澳大利亚的巨型动物：a-c是生活在南美洲的大型动物，d-g可能由于更新世时期的过度捕猎而灭绝。a大型袋鼠；b巨型短面袋鼠；c巨型袋熊；d犰狳；e滑距骨目后弓兽；f箭齿兽；g巨型树懒（参考并修改自Stuart, 1986；d参考自Savage 和 Long, 1986）

较低，分别损失了2个属和7个属。有人指出，在这些大陆上，人类和动物是一起演化的。因此有人认为，当人类变得更加危险时，动物也会变得更加警惕。在其他大陆上，“全副武装”的人在狗的陪伴下遇到了天真的动物，这些动物完全没有意识到，这些比它们体型小得多的哺乳动物会带来怎样的危险。

最近还有一些比较新的证据来支持这种解释，即这些更新世物种的灭绝是由于人类的过度捕杀导致的。人类大约在1000年前到达马达加斯加和新西兰，不久之后，生活在马达加斯加的巨狐猴和象鸟就灭绝了，生活在新西兰的恐鸟也很快发生了灭绝。在生物历史上，甚至可以找出有着更精确的日期的灭绝事件。例如，毛里求斯在1638年成为殖民地，而生活在那里的最后一只渡渡鸟（见图12.4）在1681年被绝杀。1742年人们在白令海的岛屿上发现了一种长达7米的大海牛，而到了1769年，它们就灭绝了。当时的记录显示，这些大型动物并没有因为人类的接近而感到惊慌，它们太天真了。如果一只大海牛受到了伤害，那么很显然其他的海牛都会围拢过来，企图保护受伤的同伴，在这种情况下，如果掠食者是人类，那么它们都将成为受害者。

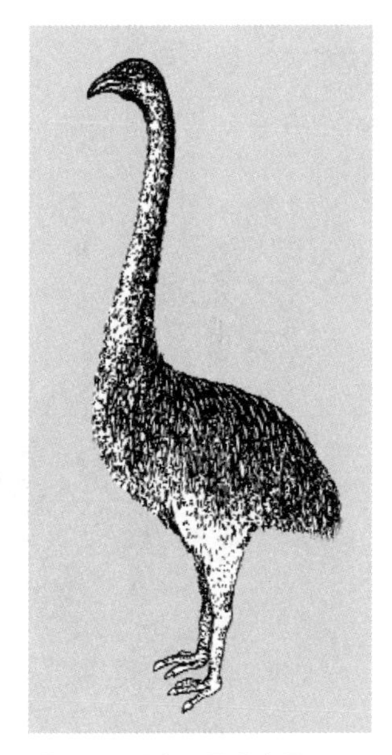

图12.3　恐鸟，巨恐鸟属

繁殖率低是大型鸟类和大型哺乳动物的一个共同特征，它们通常需要很多年才能发育成熟，生育的后代数量也比较少。例如，翅展近3米的加州神鹫，长到8岁时才开始繁殖，一对秃鹫每两年只产一个蛋。然而，这些动物自身的寿命很长（加州神鹫的寿命可达45年），这种长寿命对于种群的更替是必要的。如果环境发生变化，导致预期寿命缩短，这些大型动物就将面临灭绝的危险。来自人类的狩猎可能是这些更新世物种灭绝的主要原因，但气候变化可能也增加了这些动物的脆弱性。这两个因素加在一起会降低个体的预期寿命。

在长达1.2万年的时间里，弓、箭和长矛一直是主要的狩猎工具，直到最近几百年，人们才发明了火器。随着这些新式武器遍布世界各地，其他生物也面临着灭绝的风险。鱼叉枪被用来捕捉海洋中的庞然大物——鲸，这使其物种数量降到了不可持续的水平（这一现象现在有望通过国际条约来约束和终止）。在陆地上，当“传统猎人”放下弓箭、长矛和吹管，拿起火枪时，物种灭绝的风险就会上升。狩猎导致的死亡很可能会让猎物的种群数量无法维持延续物种的水平。狩猎采集者的生活方式在当今世界的延续，引发了许多往往相互矛盾的伦理问题。

图12.4 渡渡鸟（参考自Herbert, 1634）

生火是狩猎采集者使用的另一种技术，这项技术极大地改善了他们的生存环境。像石斧一样，生火技术有着悠久的历史。有证据表明，在距今140万年前，居住在肯尼亚和南非地区的人就已经开始使用火，尼安德特人也确实使用过火。在露营地或洞穴里，火可以用来取暖和做饭，也可以用来驱赶大型动物。克罗马农人建造了相当复杂的炉灶，它们之间有小沟连通渠，这些沟渠可以通过增加气流来发挥作用（保持火势）。

闪电会引发丛林大火，尽管这对早期人类来说一定是一个巨大的危险，但我们可以设想发生火灾后，人类观察到了以下四种情况：火势随风力蔓延，火的燃烧需要植物作燃料；动物会躲避火；一种新的植物最终会在大火熄灭后生长出来；在火中烤熟的动植物的味道和口感往往会得到改善。第一点可能会使人们认识到，火不像其他自然元素（风和雨）那样，火是可以“聚集”的：如果能够注意风向，火就可以朝着特定的方向燃烧。这就为用火把动物赶到悬崖边或沼泽地等自然陷阱方向提供了可能性。这可能是狩猎策略的重要组成部分。

火灾对植被有深远的影响。有规律的野火的发生可以维持一种特定类型的植物群落，在没有火灾发生的情况下，这种植物群落会被另一种植物群落所取代；这样的群落被称为“火烧顶极”。火烧顶极已经演化出了一定的适应能力，比如能够从被保护在地下的部分再次发芽，而一些树木具有防火树皮。还有一些物种，它们的种子只有在被火加热后才会发芽，而另一些物种则含有可燃性油脂，因此当火势逼近时，灌木或树木实际上会发生爆炸。这些适应性给了它们演化上的优势，因为大火烧毁了其他灌木和树木的种子和幼苗，而如果没有发生大火的话，这些种子和幼苗最终会战胜它们，占据相应的生态位。

到目前为止，关于火烧顶极的出现仍然存在着各种各样的争论。它们是否仅仅是因为几千年前不同的气候状况引起的，还是说，火灾才是它们起源的关键？如果是后者，那么是由于自然闪电还是人为火灾？火灾带来的影响取决于它的温度，而温度与火中可燃烧材料的数量有着直接的关系。大火迅速掠过了草地和某些类型的林地，没有伤害乔木，却摧毁了其他幼小的灌木丛或树苗。随之而来的是一大片青草和草本植物，它们依靠大火释放出的营养物质茁壮成长，这对食草动物和捕猎者来说是非常具有吸引力的，因为没有灌木丛遮挡视线。更大规模的非洲大草原、北美洲大草原和南美洲的潘帕斯草原，所有这些草原似乎都是靠频繁的火灾维持的。几千年来，大部分的火灾可能都是由于人类引发的。由此形成的植被类型会吸引食草动物，方便人类捕猎，而开阔的视野则会大大减少人类本身被大型食肉动物或敌人伏击的风险。

在夏季降雨量比较小的地区，会形成一种灌木型的火烧顶极，如地中海的酒果群落，美国西部的鼠尾草丛，澳大利亚的灌木丛以及南非的常绿硬叶灌木林。在这些地区的大火也会帮助狩猎者：驱赶动物，减少地表的覆盖物，以及刺激新的植物生长。

我们对古智人所收集的植物材料类型知之甚少，但是，像水果、球茎和块茎一样，他们可能也会收集草和豆类的种子，因为这些种子会在古智人之后的生活方式中扮演重要的角色。

农学家

生活在季节性气候下的狩猎采集者一定会经常经历食物短缺

的时期——猎物的数量比较少，水果和种子也很难找到。如果能将可食用的植物和动物集中起来并储存在居住地的附近，特别是在食物短缺期间有储存的食物，那么这些困难就会得到缓解。农业的发展就可以带来这些好处。农业大发展基本上会经历两个阶段：首先是利用不同的野生物种；其次，选取其中合适的形式或品种进行驯化。在农业正式成为一种生活方式之前，它首先是作为一种生活补给的方式出现。因此，农业的发展应该是一种演化，而不是一场革命；它的发展与石器时代出现的抛光或磨制石器有关。

农业实践首先是在四个或者至少两个地区，几乎是完全独立发展起来的。在欧亚大陆，最早的栽培小麦首先种植于10000年前的近东地区（从土耳其到伊拉克）。但在远东地区（如中国的东北和日本），也可能有另外一个独立的发展地区，大约两千年后，大米、小米和葫芦也开始被种植。在美洲似乎也有两个地区在同时独立地发展农业。在大约距今10000年前，居住在墨西哥的瓦哈卡地区的人开始种植南瓜和葫芦。7000年前，他们开始种植玉米。到距今3500年前的时候，这两种作物也开始被种植于美国的西南部地区，就传播速度而言，玉米似乎比葫芦要传播得更快些。直到2300年前，墨西哥地区才开始种植豆子。在南美洲的安第斯山脉和亚马孙河的西部地区（今秘鲁和厄瓜多尔），人们在6000年前开始种植玉米，而在那之前的两千年甚至更早的时候，那里的人们就开始种植辣椒、土豆、胡椒了。此后的两三千年，人们开始尝试种植其他更多的作物和品种，例如在欧亚大陆，人们开始种植小麦、大麦、豌豆和扁豆。

在这一时期，人们也开始驯养动物。几乎所有被驯养的动物都是群居动物，我们可以设想，当成年动物被猎杀后，还活着的幼崽就会被带走驯养起来。不要认为当时收养幼崽的狩猎者是出于心软，他们很可能只是简单地想把幼小的个体养大，然后痛快地饱餐一顿而已。然而，那些被人工圈养的幼崽，出于作为群居动物的本能，会把捕获它的人误认为是自己的群居族群，因此变得温顺。一首非常著名的童谣就讲述了这样的一个故事：

玛丽有只小羊羔，
羊毛像雪一样白。
无论玛丽去哪里，
小羊颠颠自跟来。

与其对应的同类野生物种相比，被驯养的动物的脂肪含量可能更高，体型更小（见图12.5），身体的颜色较浅，攻击性也比较弱。在某种程度上，这些特征的出现可能是缘于人类的选择：颜色较浅的动物更容易被观察到，尤其是在黄昏或夜晚等他们需要看守这些驯养的动物的时候，这一点是由罗马作家科卢梅拉（Columella）提出来的。此外，攻击性较弱的动物显然更受欢迎，而体型较小的动物则更容易被控制。也有可能是由于在驯养早期，体型较小的个体可以依靠农民提供的并不怎么充足的口粮生存下来。为了防止动物走失或者受到掠食者（包括两足动物）的攻击，牧群在晚上会被聚拢起来，这在一定程度上限制了其放牧时间。

驯养的动物在人类社会中具有很多种功能：它们可能是食物来源、材料（如皮、毛、角、油脂）来源，它们可以贡献肌肉力量，用来搬运东西；还可以被当作狩猎时的生物武器等。诠释最后一项功能最好的例子是狗、马和猎鹰。另外在许多社会生活中，这些驯养动物甚至可能会在宗教，或者体育运动中扮演一定的社会角色，又或者只是简单地被作为宠物来饲养。

图12.5　野生原牛（上）与其家养后代（下）的比较（参考自Clutton-Brock，1981年）

狗是最早被驯养的动物，这一过程大约发生在1.2万年前，比农业文明出现还要早。前面已经提到过，狗可以充当狩猎者的武器，使狩猎者可以在保持一定距离的情况下捕食猎物，现在它们仍然发挥着这项功能。狗的起源无疑是狼，可能是亚洲狼，因为它的个体比大多数其他物种都要小。在一万多年前或更早被人类带到澳大利亚的澳洲野狗身上，我们可能看到了一种与最初的家养狗外形非常相近的动物。与狼相比，狗更喜欢吠叫，这是它们作为看家狗必不可少的一项本领。这一功能一直以来都是狗的一大特点，因此某些在保护社会免受特定风险方面发挥作用的组织，也被称为“看门狗”。大约1.2万年前，当人类跨过白令陆桥进入北美洲时，狗是他们唯一的家养动物，而且毫不奇怪的是，在迁移途中，他们似乎把狗也带走了。在北方，狗常被用作驮畜；但在墨西哥，狗是一种食用肉的来源，不过通常他们食用的是一种比较笨重的狗。

主要的反刍动物（包括山羊、绵羊、水牛和牛）以及猪，可能大约是在10000—8000年前首次被驯化的。对现存物种的线粒体DNA的分子研究表明，除了山羊之外，所有列出的这些反刍动物都曾经经历了两次不同的驯化过程，一次可能发生在西亚，另一次可能发生在亚洲远东地区。山羊似乎经历过三次驯化：第一次发生在1万年前，当时被驯化的山羊的后代一直存活至今，分布十分广泛；第二次发生在6000年前，在蒙古的某些稀有品种中发现了来自该驯养系统的山羊的血统；最近的一次出现在2000年前，其驯化的山羊品种现在多在巴基斯坦西部地区出现。

马的驯化大约开始于6000年前，但似乎这一驯养过程发生过许多次，野生母马被多次捕获，并通过交配将基因注入了驯养马的基因系统。被驯化的反刍动物和猪，可以设想它们主要是通过贸易手段传播的，而关于马的驯化，则多是通过捕捉和驯马技术传播到欧亚大陆。马为人类提供了一种快速且适合长距离旅行的交通工具，马的成功驯化是人类迈向“缩小世界”的第一步。几个世纪以来，马都在战争中扮演着重要的角色，并产生了重大的政治影响。

其他多种动物也被人类用作驮畜、狩猎帮手，或者肉类以及其他材料的来源。这些动物包括大象、驯鹿、骆驼，以及在南美洲（所有其他物种都不存在的地方）的美洲驼和羊驼。一般来说，这些家畜与野生动物并没有太大的不同。事实上，它们通常都是直接从野生动物群中选择出来的，并不存在独特的家养品种。

猫是一种重要的家养动物，但它并不是来自群居生活的动物。

然而，正如猫主人们所证实的那样，直到现在，猫仍然在很大程度上保留了它的独立性，它们只是愿意和人生活在一起！在人类驯化历史的大部分时间里（以及发生在今天的很多情况下），其他动物，包括猫和狗，都与人类生活在一起，近距离的接触导致了许多疾病的传播。例如，人类从牛身上感染了结核病和牛痘（后来演变成了天花），而流感则可能来自于猪。当时，欧洲人已经对这些疾病有了一定的免疫力，当他们环游世界时到达了许多其他地方，包括美洲、大洋洲和许多岛屿。在这些地方，当时还不存在那些来自家畜的疾病，因此，携带病原体的欧洲人的到来，为当地的居民带来了极大的伤害。欧洲入侵者在政治上的统治地位，不仅归功于他们的武器和军事技能，在很大程度上也要归功于他们带来的疾病。

农作物的种植和家畜的蓄养，即农业，改变了生态系统。首先，栽培植物的类型通常都是由农民自己选择的，所以并不一定是那些最适应当地生长条件的植物。在种植农作物时，土壤受到扰动，经常会有很多裸露的土壤，而这种土壤很容易受到风和水的侵蚀。在美国的玉米种植带改变耕作方法之前，每年的土壤流失量高达近70厘米。作为农作物种植的植被，通常生长得更稀疏。在英国的野生草地上，每公顷土地通常有1亿根草茎，但取代它的谷物作物在相同面积土地上生长的草茎数量不超过400万棵。在传统农业中，比如巴布亚新几内亚的花园，人们会将几种不同的作物一起种植，现在已经证明这种种植方法可以减少害虫的影响。但是在现代农业中，通常同一区域只种植一种类型的植物，即单一种植。单一耕作方式下，所有的植物都是一样的年龄和基因组成，因此它们很容易受到病虫害和异常气候条件的影响。自然植被通常由许多不同类型的植物组成，即使是属于同一物种的植物也往往具有不同的基因组成，这种植被多样性大大降低了暴发病虫害的风险。在农作物种植过程中，除了被选择的作物以外，其他物种都被剔除了，现代除草剂最能有效地做到这一点。然而，这些杂草为各种昆虫提供了食物，尽管在谷物田间使用除草剂可以减少昆虫的数量，可能减少到只有以前数量的五分之一，但是这也影响了一些以这些昆虫为食物的农田鸟类（比如鹧鸪）的生活。事实上，现代农业中各种杀虫剂的使用已经对其他各种类型的生物（从土壤真菌到鸟类）产生了深远的影响。

农民通常会补充土壤中的水和矿物质，但这两种行为都会导致环境问题。在许多气候条件下，灌溉会导致水分蒸发后的土壤中残留更多的盐分，最终，即使是普通的作物，也无法生长了。田地中施洒的化肥也经常被水冲走，过量的氮和磷会流到附近的水域，导致水中大量藻类的生长，从而导致水体缺氧以及鱼类的死亡，这种现象被称为富营养化。

尽管很多人会认为，生物多样性的减少是由于过去半个世纪以来农业的集约化导致的，但是实际上，生物多样性的大量丧失首先是由于农业实践造成的。在人类活动之前，世界上大部分地区都覆盖着原始森林。最初，其中一些林地被狩猎者用火和石斧破坏，这种做法无疑得到了早期农民的推广。通过对古代沉积物中花粉的研究，我们可以知道这些野生森林就像今天的林地一样，其中生长着的植物数量有限。如果人类和他们的家畜停止活动，这样的林地很快就会重新出现。一个著名的例子是在英国哈彭登的洛桑实验站，1882年，实验站将一片麦田用栅栏隔开，禁止人去耕种。如今，这片“洛桑实验站荒野”现在已经变成了一片橡树林。在温带地区的许多地方，特别是在西欧，农民的活动造成了一个个由小块田地和未开垦的土地（包括林地）拼接而成的乡村。这样的混合栖息地会建立起多样的植物群和与其相关的动物群。在森林景观中非常罕见的各种物种都可以在这种乡村栖息地上茁壮成长；云雀就是其中一个例子。这些变化不仅来自于农药的广泛使用，还在于链锯、拖拉机和推土机的出现和使用，它们很容易就可以清除自然障碍（林地、树篱、大型岩石），田地的面积增大了，乡村这块大拼布的形成过程也被大大地简化了。

对天然林地的砍伐，如今仍发生在热带雨林中，由于那里的树木种类繁多，天然形成了一种斑块化的林地。由于现代化设备的使用，大面积的雨林区域被彻底清除，大量的动植物物种正在灭绝，许多甚至在它们被发现之前就遭受了厄运。

回到史前时期，农耕生活让更多的人可以共同生活在同一地区，更可靠的食物供应链的诞生带来了更大的生存机会和随之而来的人口增长，尽管一些人的体质较差，也得以存活下来。随着这一过程的继续，有越来越多的树木被砍伐，用作燃料和其他用途，并为种植庄稼腾出空间。更多的动物被圈养起来，放牧活动使得人们对草地的需求量大幅度增加，有时许多草种会因为过度啃食而灭绝。换句话说，环境被过度开发了，随之而来的就是整个社区的崩溃。在大陆上，这种情况发生后，人们和他们蓄养的牲畜就会搬到新的“流淌着牛奶和蜂蜜的土地”[1]去继续生活。有证据表明，北非

1　出自《出埃及记》第3章第8节。

图12.6 复活节岛上的雕刻头像

和西亚的许多地区，虽然现在大部分沦为了沙漠，但是在很久以前，那里都生长着丰富的植被。然而，对于这种现象是否完全是由于人类的过度开发导致的，仍然存在争议，有人认为，至少还有部分原因是来自于气候的自然变化。

人类的影响在复活节岛可以更清楚地显现出来。在复活节岛上，有着许多雕刻的头像（见图12.6），这表明那里曾经生活着一个繁荣的群落，根据对土壤的花粉分析推测，那里也曾生长着繁茂的植被。在历史上，大约是1600年前（约公元600年），复活节岛被波利尼西亚人殖民统治，当时岛上生长着繁茂的棕榈树和其他树木。在一千年的时间里，岛上的人口增长到了大约7000人，大量的森林被砍伐，土地被高度耕作。这一文明的繁荣期持续了大约280年，在这期间，人们制造了许多巨大雕像。然而，高强度的耕作导致了水土流失、农作物减产，以及缺乏制造可以在海上航行的独木舟的大树干，而这也进一步加剧了粮食危机，因为除了鸡肉以外，渔业是他们唯一的蛋白质来源。如果是生活在大陆上，在发生由于人口过度开发环境导致的生活危机之后，人们可以选择迁徙，入侵其他土地，但是没有船只的复活节岛民无法离开，只能被困在这片过度开发的小岛上。随后爆发的战争、奴隶制，以及可能出现的人类相食的局面，导致了岛上人口的骤减。到了1722年，当欧洲人到达复活节岛的时候，这里已经变成了一个贫瘠荒芜的旷野。许多雕像被推翻或未完成，许多石头平台也被废弃了。这一人口增长和不可持续开发的实例，给当今世界的发展带来了深刻的教训。

城市和工人

随着农业的发展，个人可以生产出满足家庭需求的食物，于是一些家庭成员就开始从事其他工作，并用他们生产的产品来交换食物——社区开始形成了，它是城市社会的开始和文明的诞生。这一城市化进程在不同地方发生的时期各不相同。最古老的城市发展可能出现在远东地区，但是人们对它的了解远不如5400年前在美索不达米亚（现在的伊拉克）出现的繁荣的苏美尔文明。其他文明出现得则较晚，而且明显独立于北美洲和南美洲；在撒哈拉以南的非洲部分地区可能也存在文明，这些地区或许是受到了埃及文明的影响。

随着城镇的诞生，人类给环境带来了进一步的影响。最明显的是，在这些城镇化的地区，野生动物是不被允许存在的，除此之外，植被种类也发生了极大的改变，人类生活和活动废料开始积累，这是严重污染的开始。与城镇发展相联系的是工业的进一步发展，最初开始发展的是那些与金属冶炼和加工有关的工业。大约在6000年前，土耳其就开始出现了铜的熔炼工艺，使用铜金属制成的工艺品（如徽章），其年代可以追溯到距今4000年前，之后人们还发现了添加锌来制造合金青铜的优势。大约3000年前，铁开始取代青铜成为最广泛使用的金属，而铅、银和金等其他金属也相继被提取出来。250年前，随着蒸汽机的出现和工业革命的诞生，人们迈出了重要的一步，此后城镇迅速发展，污染也变得日益严重。在过去的50年里，全世界的工业化规模和人口都呈现出指数级增长（见图12.7）。我们可以将城市化和工业活动对环境的影响分为三类：对城镇自然状况的影响、对自然环境的重构，以及带来的污染。

大城市的气候与周围地区略有不同：纽约市区的温度有时比周围的乡村要高3℃左右。虽然有些植物在旧墙上生长得很好，有些鸟类，如燕子、椋鸟和鸽子等，也会在建筑物内部或上面筑巢，但城镇大部分的建筑都是砖砌和混凝土结构，在这种条件下生活的动物种群和植物种群将会变得非常贫乏。城市中的花园则提供了各种各样的栖息地。在英国，人们发现在花园中筑巢的鸟类的密度，比在林地和其他大多数“旷野”的密度都要大。城镇的自然状况是不同的，但总体上可能比邻近乡村的自然状况要更加多样化。在城镇，通常没有真正的大型动物，但许多中等大小的物种，如狐狸和浣熊，已经适应了郊区生活。

长期以来，人类一直对其所处环境的物质形态产生着影响：无论是建造金字塔，挖井或挖坑，还是建造湖泊和池塘。如今，由于有了现代化的机器，可以进行的诸如此类的活动规模比以往任何时候都要大得多。尤其引人注目的是那些为提供水力发电而建的湖泊，它们的面积往往达数平方千米，这不仅破坏了那些被洪水淹没的陆地栖息地，还改变了该地区的生态环境。随着原始陆地植被中保存的能量和矿物质通过腐烂释放出来，湖泊本身的生态系统可能会经历一系列的变化。起初，水中的氧气会被耗尽，生活在湖里的鱼类会死亡并释放出甲烷；随后是藻类大量繁殖，水面会变绿，浮游植物变得繁盛起来；最后是鱼类数量的暂时上升。较大面积的湖面可能会增加水分的蒸发，因此下游的水量会减少，这会对居住在下游社区的居民产生很多的影响。几种携带人类疾病的无脊椎动物依赖于具有特定特征的水体。例如，河盲症是由生活在水流湍急的溪流中的蚋传播的。如果溪流变缓或是变成湖泊，这种疾病就会消

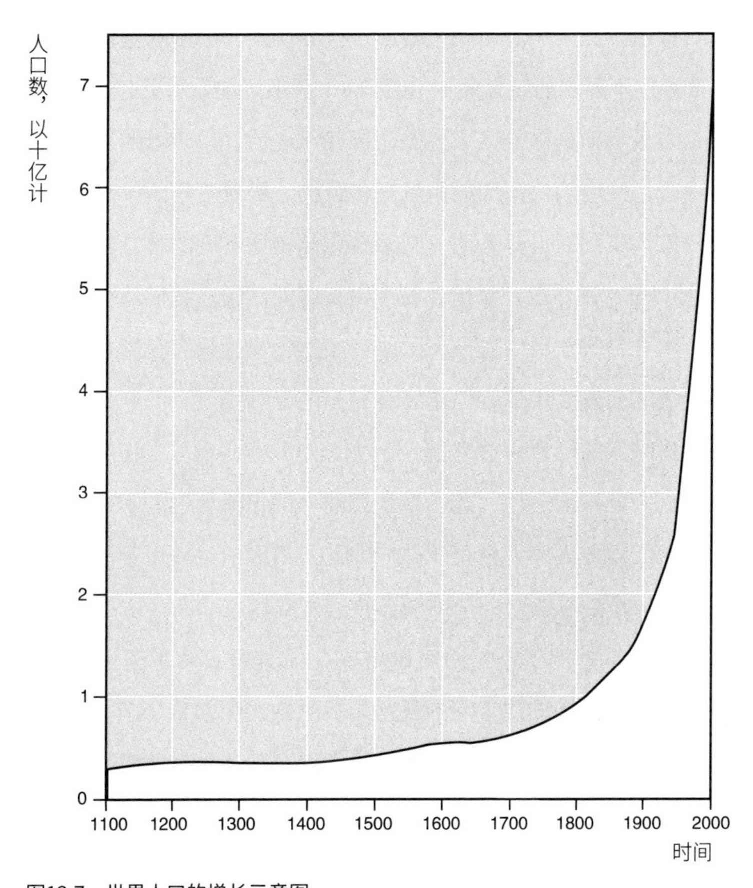

图12.7　世界人口的增长示意图

失。然而，携带血吸虫病病原体的螺更喜欢静水或慢水，因此这种疾病的数量可能会增加。

天然物质也可能会造成污染：在某些类型的砂岩中，河流中的铁含量非常高，除了一种特殊的化学自养细菌外，很少有生物能够生活在那里。这些都只能带来局部的影响，但人类从地球上挖掘矿物并将其扩散的习惯，则会造成全球性的影响。铅就是一个很好的例子，在一定程度上，它对所有生物来说都是有毒的。火山活动产生了一些铅，但人类活动大大增加了世界范围内的铅的数量。格陵兰岛冰盖中不同层的铅含量（见图12.8）就很好地显示了这一点，最初的铅含量增加是由于熔炼，但在1950年之后，铅含量的迅速增加则是由于汽油中广泛添加的铅抗爆化合物。随着废气的排放，这种污染物被风带到了世界各地。与某些化学物质不同的是，铅不会很快地从土壤中被冲走，而是会在土中长时间滞留。我们从空气中吸入铅，从食物和饮料中也摄入了铅。虽然一个人只有在摄入大量铅的情况下才会发生中毒，但已经有充分的证据表明，低剂量的铅摄入也会影响人的行为和学习能力[1]，尤其是儿童。世界上许多地方的政府已经开始采取措施，逐步淘汰汽油中的铅添加剂。不幸的是，在一些第三世界国家，情况却并非如此。铅以前也被用于油漆和管道，这些都是铅污染源。

一个有趣的例子是铅对英国河流，尤其是泰晤士河上的天鹅的影响。垂钓者在钓线上用的是铅砣，当钓线和水草、杂物缠绕在一起时，有时铅砣会被弄丢，于是天鹅就会把这些铅砣误吞下去，

1 有人认为，饮用在铅容器中加热的葡萄酒引起的铅中毒，是导致罗马帝国灭亡的原因之一，因为来自主要的领导家族的成员，他们的智力都受到了损害！

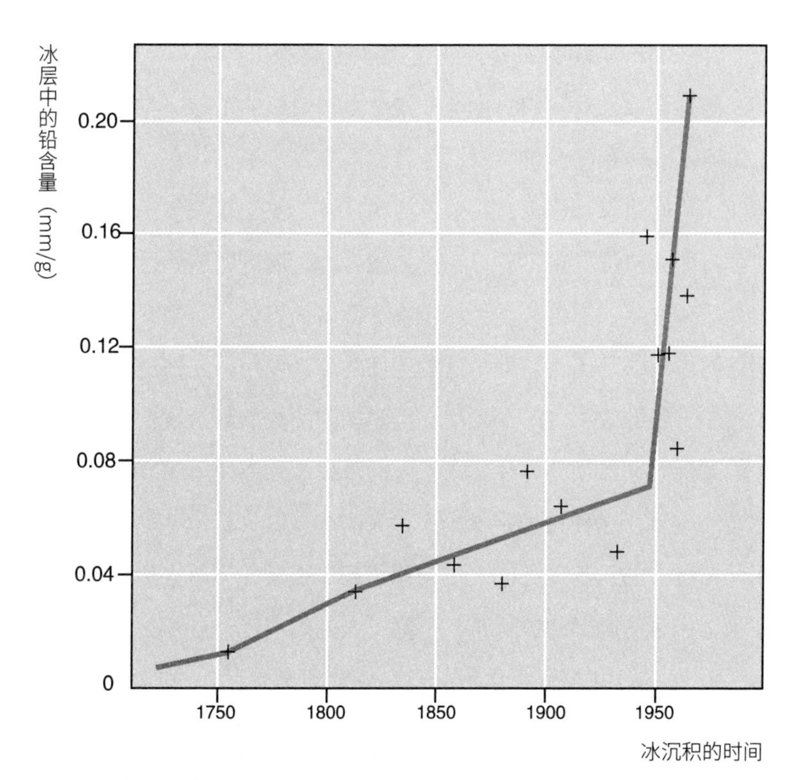

图12.8　格陵兰岛不同年份的冰层中的铅含量（参考自 Murozumi, Chow 和 Patterson, 1969）

就像它们吞下小石子作为砂囊里的磨石一样。当把这些小铅球磨碎后，天鹅的体内就摄入了大量的铅。那些遭受痛苦的鸟类会出现一种明显的颈部痉挛，之后大部分受害天鹅会直接死去，即使侥幸存活下来，它们也无法养育后代，天鹅的数量因此下降。而就在十多年前，垂钓者们开始用钨做的吊锤取代铅制吊锤，从那时起，天鹅的数量就开始稳步上升。这个故事表明，一些看似相对次要的污染物，可能会对某一个物种产生重大的影响。

另一类污染物是那些由化学工业合成的化合物。从整体上来说，化学合成物对我们的生活方式做出了积极的贡献。有些药物，比如阿司匹林和许多抗生素，尽管在自然界中确实存在，含量却特别低。其他化学合成物，如杀虫剂DDT（二氯二苯三氯乙烷），则是全新的、自然界中不曾存在过的化合物。所有的这些化学合成物的合成和使用，都给人类生活带来了很多的好处，否则我们也不会把它们作为商品出售。但是这些药物的广泛使用，往往也会产生许多意想不到的效果。一个发生在美国加州的故事就给我们提供了典型的案例。在加州的克利尔湖，人们曾经大范围使用DDT来控制一种蠓的数量，这种虫子并不咬人，人们这么做只是单纯觉得它们讨厌。在过去的几年里，DDT的使用得到了控制，但是人们注意到，在湖上生活的鸊鷉的数量正在下降：人们发现了一些死去的鸟的尸体，而且它们也没有孵化出幼鸟。调查研究显示，在鸊鷉的内脏脂肪中，发现了一种从DDT中提取出来的化学物质，它的含量很高，甚至达到了正常环境浓度的8万倍。进一步的研究表明，这种化学物质会在食物链中进行传递，它们从蠓传到某些鱼类，再从这些鱼传递到掠食性鱼类，最后传递到鸊鷉体内。在这个过程中，经过食物链的富集作用，该化学物质在鸊鷉身体脂肪中的含量才达到了如此惊人的高度。这种现象，即化学物质通过食物链时的富集作用，被称为“生物放大”，这是在很多新材料被应用后引发的不良效应。

广泛应用抗生素和杀虫剂的另一个影响是目标生物的耐药性的出现和增强，病菌或者害虫不再被轻易地杀死，因此不得不加大使用的剂量，直到该药物彻底失去效果。很多人工合成的新型物质都不能在土壤或水中分解，因此它们会长时间地保留在土壤或水环境中，并且随着食物链快速地在全球扩散开来。DDT（或其产品DDD）现在已经扩散得如此广泛，甚至在遥远北方的北极熊和南方的企鹅体内都能找到它。

当一种广泛存在、或许是生物地球化学循环中重要组成部分的物质，因人类活动而变得更加丰富时，就会产生一种新的类型的污染。有关这种类型的污染，最典型的例子就是化石燃料燃烧时释放出的二氧化碳（见图12.9）。二氧化碳是光合作用中使用的关键原料之一，因此是所有食物链的基础。当进行光合作用的生物（包括细菌、藻类和植物等）产生的分子被本身或者其他有机体当作食物分解时，呼吸作用会释放出一些二氧化碳。这些二氧化碳被释放后，扩散到空气或者水中，在一个可以维持平衡的生态系统中，释放的二氧化碳可以再次通过光合作用被吸收。然而，在过去的历史长河中，有大量的碳以泥炭或者软泥的形式被“储存”了起来，这些软泥通过长时间的加热和高压作用，逐渐转化成为化石燃料，如天然气、石油和煤炭等，有时也会形成石灰石或者碳酸钙，动物的外壳和骨骼是有助于形成这类物质的重要成分。当我们燃烧这些化石燃料时，例如发动汽车或者开启火力发电站，大量被储存的二氧化碳就会从“仓库”释放出来。森林的大面积燃烧和树木的砍伐以及火山运动等，也会同样导致二氧化碳排放量的增加。总的来说，人类活动每年贡献大约80亿吨二氧化碳。这些被额外释放到空气中的二氧化碳有一部分被森林吸收了，有一部分被海洋吸收了，但仍然大约有一半存在于空气中。从大气中二氧化碳含量的不断上升就可以看出这一点（见图12.10）。除了形成泥炭以外，森林吸收的二氧化

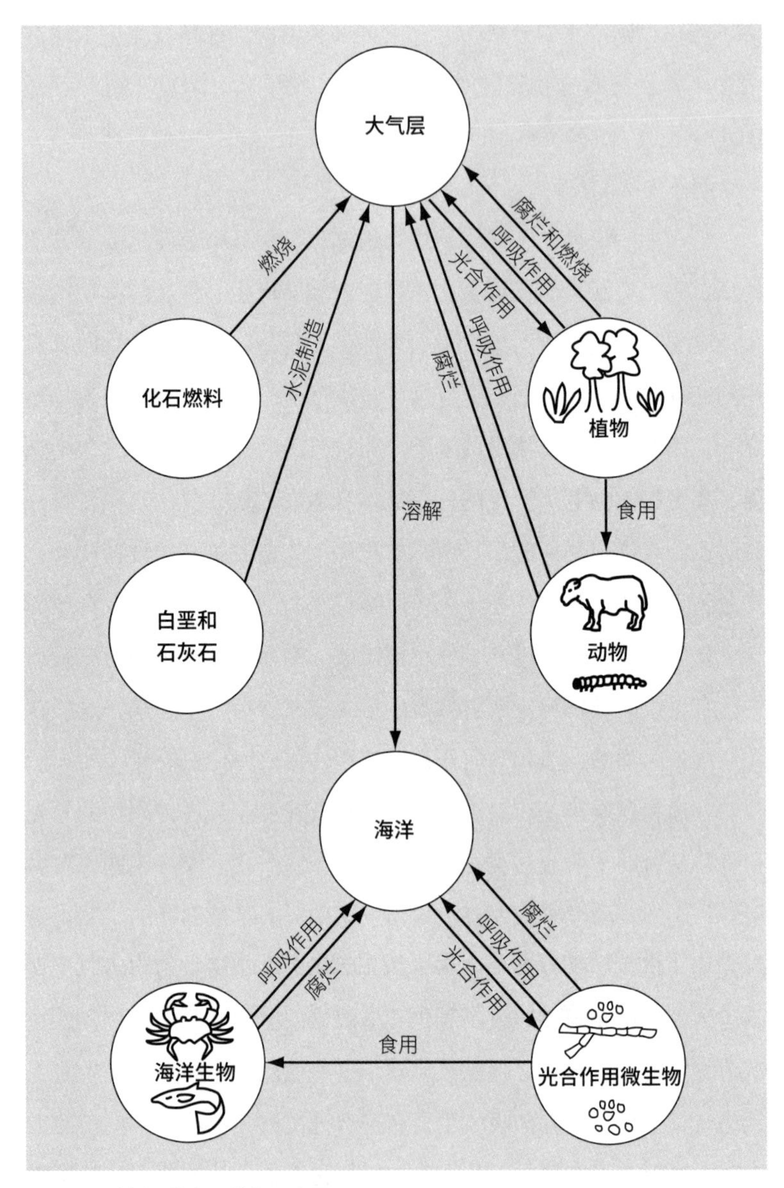

图12.9 碳循环的主要特征示意图

碳也只是起到一个暂时的储存作用，最终这些二氧化碳会随着植物材料的腐烂，或是森林被砍伐和烧毁，重新被释放到空气中。那些认为森林是安全的储蓄“银行”的人似乎忽视了这一点，实际上，森林只是一种短期“债券”。

二氧化碳浓度的上升之所以受到如此多的关注，原因在于它对地球辐射平衡的影响。太阳的能量是以短波辐射的形式到达地球的，但是由于地球的温度较低（与太阳相比），地球会将能量以长波辐射的形式再辐射回太空。大气中的二氧化碳和某些其他的气体，可以吸收并重新辐射一些能量回到地球。因此，空气中二氧化碳的含量越多，反射回来的能量也就越多，全球的平均气温也就会上升得更高，这就是所谓的温室效应。我们已经看到，在整个地球历史上，全球温度的变化，广泛影响着冰川作用的程度以及海平面的上升和下降，而这些变化大多都与二氧化碳的含量密切相关。

除了二氧化碳以外，可以将太阳辐射反射回地球的主要气体还有甲烷、一氧化二氮和氯氟碳化物（氯氟烃）。其中，任何一种气体的单个分子所反射的辐射都比一个二氧化碳分子可以反射的辐射要多：具体来说，甲烷是二氧化碳的21倍，一氧化二氮是二氧化碳的200倍，而氯氟碳化物是二氧化碳的12000倍。在过去的半个世纪里，由于人类活动或是与人类直接相关的其他活动，使得大气中所有相关气体的浓度都大大地增加了。例如，牛群和稻田是甲烷和一氧化二氮的主要制造者，这两种气体与二氧化碳一样，在自然环境下也会产生。与之相反，氯氟碳化物是人工合成的，它被广泛地用于气雾剂和制冷剂。它们对臭氧层这一紫外线防护层产生的影响，甚至比它们在全球变暖中的作用还要大。现在，人们已经制定了相

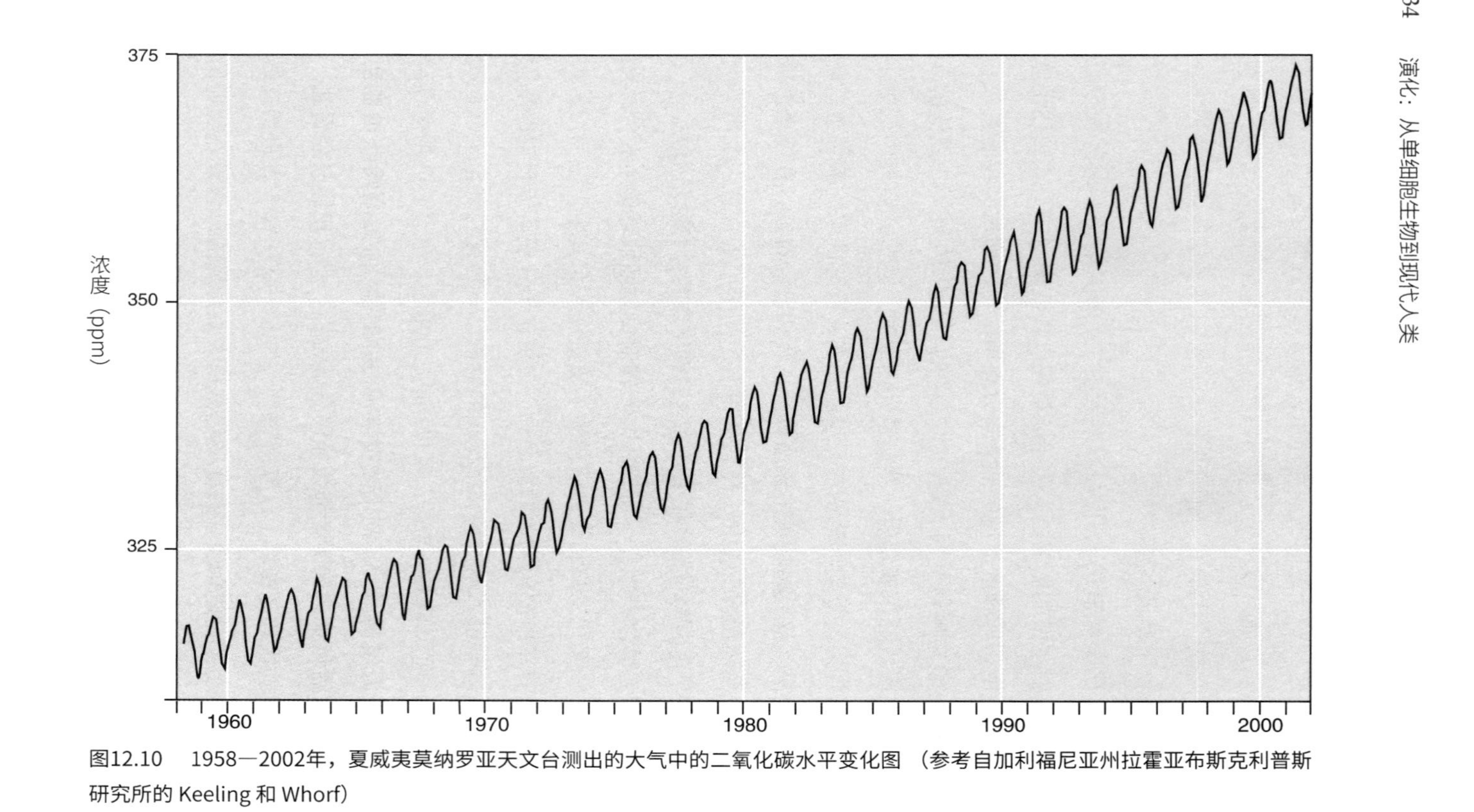

图12.10　1958—2002年，夏威夷莫纳罗亚天文台测出的大气中的二氧化碳水平变化图　（参考自加利福尼亚州拉霍亚布斯克利普斯研究所的 Keeling 和 Whorf）

关的国际协议：《蒙特利尔议定书》，要求各国逐步淘汰氯氟碳化物的使用。然而，大气中二氧化碳水平升高对全球气温变暖的影响，大约相当于其他所有温室气体效果的两倍。

因此，通过对气象化学和物理现象的理解，我们可以预测到全球气候将会发生变化，在过去的几十年里，有关这一点的证据也越来越多。20世纪90年代是有温度记录以来最热的十年；在过去的40年里，北半球被冰雪覆盖的面积减少了10%；北极海洋的浮冰正在变薄，南极的部分冰盖正在融化。为了更准确地预测气候变化，人们开发出了复杂的模型，通过测量得到的大气中温室气体的增加值，计算出实际会引发的气候变化情况。目前已经成立的国际气候变化专门委员会（Intergovernmental Panel on Climate Change, IPCC）由来自世界各地的数百名科学家共同组成。2001年，IPCC工作者们根据之前的研究经验对预测模型进行了改进，并发布了基于改进模型得出的最新的共识和结论。根据IPCC的研究报告，科学家们认为温室气体对气候变化的影响比之前预计的结果要更加显著。预测结果显示，在21世纪结束时，全球的平均温度将升高5.8℃，相当于现在的伦敦和罗马之间的平均气温差，这一改变肯定比过去的一万年中发生的任何变化都要大。

随着温度的升高，冰盖和雪原将会融化，而更高的热量也会导致海水的膨胀，这两者都会导致海平面的上升。我们已经看到，在地球过去历史中的几个时期，都曾经出现过海平面上升的情况。据普遍估计，21世纪的海平面的平均高度将上升10厘米左右，但也有一些研究指出，这个数字可能会更高。从更大的时间尺度来看，南极大部分冰层将会融化，而相应的海平面上升幅度也可能会大得多，在下一个千年内增幅甚至可能达到6米。

需要注意的是，我们提到的是气候变化，而不是良性的变暖。降雨模式也将会随之改变，而且反常的是，那些降雨量本来就有限的地区，整体上的降雨量可能会进一步减少，而那些雨量已经非常充足的地区，降水量反而会继续增加。因此不难想象，风暴、洪水和类似的自然灾害的发生频率可能会越来越高。

全球气候的这些变化和大气中二氧化碳含量的增加，将对世界农业产生深远的影响。英格兰的农民可能不得不种植葡萄，而南欧大部分地区将变得非常干燥，那里的农民可能除了种植橄榄之外别无选择。俄罗斯大草原和美国大草原上那些巨大的谷物种植区可能会因为降雨的减少变得过于干燥，而不再适合谷物的生长。到目前为止，我们能肯定的只有一件事，那就是如果温室气体的水平继续上升，我们将被迫承受巨大的变化。导致这种不确定性的一个原因是，我们不能确定所有的变化都将是渐进的，很可能会出现非常突然和意想不到的变化，进而导致阶跃式的剧烈变化。如果海洋温度的上升导致了海洋中惰性沉积物中的大量甲烷被释放出来，那么就很可能会引发剧烈的加速变化。更有可能发生的是洋流方向的变化。在过去的一万年里，欧洲西部一直受到来自热带马尾藻海的墨西哥湾流的影响。它是海洋环流的一部分，据研究是由格陵兰岛和挪威之间的冷盐水驱动形成的。这里的冷盐水很重（寒冷并且含盐），所以它会下沉到北大西洋中并向南流动，进而产生了一个反向的热带暖流，即向北流动的墨西哥湾流。由于海冰融化带来的淡水增加，海水的含盐量可能会降低，那么寒流就将停止下沉，墨西哥湾流失去了原本的驱动力，变得无处可去。伦敦的气候可能会变得与拉布拉多类似，就像它在12000年前时一样。有证据表明，墨西哥湾流开始得相当快，也许它会在今后的几十年中停止流动。

以上提及的这些以及其他更多的影响，都是由人类活动带来的直接结果。随着人口的增长，这些影响将会变得越来越显著（见图12.7）。例如，人口的增长，意味着需要种植的水稻和饲养的牲畜会越来越多，那么产生的甲烷气体也就越多。但最主要的影响因素还是来自化石燃料燃烧产生能量的过程中，温室气体的释放。人类活动带来的影响（I）可以简单地用公式表示为：

$$I = P E N$$

其中，P = 人口数量， E =人均能源使用量（包括作为食物的能源使用量），N=涉及不可再生资源的活动比例（比如石油能源等，使用后不会被自然过程所取代）。相反，太阳能和风能属于可再生资源，因为它们是可持续的能源来源，因此我们可以任意地使用它们来生产能源，而不会损害后代的利益。

在不同的国家，个人平均使用的能源量之间存在着很大的差异。在美国，这一数字是欧洲平均水平的两倍，是印度的26倍。不幸的是，能源的使用往往与经济的增长和繁荣相伴而生。虽然这在20世纪看来很大程度上是正确的，但通过前面概述的情景，我们可以猜测，如果我们将世界作为一个整体来考虑，而不从复活节岛岛民的生存和发展道路中汲取经验教训的话，能源使用和经济繁荣这两者在下个世纪将必然脱钩。人类通过增加栖息地的承载能力取得了如此大的进步，那么，最终是否会因世界的过度开发而导致人类文明的结束，让生命的万花筒再一次晃动起来呢？然而自然界的生命是灵活的，可以肯定的是，生命的万花筒必将会被新的色彩填满。相比之下，人口众多的人类却被农业和商业活动束缚在了目前的气候体系中。当这种情况发生变化时，政治稳定能经受得住压力吗？人类最终会自取灭亡吗？我们每一个人都肩负着责任，需要从我们对世界及其历史的了解中不断学习。尽管时间短暂，但我们的确拥有改变的能力，现在就行动，还为时未晚。

拓展阅读

这本书中讨论的许多话题都是世界范围内正在积极研究的课题。相关的重要的新发现或者新解释可能会被刊登在《新科学家》（*New Scientist*） 和《科学美国人》（*Scientific American*）上，更专业的报道也会在《自然》（*Nature*）和《科学》（*Science*）期刊上刊登。